rowohlt

STEFAN KINDERMANN
ROBERT K. VON WEIZSÄCKER

Der Königsplan

STRATEGIEN FÜR IHREN ERFOLG

ROWOHLT

2. Auflage Dezember 2013

Lektorat Uwe Naumann
Grafik Ulrich Dirr
Satz Minion PostScript, InDesign
Gesamtherstellung CPI books GmbH, Leck
Printed in Germany
ISBN 978 3 498 07370 1

INHALT

Kapitel 3: Kreativer Kreislauf 97

Kapitel 4: Sinnvolle Suche 157

Kapitel 5: Zündende Ziele 219

Kapitel 6: Am Zeitstrahl zurück 259

Kapitel 7: Rentable Reflexion 316

DIE SCHACHNOTATION

Die Schachnotation ermöglicht es, jedes Feld und jeden Zug eindeutig zu beschreiben. Auf diese Weise kann auch jede Schachpartie aufgezeichnet werden, so wie ein Musikstück durch seine Noten dargestellt wird. Gebräuchlich ist heute weltweit die sogenannte algebraische Notation. Das Prinzip entspricht hier der bei einem Stadtplan oder einer Landkarte gebräuchlichen Methode.

Wenn wir das folgende Schachdiagramm betrachten, so finden wir am unteren Rand die Buchstaben von a bis h in horizontaler Anordnung. Am linken Rand sehen wir in vertikaler Folge die Zahlen von 1 bis 8. Damit ist jedes Feld bestimmt. So befindet sich der weiße König in der Ausgangsstellung auf dem Feld e1, die schwarze Dame auf dem Feld d8.

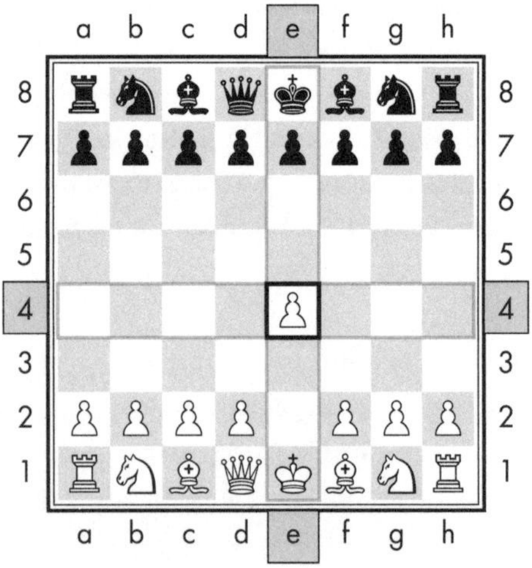

Für die Beschreibung eines Zuges ist heute die sogenannte Kurznotation gebräuchlich. Hier wird nur das Zielfeld der gerade gezogenen Figur dargestellt. Im Diagramm hat Weiß in der Ausgangsstellung den Bauern vor seinem König zwei Felder nach vorne gezogen.

Dieser Bauer kam vom Feld e2 und wurde nach e4 versetzt. Daher schreibt man **1. e4**.

Würde Schwarz spiegelbildlich antworten und ebenfalls den Bauern vor seinem König zwei Felder nach vorne ziehen, so würde das dem Zug **1. … e5** entsprechen. In der Schachnotation werden Zugpaare von aufeinanderfolgendem weißem und schwarzem Zug zusammengefasst, also z. B. **1. e4 e5 2. d4 d6**. Wird in einem Diagramm zuerst ein schwarzer Zug wiedergegeben, so setzt man hinter die Zugnummer drei Punkte, beispielsweise also **2. … d6**.

Bauernzüge werden nur durch die Anfangs- und Endkoordinaten dargestellt. Zieht eine andere Figur, so setzt man ihren Anfangsbuchstaben vor ihren Zug, also S für Springer, L für Läufer, T für Turm, K für König und D für Dame.

Die folgenden Sonderzeichen kommen zusätzlich zum Einsatz:
Ein «×» kennzeichnet einen Schlagfall. Im Verlauf eines solchen Zuges wird also eine gegnerische Figur vom Brett entfernt. Ein «+» steht für ein Schachgebot, durch einen solchen Zug wird also der gegnerische König bedroht.

Verwandelt sich ein Bauer auf der von ihm aus gesehen letzten Reihe in eine andere Figur, so wird das Zeichen dieser Figur an das Ende des Zuges gesetzt. So würde beispielsweise d8D bedeuten, dass ein weißer Bauer von d7 nach d8 zieht und sich dabei in eine Dame verwandelt.

Die kurze Rochade wird durch 0–0, die lange Rochade durch 0–0–0 dargestellt. Schlägt ein Bauer unter Anwendung der En-Passant-Regel, so wird dies durch «e.p.» am Ende des Zuges gekennzeichnet. So bedeutet c×d6 e.p., was auch vereinfacht als cd geschrieben wird.

Zu beachten ist noch, dass zu Anfang einer Schachpartie das rechte untere Eckfeld immer weiß sein und den Koordinaten h1 entsprechen muss.

Die tatsächlich gespielten Züge einer Partie beziehungsweise der korrekte Lösungsweg eines Problems werden **halbfett** gesetzt. Mögliche Abweichungen vom Hauptabspiel erscheinen normal.

VORWORT

«Lange schon, bevor es auch nur eine Spur von wissenschaftlichem Denken gab, lernte der Mensch planvolles Handeln im Spiel. Das höchste aller dieser Spiele ist das Schach.»
EMANUEL LASKER, Schachweltmeister von 1894 bis 1921

«Das Leben ist eine Partie Schach.»
MIGUEL CERVANTES, spanischer Schriftsteller

Unser Leben wird zu großen Teilen von Planen und Entscheiden bestimmt. Ob es um die Wahl einer neuen Wohnung, die Überzeugung eines wichtigen Kunden, die richtige Geldanlage oder die beste Schule für unsere Kinder geht: Durch unser Planen und die daraus resultierenden Entscheidungen stellen wir die Weichen für die Zukunft. Manchmal gibt dabei unser Bauchgefühl den Ausschlag, manchmal stützen wir uns auf klare Fakten und nüchterne Logik. Gelingt uns das gut, so haben wir bestmögliche Voraussetzungen geschaffen, unsere Ziele zu erreichen.

Tatsächlich sind wir aber immer wieder mit sehr schwierigen Problemen konfrontiert, bei denen zunächst kein Lösungsweg zu erkennen ist. Unser Gefühl mag sich als trügerisch erweisen, unsere Logik als unzureichend. Wir finden keinen roten Faden, der uns durch das Labyrinth möglicher Aktionen und ihrer Konsequenzen führt. Jeder von uns verfolgt seinen eigenen Ansatz, der oft von anderen nicht nachvollzogen und verstanden wird. Nicht nur Geschäftspartner, auch Mitarbeiter, Kollegen und Freunde denken und planen aneinander vorbei. Wir müssen Entscheidungen im Licht des Ungewissen treffen und auf das Beste hoffen.

In solchen Fällen wäre ein Modell von großem Nutzen, das unsere Planung strukturiert und uns Schritt um Schritt zu klaren Lösungen führt. Lebensnah und effektiv ist jedoch nur ein System, das sowohl unsere intuitiven Fähigkeiten als auch die ordnende Kraft der Ratio mit einbezieht. Erst die richtige Kombination dieser beiden Bereiche ergibt meisterliches Denken, Planen und Handeln. Doch wo ist ein Vorbild für diesen ganzheitlichen Ansatz zu finden?

Könnte es nicht im Schachspiel, oder genauer formuliert, im Denken der Schachmeister verborgen sein? Eine Schachpartie zwischen starken Spielern entspricht ja einer langen Serie von komplexen Problemen und deren Lösungen. Der Schachmeister versetzt sich in die Perspektive des Gegenspielers und fragt sich bei jedem Zug: Was wird der andere tun, und wie soll ich darauf reagieren? Er entwickelt ständig neue kreative Ideen, um diese sofort zu hinterfragen: Wo könnte der Haken sein? Er ist in der Lage, seinen Geist in mögliche Zukunftsszenarien zu schicken und so den roten Faden im Labyrinth der Varianten zu finden. Seine Intuition weist ihm den Weg in einer unvorstellbaren Vielzahl von Möglichkeiten, seine Ratio schafft daraus eine klare Form. Er braucht Mut zum kalkulierten Risiko und muss im rechten Moment bereit sein, alle Brücken hinter sich abzubrechen. Er muss bei jeder Veränderung der Gesamtlage sofort flexibel reagieren und bereit sein, einen völlig neuen Plan zu entwerfen. Er braucht die innere Stärke, mit Niederlagen umzugehen und aus ihnen zu lernen. Nicht ohne Grund hat die Wissenschaft bei der Entwicklung künstlicher Intelligenz und der Erforschung verschiedenster kognitiver Prozesse immer wieder auf das Schach als ideales Modell menschlichen Denkens zurückgegriffen.

So haben Schachmeister über 1500 Jahre hinweg ihre Methoden immer weiter verbessert. Heute stellt großmeisterliches Schach höchste Anforderungen an geistige und psychische Fitness. Um Erfolg zu haben, müssen die Spitzenspieler optimale Denkstrategien und besondere mentale Kräfte entwickeln. Doch wie können wir all dies für unsere Planungen in Beruf und Alltag nutzen? Leider gelangten bisher viele wertvolle Ansätze nicht über die 64 Felder hinaus.

Erst der *Königsplan* leistet den entscheidenden Übersetzungsschritt und öffnet den schwarz-weißen Mikrokosmos. Er schafft den direkten

Brückenschlag in die reale Welt. Ermöglicht wurde diese Entwicklung durch eine glückliche Kombination der über das Schach hinausweisenden Fähigkeiten der Autoren. Während Stefan Kindermann auch seine Kompetenz als Coach und psychologischer Berater einbringen konnte, spielte der akademische Hintergrund Robert von Weizsäckers als Professor der Volkswirtschaftslehre, Finanzwissenschaft und Industrieökonomik eine ebenso große Rolle bei der Verwirklichung des kühnen Projekts.

Die beiden Autoren haben die entscheidenden zugrunde liegenden Methoden der Schachmeister in mehrjähriger Forschungsarbeit entschlüsselt und auf den allgemeinen Raum übertragen. Ihr neues Konzept *Königsplan* ermöglicht es dem Leser, die auf dem jahrhundertelangen Prüfstand des Spitzenschachs entwickelten Ansätze für Beruf und Privatleben zu nutzen.

In Verbindung mit modernen Techniken des Coachings ist ein ganzheitliches Modell entstanden. Es reicht in sieben Stufen vom idealen Leistungszustand als Ausgangspunkt bis hin zu einer kraftvollen Zieldefinition und einer kritischen Analyse des Erreichten. Dabei werden aktuelle Erkenntnisse aus der Psychologie, der Neurologie, der Entscheidungstheorie, der Spieltheorie und der Wirtschaftswissenschaft berücksichtigt. Im Aufbau des Buchs entspricht jede Stufe des Modells einem Kapitel.

Einzigartig ist bei *Königsplan* die enge Verzahnung von strukturell-rationalem Aufbau mit intuitiven Elementen. Erst die Kombination von klarer Systematik mit emotional-intuitiven Kräften ermöglicht meisterliches Denken, Planen und Handeln. Hier werden erstmals handfeste Methoden gezeigt, um diese Erkenntnis in die Praxis umzusetzen.

Dieses Buch dient als kompaktes Kompendium, um für anstehende Aufgaben im Berufs- und Privatleben schnell eine klare Struktur zu schaffen und gute Lösungen zu finden. Anschauliche Schachmetaphern, Denkübungen und praktische Beispiele mit Fallstudien aus Politik, Geschichte und Wirtschaft ermöglichen dem Leser das schnelle Erlernen und Anwenden der Methode.

Grundsätzlich ist der *Königsplan* auch ohne jegliche Schachkenntnisse zu verstehen und anzuwenden. Es mag jedoch für die weniger schachkundigen Leser von Interesse sein, die tatsächlichen Denkprozesse von Schachmeistern zu erleben und das im Schach steckende Potenzial zu entdecken. Erfahrenen Schachspielern möchten wir nicht zuletzt zeigen, wie sie einige der schon erworbenen Fertigkeiten im allgemeinen Raum von Leben und Karriere nutzbringend einsetzen können.

Damit möchten wir den Leser zu einer gemeinsamen Reise in die faszinierende Welt meisterlichen Denkens und Planens einladen.

EINLEITUNG VON STEFAN KINDERMANN

«Die Inder erklären durch die Felder des Schachbretts den Gang der Zeit und der Zeitalter, die höheren Einflüsse, die die Welt regieren, und die Bande, die das Schach mit der menschlichen Seele verbinden.»
AL-MASUDI, arabischer Historiker, 947 nach Christus

Für Alina

Über welche besonderen Fähigkeiten verfügen Sie? Und welchen Nutzen können andere Menschen daraus ziehen?

Mit diesen grundsätzlichen Fragen wurde ich ohne Vorwarnung konfrontiert. Es war Sommer 1996, ich befand mich in einem Seminar während meiner Ausbildung zum Master im Neurolinguistischen Programmieren (NLP).

«Jahrmarkt der Möglichkeiten» hieß die Übung, deren Ziel in der Analyse und dem sofort anschließenden Transfer besonderer Fähigkeiten bestand. Mit Staunen und ein wenig Neid verfolgte ich das üppige Angebot der anderen Teilnehmer: Das reichte von einem herausragenden Orientierungssinn über sofortigen Zugang zu eigenen Gefühlen, hoher Begabung im Erlernen neuer Sprachen bis hin zum Talent, blitzschnell aus dem Bestand des Kleiderschranks eine perfekte Ausgehkombination zu zaubern.

Fand jemand ein Angebot verlockend und wollte die Fähigkeit des glücklichen «Besitzers» ebenfalls erwerben, wurde ein leicht esoterisch angehauchtes Schnellverfahren durchgezogen, das die Übertragung ermöglichen sollte. Ich war fasziniert. Konnte das funktionieren? Würde bald unser ganzes Schul- und Hochschulsystem überflüssig?

Nun, Kinder lernen ganz direkt und intuitiv von anderen Menschen. Ohne Lehrbuch und theoretische Einführung erfassen sie beispielsweise komplexe grammatikalische Strukturen, die sie bald perfekt anwenden können. Es gibt musikalische Wunderkinder, kindliche Meistermathematiker und kleine Schachgenies.

Haben wir Erwachsene durch die Weiterentwicklung und Spezialisierung unserer neuronalen Strukturen diese unschätzbare Fähigkeit des direkten Lernens vom Modell verloren? Dahinter steht die Gabe, aus ungeheuren Mengen ungeordneten Inputs intuitiv die goldene Essenz zu ziehen. Gibt es für uns eine Rückkehr in das verlorene Lernparadies unserer Kindheit? Was können wir konkret tun? Und kann das so leicht und schnell wie in der Seminarübung gehen?

Ja, in manchen Fällen kann das dort praktizierte Verfahren oder ähnliche Techniken scheinbare Wunder wirken, vorausgesetzt, die Methode wird mit starker Überzeugungskraft vorgetragen. Genau dann, wenn eine Fähigkeit grundsätzlich vorhanden, aber durch einen negativen Glaubenssatz wie «Das schaff ich doch nie!» und die damit verbundene Gefühlspalette von Erstarrung bis Panik überlagert ist. Stellen wir uns als typisches Beispiel eine anstehende wichtige Prüfung vor, an deren Gelingen ich trotz intensiven Lernens und gelungenen Verstehens nicht glaube. In solchen Fällen trifft der folgende Aphorismus genau zu:

«Egal ob ich glaube, dass ich etwas kann oder dass ich es nicht kann, ich habe auf jeden Fall recht!» Unser Glaube gibt uns erst das innere Freizeichen für alle vorhandenen und vielleicht noch verborgenen Fähigkeiten.

Doch kann mich auch der stärkste Glaube nicht zu einem Marathonläufer machen, wenn ich nicht gewisse Voraussetzungen an Muskelkraft und trainiertem Herz-Kreislauf-System mitbringe! Ebenso wenig werde ich ohne jegliches Vorwissen in der Lage sein, Probleme der höheren Mathematik zu lösen oder in einer komplexen Schachposition den besten Zug zu finden.

In jenem heißen Seminarraum des Jahres 1996 waren all diese Überlegungen mir noch fremd. In erster Linie spürte ich einen klumpigen

Knoten im Bauch, der würgend in Richtung Hals wanderte. Bald war die Reihe an mir. Was hatte ich selbst denn für interessante Fähigkeiten zu bieten? Ich war hochmotiviert, zu gerne wollte ich die schlanke, schöne Frau mit den wunderbar warmen Augen mir gegenüber beeindrucken. Bis dahin hatte ich gehofft, mit meinem Status als Schachgroßmeister zu punkten. Immerhin gibt es von dieser seltenen Spezies nicht mehr als etwa 900 auf diesem Planeten. Seit zwei Jahrzehnten war ich in Turniersälen auf allen Kontinenten zu Hause und gewohnt, meine geistige und psychische Kraft auf dem Schachbrett immer aufs Neue unter Beweis zu stellen.

Doch was sollte ihr die letzte Finesse in einer modischen Variante der Königsindischen Verteidigung oder der Najdorf-Variante bringen, was die Geheimnisse eines komplexen Turmendspiels? Würde ich sie für meine Fähigkeit im Lösen schwieriger Schachkompositionen begeistern können? Oder konnte ihr meine Kaltblütigkeit in höchster Zeitnot etwas bedeuten? Zeitnot – Zeitnot …

Doch Zeitnot kann den Geist auch beflügeln, vorausgesetzt, der Adrenalinstoß ist gut dosiert – auch davon später mehr. Jetzt liefen meine Gedanken in klaren, geordneten Bahnen. Um den Nutzen meiner speziellen Fähigkeiten für andere Menschen zu ergründen, musste ich sie natürlich zunächst selbst ordnen und verstehen.

Was tun Schachmeister denn im Verlauf ihrer Partien? Sind sie nicht ganz allgemein Meister des Planens und des Lösens komplexer Probleme? Verfügen sie nicht über herausragende Denkstrategien?

Jetzt meldeten sich bei mir erste Einwände: Gelten Schachmeister nicht ein wenig zu Recht als verschroben und bisweilen weltfremd? Könnte ein Schachmeister einfach ohne weiteres den Job eines Topmanagers übernehmen? Wohl kaum!

Wie sah es denn zu diesem Zeitpunkt bei mir selbst in Bereichen außerhalb des Schachs aus? Wie viele der skizzierten Fähigkeiten spiegelten sich in meinem allgemeinen Können und Verhalten? Mir wurde klar, dass ich tatsächlich in vielen Bereichen sehr schnell eine klare Struktur schaffen konnte. Als Schachtrainer und Autor war ich es gewohnt, komplexe Inhalte zu vermitteln, indem ich die Essenz des Themas zum Vorschein brachte. Entsprechend konnte ich hervorragend Konzepte entwerfen und auch in komplexen Situationen einen guten Aktionsplan finden.

Besonders wichtig schien mir die Fähigkeit, auch emotional aufgeladene Situationen von außen, also dissoziiert, betrachten und einschätzen zu können. Dennoch, um beispielsweise im harten Alltag des Geschäftslebens außerhalb der Schachwelt erfolgreich zu sein, mangelte es mir zu diesem Zeitpunkt noch an einigem Wissen.

Für meine nächste Herausforderung jedoch war ich gerüstet! Mit hämmerndem Herzen stand ich auf. «Ich kann gut strukturieren und planen!» Klang das etwa zu nüchtern? Würde ich Interessenten finden? Ein Lächeln, ein Augenaufschlag, und hob sich ihre Hand nicht ein wenig …?

Seit jenem Seminar habe ich an der Erforschung der Essenz meisterlicher Denkstrategien im Schach gearbeitet. Zu diesem Grundthema gibt es bereits einige Untersuchungen, doch hatte ich stets ein darüber hinausgehendes, ehrgeiziges Ziel vor Augen. Mir geht es um die Möglichkeit einer ganz konkreten Umsetzung, des Transfers und der Nutzung dieser über 1500 Jahre hinweg immer weiter verfeinerten Meisterstrategien! Da Schach auf Turnierebene streng kompetitiv ist, hat hier eine natürliche Auslese stattgefunden, nur die besten Strategien haben im Verlauf der Jahrhunderte überlebt.

Wie aber müssen diese besonderen Fähigkeiten der Schachmeister vermittelt werden, damit auch Menschen, die vielleicht gerade nur die Schachregeln beherrschen und über wenig Zeit verfügen, sie lernen und effektiv einsetzen können? Die Methode sollte ebenso gut auf die Führung einer Firma mit all ihren Aspekten wie auf die Vorbereitung einer wichtigen Prüfung oder die Planung der nächsten Urlaubsreise anzuwenden sein.

Noch mehr als Kinder benötigen Erwachsene klare Bezüge und Metaphern. Unsere bereits ausgebildeten neuronalen Strukturen werden dann optimal genutzt, wenn wir Querverbindungen zwischen vorhandenem Wissen und neuen Inhalten herstellen können.

Wir brauchen also eine einfache, ganzheitliche Form, die einerseits klar strukturiert ist, andererseits aber offen für Kreativität bleibt und Zugang zum Schatz unserer Intuition schafft. Nur so werden beide Gehirnhälften optimal mit einbezogen. Wir müssen uns klarmachen, dass alle wichtigen Entscheidungen zu beträchtlichen Teilen «Bauchentscheidungen» sind und auf der Kraft unseres Gefühls beziehungsweise unserer Intuition beruhen, die immer am Anfang und Ende eines Entscheidungsprozesses stehen. Doch wäre es völlig falsch, die Ratio zu verteufeln beziehungsweise zu degradieren. Die bewussten Werkzeuge, die wir in diesem Modell anwenden, sind ebenso bedeutsam wie die intuitiven Methoden. Die Ratio dient uns hier dazu, unsere Intuition anzukurbeln, sie zu prüfen und sie in eine klare Struktur einzubetten.

1998 war ich so weit, eine aus heutiger Sicht noch sehr primitive Form des Modells zu präsentieren, immerhin berichtete das «Handelsblatt» ganzseitig, sehr positiv und ausführlich über das neue «Managertraining».

In den folgenden Jahren konnte ich es vielen Proben unterziehen, teils bei eigenen Planungen, teils im Rahmen meiner Beratungen, Coachings und Seminare. Durch die gewonnenen Erfahrungen und kritische Feedbacks konnte ich das Modell weiterentwickeln und ausbauen.

Im Jahr 2005 hatte ich dann Gelegenheit, meine Planungsstrategien in der eigenen Praxis in größerem Umfang einzusetzen. Gemeinsam mit unserem großzügigen Sponsor Roman Krulich, Dijana Dengler, Gerald Hertneck und Ulrich Dirr ging es um die Realisierung eines großangelegten, sehr ehrgeizigen und in dieser Form und Größenordnung für Westeuropa einzigartigen Projekts: Die Gründung der Münchener Schachakademie stand an!

Da keiner in unserem Kernteam praktische Erfahrungen im Bereich von Firmengründung und Leitung vorzuweisen hatte, mussten wir unseren über das Schach erworbenen Planungsstrategien vertrauen. Ein Jahr nach Erstellung unseres ersten Planungskonzepts vor Gründung der Akademie kam es zum «Härtetest»: Unser stets kritischer und objektiver Controller, Großmeister Gerald Hertneck, verglich das Erreichte mit dem Geplanten:

Tatsächlich waren mehr als 90 Prozent genau nach unserem Konzept eingetroffen!

Vom Lehrplan über die Formierung des Teams, die Wahl und Gestaltung der Räumlichkeiten, unsere ersten Events bis hin zum Marketing! So war beispielsweise der Erfolg unserer Marketingstrategie mit zahlreichen schönen und positiven Artikeln in großen Zeitungen, Berichten in Fernsehen und Radio sowie der Gewinnung vieler wertvoller Kooperationspartner über die Maßen gut und übertraf dreißig Jahre bisherige Berichterstattung über Schach in München bei weitem.

Jetzt war das Konzept so weit ausgereift, dass ich gemeinsam mit Dijana Dengler als kompetenter Co-Trainerin darangehen konnte, es in Seminarform speziell für Führungskräfte anzubieten. Das Feedback bei den Seminaren sowie bei Vorträgen vor unterschiedlichstem Publikum zu diesem Thema war für uns eine große Ermutigung und gab uns das Gefühl, auf dem richtigen Weg zu sein. Dijana Dengler bin ich für Ihre großartige Unterstützung im Verlauf des gesamten *Königsplan*-Projekts mit kreativen Ideen und moralischem Rückhalt zu besonderem Dank verpflichtet.

Im Jahr 2007 gab es für mich einen weiteren großen Glücksfall, der von beträchtlicher Bedeutung für die weitere Entwicklung, kritische Prüfung und Ausgestaltung von *Königsplan* war. Für unsere mittels großzügiger Unterstützung durch Sponsor Roman Krulich neu gegründete Münchener Schachstiftung, die insbesondere Kinder aus sozial schlechtergestellten Familien durch Schachtraining fördert, war ich auf der Suche nach einem geeigneten Schirmherrn. Gleichzeitig war Robert K. Freiherr von Weizsäcker zum neuen Präsidenten des Deutschen Schachbundes gewählt worden. Erst durch einige Presseartikel zu diesem Thema wurde ich darauf aufmerksam, dass Robert von Weizsäcker nicht nur einen Lehrstuhl für Volkswirtschaftslehre an der Technischen Universität München innehat und ein international hochangesehener Wirtschaftswissenschaftler, sondern auch selbst Fernschach-Großmeister und Mitglied der Deutschen Fernschach-Nationalmannschaft ist.

Ich riskierte also eine Kontaktaufnahme und war sehr angenehm von Robert von Weizsäckers freundlicher und spontan hilfsbereiter Haltung berührt. Da auch ihm die Förderung von Kindern besonders am Herzen liegt, war er ohne weiteres bereit, die Schirmherrschaft über die Kinder- und Jugendprojekte der Münchener Schachstiftung zu übernehmen und uns auch sonst mit Rat und Tat zu unterstützen.

Im gemeinsamen Gespräch kamen wir auf das Thema *Königsplan* im Sinne einer Nutzung schachlicher Denkstrategien unter anderem für den wirtschaftlichen Bereich. Während meine eigene außerschachliche Ausrichtung ja in erster Linie eine psychologische ist, stellt Robert von Weizsäckers Hintergrund die ideale Brücke zwischen Schach und Ökonomie dar. Er verkörpert höchste Kompetenz, um das Konzept *Königsplan* mitzuentwickeln, auf eine solide wissenschaftliche Basis zu stellen und kritisch zu prüfen. Bald waren wir bei der Idee eines gemeinsamen Buchprojekts angelangt. Das Resultat halten Sie nun in Händen!

Ach so – und was war mit der schönen Frau? 2010 feiern wir unseren zwölften Hochzeitstag und staunen immer wieder über die Lernfähigkeit und Kreativität unserer Tochter Alina …

EINLEITUNG VON ROBERT K. VON WEIZSÄCKER

I. Später Anfang und prägende Folgen

Seit über vierzig Jahren kommt Schach in meinem Leben vor. Intensive und weniger intensive Phasen lösten einander ab. Obwohl meine erste Begegnung mit den magischen 64 Feldern relativ früh erfolgte, setzte der eigentliche Enthusiasmus erst sehr viel später ein. Mein Vater brachte mir das Schachspiel bei, doch hielt sich meine Begeisterung zunächst in engen Grenzen, da ich gegen ihn fast stets verlor. Auch gegen andere Mitglieder meiner Familie trat ich regelmäßig an. Zweifellos wurden mir dadurch einige Einblicke in das Spiel vermittelt, aber offensichtlich nicht genügend viele, um wirkliche Fortschritte zu erzielen. Ich wurde irgendwie auf Distanz gehalten, verlor deshalb die Freude und wandte mich anderen Dingen zu.

Ein tieferes und bis heute andauerndes Interesse setzte erst 1972 anlässlich des legendären Weltmeisterschaftskampfes zwischen Bobby Fischer und Boris Spasskij ein. Unter sträflicher Vernachlässigung fast aller anderen Aspekte des Lebens beschäftigte ich mich nach dem sensationellen Sieg Fischers fast ausschließlich mit Schach. Ein weiteres Schlüsselerlebnis für mich war eine Simultanpartie 1973 gegen Ex-Weltmeister Botwinnik (remis). So wurde ich stärker, was wiederum meine Motivation erhöhte, und bald hatte ich zumindest innerhalb der Weizsäcker-Familie keine Gegner mehr, was ein kleiner psychologischer Befreiungsschlag war.

Schach enthält Elemente des Sports, der Wissenschaft und der Kunst. Mein persönlicher Bezug zu diesen drei Facetten unterlag über die vielen Jahre einem gewissen Wandel. Während ganz zu Beginn natürlich der rein sportliche Aspekt im Vordergrund stand, wende ich mich heute zunehmend den wissenschaftlichen und künstlerischen Aspekten des Schachspiels zu.

Wettkampfschach am Brett erfordert eine starke Physis und eine starke Psyche. Ich erinnere mich noch mit nicht geringem Schrecken an einige katastrophale Niederlagen, die ich in Bundesligaeinsätzen in der vierten oder fünften Stunde kurz vor der Zeitkontrolle hinnehmen musste, obwohl ich zunächst nach mehreren Stunden harten Ringens eine objektiv überlegene oder vielleicht sogar gewonnene Stellung hatte herbeiführen können. Der Druck, für die Mannschaft gewinnen zu müssen, war hoch. Sportliche Faktoren spielten eine dominierende Rolle. Nicht letzte Wahrheiten oder die Schönheit zählten, sondern allein der Sieg.

Diese Erfahrungen des Überlebenskampfes am Brett, ein zunehmender Mangel an Zeit, zu Turnieren zu reisen, aber auch mein Hang zum Gründlichen haben mich zum Fernschach gebracht. Hier werden die Züge per Post beziehungsweise per E-Mail oder direkt über das Internet ausgetauscht. Die Zeitkontrolle ist weniger rigoros als im direkten Brettschach, und man kann sowohl als Anfänger wie auch als Meisterspieler weltweit gegen starke Konkurrenz antreten, ohne reisen zu müssen. Diese Form der schachlichen Auseinandersetzung hat etwas zu tun mit der Suche nach dem Absoluten – mag dieses Unterfangen auch noch so aussichtslos sein. Das kam und kommt meiner wissenschaftlichen Ader entgegen, und ich bin dieser Schachform trotz einer zwanzigjährigen berufsbedingten Unterbrechung bis heute treu geblieben.

Ein Bezug zur Kunst mag für viele etwas überraschend erscheinen. Wettkampfpartien auf hohem Niveau, aber auch Schachstudien sind jedoch in vielen Phasen ein Spiegelbild des Künstlerischen, und so betrachte ich gewisse Partien und Studien durchaus als kleine Kunstwerke. Ich kann sie nicht aufhängen und anschauen, aber sie sind das Produkt einer schöpferischen Leistung mit unmittelbaren Bezügen etwa zur Ästhetik. Dabei äußern sich Schönheit und Harmonie nicht allein in einem statischen Stellungsbild, sondern erst in der Dynamik der Zugfolge einer Partie. Das Wahren einer schöpferischen Balance zwischen Material, Raum und Zeit unter Beachtung aller Nebenbedingungen des schachlichen Regelwerkes vermag auf diese Weise aus der Konfrontation zweier Meisterspieler ein Kunstwerk zu schaffen. Das Nachspielen der Partien kann Emotionen entfachen, die man mit Empfindungen vergleichen kann, wie sie durch Musik, ein Bild oder die Natur ausgelöst werden.

Nimmt man die hier nur angedeuteten Aspekte zusammen, so hat Schach für mich in der Tat den Rang eines Kulturgutes.

II. Theoretische Strategie und praktische Welt

Ich bin häufig gefragt worden, warum ich eigentlich dermaßen viel Zeit auf Schach verwandt habe. Nun, bis heute bin ich davon überzeugt, dass auch mit Blick auf die Welt außerhalb des Schachs und jenseits der reinen Freude am Spiel nicht ein Tag umsonst war.

In der Tat betrachte ich Schach durchaus als ein Paradigma ganz anderer Bereiche. Denn diejenigen Fähigkeiten und Charaktermerkmale, die man durch Schach erwirbt oder vertieft, sind auch darüber hinaus äußerst nützlich. Das gilt nicht nur für den von mir gewählten Wissenschaftsberuf, sondern insbesondere auch für eine Tätigkeit in der unternehmerischen Praxis. Beispiele sind das analytische Denken, die abstrakte Phantasie, eine zielgerichtete Kombination aus struktureller Systematik und schöpferischer Intuition sowie das Vertrauen in die eigene Disziplin des Entscheidens. Eine wichtige Eigenschaft, die sich in meinem Falle besonders durch die Beschäftigung mit Schach herausgebildet hat, knüpft an das Letztgenannte an. Es ist eine quasirationale Kraft zur Entscheidung im Licht des Ungewissen. Genau das begründet für mich den möglichen strategischen Brückenschlag des Schachmeisterdenkens in die praktische Welt. Und genau hier sollte viele Jahre später der zündende Funke zur Geburt des *Königsplans* überspringen.

III. Mensch versus Maschine

In unserer heutigen digitalisierten Welt eröffnet sich der Zugang zum Schach für viele Menschen durch den Computer. Mächtige Datenbanken, äußerst spielstarke Schachprogramme sowie das Internet haben nicht nur zu einer neuen Dimension der Verbreitung geführt, sondern das Spiel auch auf eine neue Ebene der Perfektion gehoben. Führende Schachprogramme errechnen bereits auf einem handelsüblichen 2-GHz-Notebook 1,5 Millionen Stellungen pro Sekunde, erkennen in größter Geschwindigkeit kompliziertestе Manöver und Strukturen und greifen dabei auf einen Bestand von rund 3,2 Millionen gespeicherter Partien zurück. Das ist eine für den Menschen schockierende und irgendwie auch desillusionierende quantitative Dimension.

Ein Wettkampf zwischen Weltmeister Kramnik und dem Schachprogramm «Deep Fritz» hatte ein gewaltiges Medienecho ausgelöst: Die Maschine gewann das Match. Ein solcher Wettkampf besitzt jedoch meines Erachtens für das Schach an sich keine Relevanz. Ein Wettstreit dieser Art ist äußerst spektakulär, sehr reizvoll für die Medien und sicher spannend für das breite Publikum. Er könnte daher indirekt dazu beitragen, dem königlichen Spiel neue Anhänger zuzuführen. Ich glaube jedoch nicht, dass eine derartige Auseinandersetzung neue Wahrheiten zur eigentlichen Substanz des Spiels zutage fördern kann. Überdies ist eine darauf basierende Marketingstrategie nicht ganz ungefährlich. Denn wenn in den Augen der interessierten Laienöffentlichkeit der Mensch gegen die Maschine letztlich keine Chance mehr hat, dann kann das auch abschreckend wirken. Schach erscheint dann «durchgerechnet», erledigt und damit schöpferisch unattraktiv. Ich glaube definitiv nicht, dass das so ist. Doch stößt man auf diese Schlussfolgerung recht häufig in Kreisen der interessierten Nichtschachspieler.

Selbst die derzeit weltbesten Schachprogramme betrachte ich deswegen noch nicht als eine existenzielle Gefahr für das Schach, weil sie insbesondere in positionell angelegten Partien nicht in der Lage sind, den roten Faden einer solchen Partie wirklich zu identifizieren. Die immer wieder neu ansetzenden Brute-Force-Algorithmen lassen die Schachprogramme selbst in Kombination mit anspruchsvolleren Alpha-Beta-Algorithmen der sogenannten Minimax-Baumsuche immer noch eher rechnen als denken. Darüber hinaus gibt es nach wie vor einige typische Themen, die den Schachprogrammen erhebliche Probleme bereiten. Dazu zählen etwa langsame, stille Angriffszüge, die Abschätzung eines Qualitätsopfers, Abwicklungen in Bauernendspiele, der taktische Einsatz des Dauerschachs sowie das schachliche Konzept einer Festung. Grundsätzlich haben viele der noch bestehenden Schwierigkeiten der Schachcomputer mit der technologisch möglichen Suchtiefe ihrer Algorithmen zu tun. Ich denke jedoch nicht, dass das der alleinige Schlüssel zur Steigerung ihrer Spielstärke sein wird, denn es gibt so etwas wie einen abnehmenden Grenzertrag der Suchtiefe. Immer wichtiger werden Themen der Selektion sowie das Rechnen in Mustern oder Netzen. Und selbst wenn diese Aspekte eines Tages erforscht und integriert sein mögen, werden Computer das strategische Denken und Planen des Menschen zwar auf vielfältige Weise stützen, nicht jedoch vollständig ersetzen können.

IV. Schach, Computer und Ökonomie

Nach dem Sieg der Maschine über den Menschen wurde wiederholt die Frage gestellt, ob man aus den Leistungen des Rechners im Schachspiel generelle Erkenntnisse zu ökonomischen Prozessen gewinnen könne. Hier muss man sehr vorsichtig sein und sich vor zu euphorischen Schlussfolgerungen hüten. Zweifellos liefert das Schachspiel ein hochgeeignetes Beispiel einer wohldefinierten, deterministischen strategischen Zielfunktion. Und in der Tat gibt es Bemühungen in der Forschung zur künstlichen Intelligenz, Schach als Paradigma zu interpretieren – verbunden mit dem Versuch, die dort erfolgreichen Algorithmen nutzbringend zu verallgemeinern.

Ob Schachalgorithmen eine hilfreiche Grundlage etwa für gesamtwirtschaftliche Simulationen sein könnten, hängt freilich von der konkreten Anwendungskonstellation ab. Ich bin nicht sicher, ob die hier zutage geförderten Ergebnisse einen ernsthaften Realitätsbezug haben können. Das hat folgenden Grund. Das in der Wirtschaftswissenschaft eingesetzte theoretische Instrumentarium zur Abbildung strategischen Verhaltens entstammt der Spieltheorie. In ihrer Terminologie fällt Schach unter die Rubrik eines nichtkooperativen Spiels bei vollständiger Information. Schach ist ein strikt kompetitives Spiel, ein sogenanntes Zweipersonen-Nullsummenspiel. Ökonomische Probleme sind nun im Allgemeinen nicht beschreibbar durch ein Nullsummenspiel. Es gibt keine perfekte Welt der vollständigen Information, und es gibt insbesondere kaum einen Markt, der die Lehrbuchkonstellation der vollkommenen Konkurrenz aufweist. Die meisten Märkte sind nicht charakterisiert durch eine Vielzahl kleiner Anbieter, deren jeweiliger Output hinreichend gering ist, um keinen Einfluss auf den Marktpreis ausüben zu können. Ein Großteil der heutigen Märkte ist vielmehr durch eine relativ kleine Anzahl großer Anbieter geprägt – Stichwort Oligopol. Die volkswirtschaftliche Realität ist gekennzeichnet durch unvollständige Information und unvollkommene Konkurrenz. Dynamische Spiele bei unvollständiger Information sowie Themen wie Verhandlungen, Anreize und glaubwürdige Selbstbindung liegen freilich weit außerhalb des Horizonts eines Schachprogramms.

Eine andere Frage ist es, ob das Schachspiel und darauf aufsetzende Schachprogramme zur optimalen Lösung bestimmter betriebswirtschaftlicher Fragen beitragen könnten. Das halte ich für durchaus möglich. Viele wirtschaftliche Fragestellungen lassen sich ja formal in die Form einer geeigneten Zielfunktion bringen, die es dann unter einer bestimmten Nebenbedingung zu maximieren gilt. Ob es sich hier nun – unabhängig vom jeweiligen ökonomischen Inhalt – um ein eindimensionales oder mehrdimensionales, statisches oder dynamisches, deterministisches oder stochastisches Optimierungsproblem handelt – dem Ökonomen und Praktiker steht hier eine ganze Armada von

Lösungsmethoden zur Verfügung. Genannt seien etwa die Dynamische Programmierung sowie die Optimale Kontrolltheorie. Dennoch: Warum sollten Erkenntnisse des Schachmeisterdenkens in Kombination mit effizienten Suchalgorithmen der Schachprogrammierung hier keine ebenso originellen wie effektiven Verbesserungen und Lösungen erbringen können?

V. Systematisches Denken und intuitives Erahnen

So zurückhaltend ich generell die unmittelbare Anwendbarkeit der Schachprogramme in einem nichtschachlichen Kontext bewerte, so überzeugt bin ich von der Systematik schachlichen Denkens und ihrer Übertragbarkeit in die Welt des lebensnahen Entscheidens. Noch gibt es einen Unterschied zwischen Rechnen und Denken. Die maschinenbezogenen Einschränkungen des vorangegangenen Abschnitts berühren daher nicht die universelle Kraft der Denkschulung durch das Schach an sich.

Die Begegnung mit Stefan Kindermann, dem originellen und feinsinnigen Schachgroßmeister, dessen hochkultivierte und breitgebildete Gesprächstiefe mich sofort gefangen genommen hat, führte schnell zu einem kongenialen Verständnis des schachlichen Brückenschlags in die praktische Welt. Es müsste doch möglich sein, eine aus dem Schachmeisterdenken gewonnene Heuristik zu identifizieren, die das Potenzial einer strategischen Praxisanwendung enthält. Aber so einfach war das nicht, denn rationale Systematik ist es nicht allein. Da gibt es noch etwas anderes: Nennen wir es Intuition. Dieses so zentrale Element einer «siegreichen» Lebensstrategie musste in das Kalkül einer rationalen Entscheidungsfindung unter komplexen und unsicheren Nebenbedingungen eingebunden werden. Das Ergebnis ist die Verzahnung einer simultanen Zeitreise des vorwärts- und rückwärtsgerichteten Denkens mit der schöpferischen Ebene schachmeisterlicher Intuition – die Verknüpfung einer rückwärtsgewandten Induktion mit rationalisierten Bauchgefühlen.

Auf diese Weise konnte Systematisches und Intuitives aus der Welt des schachlichen Denkens so verallgemeinert werden, dass daraus ein methodischer Beitrag zur strategischen Planung, schöpferischen Phantasie und zum praktischem Management entstanden ist, der vielleicht in manchen Fällen einen idealen Weg zu einem hohen Ziel aufzeigt – einen Königsweg des Entscheidens.

KAPITEL 1

In Bestform beginnen

«Es ist nicht genug, ein guter Spieler zu sein.
Man muss auch gut spielen!»
SIEGBERT TARRASCH, deutscher Schachgroßmeister

Ein hastiger Blick auf die Wanduhr. Abwechselnd scheint die Zeit zu rasen und zu stocken. Immer noch zehn Minuten bis zur Premiere. Ein letztes Mal prüft er das Kostüm im Spiegel. Unwillkürlich murmelt er Wortfetzen seines Monologs. In Kürze wird der Schauspieler vor sein Publikum treten. Im Halbdunkel geborgen, werden sie noch die kleinste seiner Gesten auf der heißen, hellen Bühne belauern. Neider und Feinde gibt es genug. Über jedes Räuspern, jede Unsicherheit, jedes Nachlassen im Schwung seines Spiels wird er morgen in den Zeitungen lesen. Nur zu gut kennt er die hämischen Seitenhiebe, die einen Verriss garnieren. Auf der Bühne kann kein Fehler wieder korrigiert werden, keinen Moment der Besinnung wird es geben. Um zu überzeugen und zu begeistern, muss er dem perfekten Zusammenspiel all seiner Kräfte bedingungslos vertrauen. Das Signal ertönt. Schnell steht er auf und geht auf seine Position hinter dem Vorhang …

Der 100-Meter-Läufer kniet im Startblock. Unter seinen Händen fühlt er die warme, raue Oberfläche der Bahn. Aus den Augenwinkeln erahnt er zu beiden Seiten die Konkurrenten. Scharfe Ausdünstungen steigen ihm in die Nase. Er weiß, dass auch die anderen die Köpfe noch nach unten baumeln lassen. Augenblicke trennen ihn von dem Startschuss. 10 Sekunden werden darüber entscheiden, ob Jahre qualvollen Trainings Belohnung finden. Sein Puls rast. Alles oder nichts, ein Star oder ein Niemand. Er hebt den Rücken und presst die Hände in den

Grund. Jeder Muskel spannt sich. Sein ganzes Sein fiebert dem Schuss entgegen …

Der Schachmeister rückt die weißen Figuren vor sich zurecht. Auch die hölzernen Heere warten auf den Startschuss. Bald wird der Schiedsrichter die Schachuhr in Gang setzen. Es geht um Turniersieg, Preisgeld und Qualifikation. Der Gegner nimmt Platz. Kein Augenkontakt. Jetzt ein kurzer Händedruck, beide scheuen die Berührung. Als schneller Film laufen vor seinem inneren Auge die erwarteten Eröffnungszüge ab. Heute wird er sich in offener, taktischer Feldschlacht stellen. Wenn die Figuren dicht aufeinanderprallen und beide Könige in höchster Gefahr schweben, kann der kleinste Fehler zur sofortigen Niederlage führen. Jeder Zug wird ein Wagnis und eine unwiderrufliche Entscheidung bedeuten. Auf Schritt und Tritt lauern Fallen und Tretminen. Zieht er zu schnell und dringt nicht tief genug in die Geheimnisse der Position ein, kann das den Untergang bedeuten. Zieht er zu langsam, so droht am Ende tödliche Zeitnot. Hunderttausende von Schachfans werden weltweit an ihren Computern das Duell verfolgen, in Chatrooms kommentieren und die Züge mit ihren Analyseprogrammen ergründen. Er fühlt, wie unter seinem Hemd der Schweiß zu rinnen beginnt. Der Schiedsrichter tritt ans Brett, die Sekunden auf der Digitaluhr beginnen zu laufen. Es ist Zeit, den ersten Zug zu tun …

Das Geheimnis konstanter Leistungen

Wie gelingt es Spitzenkönnern verschiedenster Bereiche, konstant Höchstleistungen zu erbringen? Auch sie haben immer wieder mit gesundheitlichen Einschränkungen, Lampenfieber, Versagensängsten und verschiedenen persönlichen Problemen zu kämpfen. Dennoch bringen sie im entscheidenden Moment ihre beste Leistung. Was geschieht vor der großen Herausforderung in ihnen? Wie stellen sie sich darauf ein? Wie ertragen sie den Druck? Warum scheitern andere, die technisch sogar besser sind, über mehr Wissen verfügen und härter trainiert haben?

Auch im alltäglichen Berufsleben stehen wir immer wieder vor besonderen Herausforderungen, die uns auf die Probe stellen. Bleiben wir im kritischen Moment weit unter unseren Möglichkeiten, oder wachsen wir über unser normales Niveau hinaus? In welcher Verfassung sind wir vor einer entscheidenden Prüfung? Wie gehen wir in ein kritisches Einstellungsgespräch mit Aussicht auf unseren Traumjob? Was ist zu tun, wenn ein wichtiger Kunde unbedingt gewonnen werden muss? Wie überzeugen wir den rettenden Investor? Mit welcher Energie gehen wir in das nächste Meeting? Mit wie viel Schwung nehmen wir den Entwurf des nächsten Konzepts, ein wichtiges Schreiben oder die übergeordnete Planung der künftigen Firmenstrategie in Angriff?

Wo liegen die Gemeinsamkeiten der vorgestellten Szenarien? Was ist der Schlüssel und die entscheidende Voraussetzung, um konstant gute Leistungen zu erbringen?

Offensichtlich und bis zu einem gewissen Grad messbar sind die Komponenten des erworbenen Wissens und der angeborenen sowie antrainierten körperlichen und geistigen Fähigkeiten. Darüber hinaus gibt es eine dritte, entscheidende Dimension, der dieses Kapitel und damit die erste Stufe des *Königsplans* gewidmet ist: die Aktivierung all unserer Kräfte im kritischen Moment.

Was helfen Tausende von perfekten Trainingstoren, wenn der Torschütze beim spielentscheidenden Elfmeter versagt und den Ball gegen den Pfosten schmettert? Was nützen dem Studenten Hunderte konzentrierter Lernstunden, wenn sein Gehirn vor dem Prüfer wie leergefegt scheint?

Nur wenn wir bei einer anstehenden Aufgabe all unser gerade benötigtes Wissen und unsere Fähigkeiten auch einsetzen können, werden wir Höchstleistungen vollbringen. Das im Sparstrumpf verborgene Vermögen wird uns nicht sättigen, wenn wir nicht in der Lage sind, es vor dem Gang zum Bäcker wiederzufinden und hervorzuholen. So müssen wir in der Lage sein, das in uns schlummernde Potenzial genau zur rechten Zeit zu aktivieren.

Diese einfache Erkenntnis bringt uns zur nächsten Frage: Was ist die Voraussetzung, um im kritischen Moment bestmöglichen Zugriff auf den Schatz unserer Ressourcen zu haben? Da es sich um einen inneren Prozess handelt, liegt die Schlussfolgerung auf der Hand: *Für unser aktuelles Leistungsvermögen spielt unser innerer Zustand eine entscheidende Rolle.*

Die körperliche Komponente wollen wir dem vorab angesprochenen Bereich des Trainingszustands zuordnen, sodass wir uns nun voll und ganz auf psychologische Aspekte konzentrieren können. Dabei sollten wir dennoch im Auge behalten, dass Körper und Geist ein System bilden und sich wechselseitig beeinflussen. So wird beispielsweise ein guter körperlicher Zustand sicher dazu beitragen, unser Selbstvertrauen zu stärken, während sich umgekehrt ein starkes Selbstvertrauen förderlich auf unsere körperliche Leistungsfähigkeit auswirkt.

Wir glauben, dass für jede Aufgabe ein besonderer innerer Zustand existiert, der eine Voraussetzung für Höchstleistungen darstellt. Mentale Stärke bedeutet, alle vorhandenen Fähigkeiten und Ressourcen in einem gegebenen Moment nutzen zu können.

Eben dies belegen Untersuchungen an Spitzensportlern. Hier wird von einem «idealen Leistungszustand» gesprochen, der für Höchstleistungen unabdingbar ist. Das gilt natürlich ebenso für Schachmeister vor wichtigen Partien. Denn in schlechter oder genauer ausgedrückt in für die vorliegende Aufgabe ungeeigneter Verfassung bleiben wir von wichtigen Fähigkeiten abgeschnitten, die uns im kritischen Moment fehlen. Mit einem dicken Kloß im Hals werden wir keine flammende Rede halten, mit akuten Versagensängsten keine positive Zukunftsplanung entwickeln.

Auf dieser Stufe werden wir den inneren Zustand kurz vor und zu Beginn einer Herausforderung betrachten. Ein weiterer Aspekt, der jedoch den Rahmen dieses Kapitels sprengt, ist die Aufrechterhaltung des optimalen Zustands beziehungsweise auch dessen flexible Anpassung an die äußeren Umstände während eines längeren Zeitraums.

Die erste Stufe hat innerhalb des *Königsplans* eine Sonderstellung, da rein mentale Aspekte im Vordergrund stehen. Hier wird also nicht wie in den folgenden Kapiteln eine idealtypische Denkmethodik, sondern eine wirksame mentale Strategie abgebildet. Nicht zuletzt stellt die auf Stufe 1 bezweckte Optimierung unseres inneren Zustands eine wichtige Voraussetzung dar, um Zugang zu unseren intuitiven Kräften zu schaffen. Diese Zusammenhänge werden in Kapitel 3 ausführlich betrachtet.

Nachfolgend stellen wir ein konkretes Modell in Form von fünf Schritten vor, das der Leser seiner jeweiligen Aufgabe individuell anpassen kann. Natürlich hat jeder Spitzenkönner sein ganz eigenes, häufig unbewusstes Rezept, um sich im rechten Moment in Bestform zu bringen. Wir sind aber davon überzeugt, dass in den meisten Fällen Elemente des folgenden Modells enthalten sind.

Wir empfehlen, zunächst den gesamten Text zu lesen, bevor Sie mit der Umsetzung der Mentalübungen beginnen. Sehr hilfreich kann anfangs ein Freund, ein Coach oder natürlich Ihr Partner beziehungsweise Ihre Partnerin sein, indem er/sie den jeweils nächsten Schritt ansagt, Ihnen Rückmeldungen gibt und insgesamt unterstützend wirkt. Schön ist es, die Übung mit wechselnden Rollen (Übender/Coach) durchzuführen. Allerdings sollten Sie unbedingt eine Person wählen, die Ihr volles Vertrauen genießt, da es sonst kaum möglich ist, sich zu entspannen und zu öffnen.

Bevor Sie beginnen, sollten Sie dafür sorgen, für eine Phase von zumindest 30 Minuten ungestört zu bleiben. Anfänglich wird die Durchführung der fünf Schritte länger dauern. Sobald der Ablauf gewohnt und automatisiert ist, genügen auch wenige Minuten. Dann wird es auch nicht unbedingt erforderlich sein, alle Schritte zu durchlaufen. Sie werden schnell bemerken, welche Teile der Übung für Sie besonders wirkungsvoll sind, und können sich dann gerade bei knapper Zeit auf diese Ausschnitte konzentrieren.

Die persönliche Bedeutung des Ziels bestimmen

Um all unsere Kräfte zu versammeln, ist es zunächst von großer Bedeutung, das Ziel mit unserem individuellen Wertesystem in Einklang zu bringen. Diesem grundlegend wichtigen Thema werden wir uns in

Kapitel 5 «Zündende Ziele» ausführlich widmen. Es ist empfehlenswert, vor der Umsetzung der Mentalübung den entsprechenden Abschnitt auf Seite 220 ff. zu studieren. Überhaupt existieren immer wieder Querverbindungen zu anderen Stufen, und rückblickend kann man erkennen, dass der Aufbau von Stufe 1 auch Teile des gesamten *Königsplans* abbildet.

Wir beginnen mit zwei simplen Fokusfragen:
– Warum überhaupt stelle ich mich der kommenden Aufgabe?
– Was will ich damit erreichen?

Richten wir unsere Vorstellungskraft auf die kommende Herausforderung und dann auch auf den Moment *nach* dem angestrebten Erfolg.

Durch die folgenden Fragen präzisieren wir unsere innere Ausrichtung:
– Welche Werte verbinde ich mit der Meisterung der bevorstehenden Aufgabe?
– Was ist mir damit gelungen?
– Was an diesem Erfolg ist für mich wirklich wertvoll?

Es ist sinnvoll, die Resultate dieser Betrachtung zu notieren. Im fünften und letzten Schritt werden wir die Ergebnisse gezielt nutzen.

Den inneren Zustand würdigen

Das erste Ziel ist es, unseren momentanen inneren Zustand wahrzunehmen. Dazu nehmen wir eine bequeme Sitzposition mit geradem Rücken ein, schließen die Augen, legen die Hände in den Schoß und entspannen den Körper. Der Atem beruhigt sich.

Nun beginnen wir, behutsam darauf zu achten, wie es sich in unserem Körper anfühlt. Was fällt uns auf? Fühlen wir beispielsweise einen Druck in der Brust, einen leichten Krampf im Magen oder eine Spannung im Nacken? Klopft das Herz? Schwitzen wir? Was geschieht in unserem Geist? Gibt es Gedanken, die immer wieder auftauchen? Kreisen wir um Sorgen oder Hoffnungen? Sind wir müde oder nervös? Wie geht es uns jetzt gerade?

Jedes Resultat ist in Ordnung. Es ist jetzt nicht erforderlich, über diese Einsicht hinauszugehen. Wir sind nun innerlich gesammelt und bereit, den nächsten Schritt in Angriff zu nehmen.

Wir lenken unseren Geist auf die anstehende Aufgabe. Dabei ist es wichtig, sich voll und ganz in die zukünftige Situation zu versetzen. Was sehen wir dort? Was hören wir? Was sagen wir oder sagen andere zu uns? Was fühlen wir? Hier sollten wir uns Zeit lassen und versuchen, alle vorab bekannten oder vermuteten Details in das Zukunftsszenario einzusetzen. Die Vorstellung wird natürlich präziser sein, falls wir eine ähnliche Herausforderung bereits erlebt haben. Ansonsten werden wir die vorliegenden Informationen und Erfahrungsberichte anderer Menschen mit unserer Phantasie verknüpfen. Das Ziel ist erreicht, sobald sich das Gefühl einstellt: «Ich bin wirklich dort, ich erlebe die kommende Aufgabe.»

Nun richten wir den Fokus wieder auf unseren Zustand. Was hat sich durch diese Phantasiereise verändert? Was wurde ausgelöst? Was geschieht in uns?

Sehen wir Bilder von uns als strahlende Sieger vor begeistertem Publikum oder ein Horrorszenario schrecklichen Scheiterns? Hören wir Applaus oder höhnische Schmähungen? Fühlen wir Zuversicht, Freude und Stolz oder Angst und Selbstmitleid? Welche unmittelbaren körperlichen Sensationen nehmen wir wahr? Weitet sich die Brust, oder zwickt es im Bauch? Klopft das Herz schneller, und beginnen wir zu schwitzen, oder schalten wir innerlich ab, «stellen uns tot» und spüren gar nichts mehr?

Was immer auftaucht, ist willkommen. Wir gehen von der These aus, dass alle inneren Phänomene eine bestimmte Funktion haben, die gewürdigt werden will. Ganz grob kann die Arbeit unseres Unbewussten in diesem Bereich in zwei Kategorien unterteilt werden:

1. Innere Vorgänge, die dazu dienen sollen, das gesteckte Ziel zu erreichen.

2. Innere Vorgänge, die uns auf ein «Versagen» vorbereiten und einstimmen sollen.

Der zweite Punkt ist nur scheinbar paradox und kann unterschiedliche Hintergründe haben. Das angestrebte Ziel widerspricht in irgendeiner Form unseren Werten oder kollidiert mit einem unbewussten Glaubenssatz. Gelegentlich wollen wir durch ein Scheitern auch die negative Erwartung einer wichtigen Bezugsperson bestätigen. Der Zweck des hindernden Vorgangs könnte auch ein Totstellreflex sein, um die erwartete seelische Qual abzumildern. Der Sinn könnte aber auch in einer Art Selbstbestrafung liegen.

Manche dieser Aspekte führen in tiefenpsychologische Bereiche, die den Rahmen dieses Werkes sprengen. Wir wollen uns hier auf praktische Maßnahmen beschränken, die ein Gelingen des anstehenden Projekts befördern.

Der entscheidende Punkt besteht darin, Sensitivität für die eigenen seelisch-geistigen Abläufe zu entwickeln, diese wahrzunehmen und zu würdigen. Hier ist es ausreichend, eine Idee unserer momentanen inneren Verfassung zu gewinnen. Falls wir zur Einsicht gelangen, dass unser innerer Zustand das gesteckte Ziel ausreichend unterstützt, besteht keinerlei Handlungsbedarf. Wenn wir jedoch glauben, dass dies nicht der Fall ist, können wir jetzt bewusst intervenieren.

Zunächst ordnen wir unseren Zustand entweder Szenario 1 (Vorbereitung auf das Gelingen) oder Szenario 2 (Vorbereitung auf das Scheitern) zu. Hier gilt es, einen häufigen Fallstrick zu vermeiden. Oft wird ein eigentlich zielführender Zustand falsch interpretiert und zu Unrecht bekämpft. In diesem Fall sorgen oder ärgern wir uns über den wilden Tanz unserer Gefühle vor einer Herausforderung mit körperlichen Reaktionen wie Schweißausbrüchen, Herzrasen oder Bauchgrummeln. Wir geben uns alle Mühe, diesen vermeintlich peinlichen und unwürdigen Ausdruck unserer Ängste zu unterdrücken und keinesfalls zu zeigen.

Für Sportler beziehungsweise für alle Menschen vor physischen Herausforderungen liegt es allerdings auf der Hand, dass der für die körperlichen Phänomene hauptsächlich verantwortliche Adrenalinstoß zur Aktivierung sämtlicher Ressourcen beiträgt und dazu dient, alle Systeme hochzufahren. Nicht selten handelt es sich auch um ein Warnsignal, das uns vor Fehlern schützen und auf Gefahren hinweisen will.

Evolutionär betrachtet, war dies eine lebenswichtige Vorbereitung auf Flucht oder Kampf. Eine Ausnahme bilden Fälle, in denen unser Unbewusstes «über das Ziel hinausschießt» und eine unbekömmliche Überdosis Adrenalin liefert. Nicht selten resultiert die Überreaktion aber gerade aus der Erregung über die Erregung, also der Angst vor der Angst. Sobald wir uns diesen Punkt vor Augen führen, sind wir einen wichtigen Schritt weiter.

Doch wie verhält es sich bei Aufgaben, die klares Denken und gute Entscheidungen verlangen? Sind hier nicht diese «dummen Gefühle» und das evolutionäre Erbe aus der Vergangenheit hinderlich? Sollte man nicht die Erregung unterdrücken, um zu Klarheit des Geistes zu gelangen? Allem Anschein nach muss dies entschieden verneint werden. So wie auch das gesamte Modell des *Königsplans* die ganzheitliche Verbindung von Ratio und Gefühl darstellt, gilt dies ebenso für unseren inneren Zustand.

Sowohl schachliche Experimente der Vergangenheit als auch Resultate der modernen Gehirnforschung haben gezeigt, dass scheinbar störende Emotionen mit einem bestimmten Maß an Erregung entscheidenden Anteil an effektiver Entscheidungsfindung und Problemlösung haben.

Emotionen und Problemlösung

Schon in den fünfziger Jahren des vorigen Jahrhunderts gab es in der Sowjetunion Experimente, bei denen die Auswirkungen von Stress auf die Effizienz von Versuchspersonen beim Lösen von Schachproblemen untersucht wurden. Dabei wurde eine Versuchsgruppe unter Zeitdruck in «normalem» Lösungsstress belassen, während man bei der anderen Gruppe die Erregung unterdrückte.

Das bemerkenswerte Resultat war, dass die «Stressgruppe» im Verhältnis zu ihrer zu erwartenden Leistungsfähigkeit wesentlich besser als die «völlig beruhigte und entspannte» Gruppe abschnitt.

Einen ähnlichen Selbstversuch unternahm der deutsche Großmeister und Arzt Dr. Helmut Pfleger 1979 vor seiner Partie gegen Exweltmeister Boris Spassky: Mittels Beta-Blocker versetzte er sich vor der Partie in einen besonders ruhigen, nichterregungsanfälligen Zustand, wonach er, gemäß eigener Aussage, «ebenso gleichmütig spielte wie verlor» (in 20 Zügen!).

Umgekehrt weisen die berühmt-berüchtigten Grimassen eines Garri Kasparow während seiner Turnierpartien auf den emotionalen Sturm hin, der in Wahrheit unter der Oberfläche tobt. Ganz offensichtlich wurde Kasparows Leistungsfähigkeit dadurch nicht beeinträchtigt, ganz im Gegenteil.

«Stellte sich bei mir vor einem Wettkampf keine Nervosität ein, wusste ich, dass etwas nicht stimmte. Denn Nervosität ist auch Energie, die wir als Munition in jede geistige Auseinandersetzung mitnehmen. Haben wir nicht genug davon, laufen wir Gefahr, dass die Konzentration nachlässt. Ein Zuviel davon führt dagegen zu einer Explosion, die entweder uns selbst oder aber den Gegner vom Platz fegt.» *(Garri Kasparow 2007)*

Ebenso erlebt jeder erfahrene Schauspieler das berühmte Phänomen des «Lampenfiebers», das mit der Prüfungsangst eines Studenten zu vergleichen ist. So antwortet die große Schauspielerin Sunnyi Melles in einem Interview mit der «Süddeutschen Zeitung» im Jahr 2009 auf die Frage nach ihrem Lampenfieber: «Alle sagen: Das geht doch mal weg, oder? Aber nein, es geht nicht weg, es wird immer schlimmer. Das ist wie bei einem Skifahrer: Je älter er wird, desto mehr Angst hat er vor der Abfahrt. Weil er nun weiß, was alles passieren kann.» Wir wagen die These, dass Schauspieler nicht trotz, sondern wegen ihres Lampenfiebers großartige Leistungen vollbringen.

Klar und eindeutig wird der Sachverhalt von dem Hirnforscher

Ernst Pöppel auf den Punkt gebracht: «Ohne emotionale Beteiligung entstehen keine überzeugenden Entscheidungen.»

In eben diese Richtung deuten auch Untersuchungen des berühmten Bewusstseinsforschers Antonio R. Damasio, der in seinen Werken «Descartes' Irrtum» und «Ich fühle, also bin ich» dem Dualismus von Gefühl und Verstand entgegentritt. Er berichtet von hirngeschädigten Patienten, deren «reiner Logiksektor» noch völlig intakt war, während das Gefühlszentrum seine Aufgabe nicht mehr erfüllte. Diese Patienten erwiesen sich im praktischen Leben als handlungsunfähig, da sie nicht mehr in der Lage waren, auch nur die einfachsten Alltagsentscheidungen zu treffen! Es erging ihnen wie dem vielzitierten «Esel des Bileam», der mangels Entscheidungsfunktion zwischen zwei gleich großen Heubündeln verhungerte. Mit dem Thema der Entscheidungsfunktion des Gefühls werden wir uns ab Kapitel 4 ausführlicher beschäftigen.

Noch von einem weiteren erstaunlichen Phänomen möchten wir in diesem Zusammenhang berichten: Ein Münchner Meisterspieler erlitt einen Schlaganfall, als dessen Folge er das Sprechen neu erlernen musste. In rein kognitiv bestimmten Bereichen blieb er stark beeinträchtigt; so war er in der Folge weder des Schreibens, Lesens noch des Rechnens mehr mächtig. Das Schachspielen jedoch konnte er weiterbetreiben, und dies nicht ohne Erfolg: So kam er nach seinem Schlaganfall beispielsweise beim starken Frankfurt Chess Classic Turnier 2004 auf ausgezeichnete 7 Punkte aus 11 Partien.

All dies weist darauf hin, dass der richtige Umgang mit den eigenen Emotionen einen wichtigen Schlüssel zur Meisterschaft in den verschiedensten Bereichen darstellt.

Entscheidend ist wie so oft die rechte Balance. Wird der Druck der Gefühle und die damit verbundene Angst zu stark, so kann ein innerer «Totstellreflex» ausgelöst werden, der zu «völliger Beruhigung» und innerem Abschalten führt. Leider handelt es sich dabei zumeist um einen depressiven Zustand und in Bezug auf unsere Leistungsfähigkeit um eine Ruhe des Todes. Erst wenn wir der dahinterstehenden Angst vor dem Versagen ins Auge gesehen und ihre eigentlich schützend gemeinte Funktion verstanden haben, können wir sie lösen. So hatte Stefan Kindermann in einem früheren Stadium seiner Schachkarriere mit starken Versagensängsten zu kämpfen, die häufig zum erwähnten inneren Abschalten führten. Ihm war dann plötzlich «alles egal», und er blieb im Verlauf der gesamten Partie bis zum (häufigen) Verlust völlig gleichgültig, hatte also mit psychischen Mitteln den Effekt von Pflegers Beta-Blockern erzielt. Ein Durchbruch gelang ihm erst durch die paradoxe Intervention eines damaligen Coachs: Er empfahl, den eigentümlich anmutenden Satz «Ich darf verlieren» zu verinnerlichen. Die Wirkung war verblüffend positiv und dadurch zu erklären, dass der Anspruch auf Perfektion und die große Angst vor Fehlern und dem Verlieren zu geistiger Erstarrung geführt hatte. Dieser Satz führte zu einer Befreiung und hatte (wie vom Coach beabsichtigt) die genau gegensätzliche Wirkung: Er verlor über eine Phase von 70 Partien kein einziges Mal.

In anderen Bereichen, in denen wir von Perfektionsanspruch und Versagensangst gelähmt werden, könnte analog der Satz «Ich darf Fehler machen» passen. Nicht zu empfehlen wäre dies jedoch für die Arbeit eines Chirurgen oder Piloten …

Beide Autoren erleben vor großen Veranstaltungen gelegentlich körperliche Sensationen wie hohen Puls und Schweißausbrüche. Da sie aber aus vielfacher Erfahrung wissen, dass diese Form leichten Lampenfiebers zu einer guten Leistung führt und sie im kritischen Moment dann klar und gesammelt sind, nehmen sie das gerne hin. Fühlen sie sich dagegen im Vorfeld innerlich unnatürlich ruhig und «gefühlskalt», so wissen sie, dass unbedingt gegenzusteuern ist, um die inneren Ressourcen zu aktivieren. Art und Bedeutung der inneren Phänomene sind natürlich von Mensch zu Mensch unterschiedlich und können nicht pauschal beurteilt werden.

Unsere Gefühle stellen eine große Kraft dar, die richtig genutzt werden will. Wenn wir uns in einer poetisch angehauchten Metapher unsere Gefühlswelt als Meer vorstellen, dürfen wir in seinen Stürmen nicht untergehen. Im idealen Bild sehen wir uns als Surfer auf den Wogen unserer Gefühle, der von ihrer Kraft getragen und beflügelt wird. Da unsere Gefühle auch aufs engste mit unserer Intuition verknüpft sind (mehr dazu in Kapitel 3), spielt die erste Stufe des *Königsplans* eine große Rolle für das Gelingen der weiteren Stufen. Der gesamte *Königsplan* bezieht ja seine Kraft aus dem harmonischen Zusammenspiel von Ratio und Intuition.

Das innere Gespräch

Von spezieller Bedeutung ist der im Mentaltraining für Sportler viel zitierte «innere Dialog». Ob dieser Begriff den tatsächlichen Sachverhalt richtig beschreibt, ist allerdings fraglich. Tatsache ist aber, dass wir uns in einem ständigen inneren Gespräch mit uns selbst befinden. Falls sich hierbei jedoch nur eine einzige innere Stimme vernehmen lässt, scheint uns der Begriff «innerer Monolog» angemessener. Um das Phänomen umfassend zu beschreiben, schlagen wir «inneres Gespräch» vor.

Das innere Gespräch ist uns zumeist unbewusst und tritt nur unter bestimmten Bedingungen an die Oberfläche. Wer an der These eines ständigen inneren Gesprächs zweifelt, möge jetzt für eine Minute die Augen schließen und «an nichts» denken. Auch diese paradoxe Intervention funktioniert erstaunlich gut. Allen Meditierenden ist die Problematik dieser fast unmöglichen Forderung nur zu gut bekannt. Sie mühen sich, dem laut Buddha «schnatternden Baum voller Affen» Einhalt zu gebieten, um so zum eigenen Wesenskern vorzudringen.

Es ist naheliegend und im Bereich des Mentaltrainings für Sportler ausführlich belegt, dass Art und Inhalt unseres inneren Gesprächs starken Einfluss auf unsere Befindlichkeit und somit auch unser Leistungsvermögen haben. Nachfolgend ein früher verfasster und nur leicht bearbeiteter Bericht Stefan Kindermanns zu ersten eigenen Erfahrungen mit diesem Phänomen.

«Erstmalig auf die Bedeutung des sogenannten inneren Dialogs aufmerksam wurde ich Anfang der 1990er Jahre. Unzufrieden mit meinen damaligen Resultaten als Schachprofi und meiner gesamten inneren Einstellung, begann ich, mich mit den Ideen des Mentaltrainings in anderen Sportarten zu beschäftigen. Besonders fasziniert war ich vom Konzept des inneren Dialogs. Zu jener Zeit machte ich eine schachliche Formkrise mit entsprechend schlechtem Selbstvertrauen durch. Obwohl an Elozahl* deutlich überlegen, hatte ich schon vor der Partie gegen einen Internationalen Meister in einem wichtigen Bundesligakampf zwischen Hamburg und Bayern München keineswegs das Gefühl, gewinnen zu können. Ich war nervös und fahrig, und jeder Zug kostete mich viel Kraft. Nach scharfem Partieverlauf und in beiderseits leichter Zeitnot bemerkte ich, wie mein innerer Zustand plötzlich noch weiter nach unten sackte. Ich fühlte mich hilflos und wirklich schlecht. Der Schachsektor meines Gehirns drohte, die weitere Kooperation vollends einzustellen. Leider tickte die Schachuhr dennoch unerbittlich weiter. In diesem kritischen Moment besann ich mich auf meine jüngsten Studien zum inneren Dialog und versuchte probehalber, einfach nach innen zu lauschen. Zu meiner Verblüffung vernahm ich spontan den Satz: «Jetzt verliere ich schon wieder.» Kein Wunder, dass diese mit einiger Überzeugung vorgetragene Prognose mich in einen deprimierten und apathischen Zustand versetzte.

Davon aufgerüttelt, begann ich bewusst gegenzusteuern, indem ich die Lage aus der Perspektive eines neutralen Betrachters analysierte: «Ich habe deutlich mehr Elopunkte als mein Gegner, in Zeitnot sind wir beide, und gerade solch scharfe Stellungen spiele ich erfahrungsgemäß gut …» Sofort fühlte ich mich erheblich besser, konnte ruhig durchatmen, und tatsächlich gelang es mir in der Folge, die Partie innerhalb weniger Züge zu gewinnen. Natürlich gibt es keine Erfolgsgarantie; für mich war dieses Erlebnis jedoch eine erste Demonstration, dass die gezielte Arbeit mit den eigenen inneren Abläufen erstaunliche Resultate erbringen kann.»

Dieses Beispiel zeigt die Wirkung des inneren Gesprächs *während* einer Herausforderung. Auf dieser Stufe versuchen wir, unser inneres Gespräch schon in der Vorbereitungsphase zu identifizieren und, falls erforderlich, zu beeinflussen. Als entscheidende Voraussetzung müssen

* Das Ratingsystem im Schach, das die aktuelle Stärke eines Spielers ausdrückt. Jede Turnierpartie wird ausgewertet. Bleibt ein Spieler unter seiner rechnerischen Erwartung, sinkt die Elozahl, gelingt ihm ein besseres Ergebnis, steigt sie. Je höher die Zahl, desto stärker ist der Spieler.

wir die Fähigkeit entwickeln, aufmerksam auf die eigenen inneren Abläufe zu achten. Wer die Signale aus seinem Unbewussten deuten kann, hat die Voraussetzung geschaffen, um seinen gesamten Zustand entweder zu akzeptieren oder aber in eine gewünschte Richtung zu verändern.

Bombardieren wir uns innerlich beispielsweise mit Sätzen wie «Na du Versager, das muss ja wieder schiefgehen», ohne dies bewusst zu registrieren, werden wir vermutlich in verzagte und niedergedrückte Stimmung geraten, den Grund dafür jedoch nicht verstehen. Dies würde in der Konsequenz die Wahrscheinlichkeit eines tatsächlichen Scheiterns erhöhen und somit als unheilvolle «selbsterfüllende Prophezeiung» wirken.

Wie wir unser inneres Gespräch beeinflussen und besser gestalten können, werden wir später noch betrachten. Dabei gilt es vor allem, positiv und konstruktiv zu formulieren und die «Negationsfalle» zu umgehen oder aber die Kraft der paradoxen Intervention kreativ zu nutzen.

Gelegentlich kann auch ein imaginierter Geschmack oder Geruch eine bedeutende Rolle spielen. Davon zeugen Sprachbilder wie «den Vorgeschmack des Sieges auf der Zunge spüren» oder «Verrat wittern».

Ebenso bedeutsam wie das innere Gespräch sind natürlich die Bilder beziehungsweise Filme, die vor unserem inneren Auge ablaufen. Dies geschieht oft, aber nicht immer parallel. Art und Ausgestaltung unserer visuellen Imagination haben ebenso wie das innere Gespräch starken Einfluss auf unseren Zustand.

Handelt es sich um ein Standbild oder einen inneren Film des kommenden Ereignisses? Sehen wir das Bild/den Film als Beobachter von außen und uns selbst wie einen Schauspieler in Aktion, oder erleben wir alles aus der Perspektive des eigenen Blicks? Wie groß ist das Format von Bild oder Film? Gibt es Farben, oder ist es schwarzweiß? Wie scharf ist das Bild?

Im Verlauf der nächsten Schritte werden wir sehen, dass eine bewusste Veränderung in diesem Bereich direkte Auswirkungen auf das mit Bild/Film verbundene Gefühl hat. Von besonderer Bedeutung ist dabei die erwähnte Frage, ob wir in unserer Vorstellung Zuschauer oder Akteur sind. Als kleiner Selbsttest können Sie an das heutige Frühstück denken. Was taucht innerlich auf? Sehen Sie sich selbst am Frühstückstisch sitzen, oder blicken Sie aus Ihren Augen auf die Kaffee- oder Teetasse? Wie ist das Bild/der Film beschaffen? Spielen Sie ein wenig mit dem Bild/Film. Können Sie sich abwechselnd als Beobachter und als Akteur erleben? Verändert sich etwas dabei?

Als Zuschauer haben wir die Möglichkeit, gefühlsmäßig relativ ruhig und neutral zu bleiben. Sind wir selbst mittendrin im Geschehen, so wird dies wesentlich stärkere Emotionen auslösen. Dieser Umstand kann im therapeutischen Kontext besonders bei der Behandlung von Phobien oder Traumata genutzt werden. Je mehr es gelingt, sich in der Vorstellung von einer stark angstbesetzen Situation zu distanzieren und die gefürchtete Szene wie einen entfernten Film ablaufen zu lassen, desto besser kann mit ihr umgegangen werden.

Stellen wir uns dies am Beispiel eines Menschen mit Spinnenphobie vor. Im ersten Fall versetzt er sich in seiner Imagination mit einer Tüte Popcorn in die oberste Zuschauerreihe eines Kinos. Von dort aus verfolgt er gemütlich und geschützt einen Film mit einem Ich-Akteur, dem eine Spinne über die Hand krabbelt. Im zweiten Fall würde er sich den unmittelbaren Blick auf eine über seinen Arm kriechende haarige Spinne vorstellen, verbunden mit der zugehörigen kitzlig-pelzigen Sensation. Die gefühlsmäßige Wirkung wird in beiden Fällen sehr unterschiedlich ausfallen.

Grundsätzlich stellt der innere Abstand eine Voraussetzung dar, um mit der gefürchteten Situation umzugehen. Auch in vielen Katastrophenszenarien mit gewaltigem Adrenalinstoß erhöhen sich unsere Überlebenschancen, wenn wir die Lage trotz akuter Gefahr ruhig «von außen» betrachten können. Die beiden negativen Extreme Panik und Erstarrung dagegen, die aus einer übermäßig starken emotionalen Überflutung resultieren, führen oft in den Untergang. Es ist also in jeder Hinsicht lohnend, den Wechsel der inneren Perspektive vom Akteur zum Beobachter seiner selbst zu trainieren.

Umgekehrt können wir eine distanziert von außen vorgestellte positive Situation gefühlsmäßig verstärken. Dazu müssen wir nur in unsere Imagination hineinschlüpfen und sie mit allen inneren Sinnen erleben.

Damit haben wir im zweiten Schritt unsere inneren Signale in Hinblick auf die kommende Herausforderung erkannt und gedeutet. Zudem sind wir grundlegenden Mechanismen begegnet, die uns eine Einflussnahme auf unseren inneren Zustand ermöglichen. Diese können wir im folgenden Teil gezielt nutzen. Begeben wir uns auf die aufregende Reise zu den erstaunlichen Fähigkeiten unserer Vorstellungskraft.

Hilfreiche Fähigkeiten bestimmen

Die benötigten Fähigkeiten hängen ganz von der Art der kommenden Herausforderung ab. Lassen Sie vor Ihrem inneren Auge einen Film der bevorstehenden Aufgabe ablaufen, in dem Sie sich selbst als Akteur beobachten. Was kann Ihr «Ich-Darsteller» besonders gut gebrauchen?

Handelt es sich beispielsweise um einen Vortrag vor einem großen Publikum? Wie wäre es dann mit Mut, Lockerheit, Humor und Schlagfertigkeit? Muss ein wichtiger Kunde oder Investor überzeugt werden? Hier wären die gleichen Fähigkeiten sicher von Nutzen, hinzu treten Aspekte wie Einfühlungsvermögen sowie Überzeugungskraft. Soll innerhalb kurzer Zeit ein komplexes Konzept erstellt werden? Hier wären starke Konzentration, Kreativität und die Fähigkeit zu konstruktiver Selbstkritik wertvoll. Geht es um eine Prüfung? Dann wären Kaltblütigkeit und schneller Abruf des Gelernten vorrangig. Erstellen Sie Ihre ganz persönliche Wunschliste an wertvollen Fähigkeiten. Seien Sie unbescheiden.

Innere Ressourcen finden

Im Alltag sind wir leider Meister darin, uns in einen schlechten Zustand «zu hypnotisieren» – denken Sie einfach kurz an das ärgerlichste oder peinlichste Erlebnis der letzten zwei Wochen und malen Sie es sich in allen Sinnesfarben aus. Was haben Sie damals gesehen, was gehört, was gefühlt? Welche Ihrer Werte wurden besonders verletzt? Erhöht sich Ihr Puls? Steigen die heißen Wellen wieder in Ihnen auf? Sehen Sie «rot»? Sind Sie wieder ganz im damaligen Zustand?

Stopp. Dieses Ereignis liegt zum Glück hinter Ihnen. Das kleine Selbstexperiment hat einen Hinweis geliefert, wie leicht unsere Vorstellungskraft unseren körperlichen Zustand beeinflussen kann. Gut bekannt ist, wie der Gedanke an den Biss in eine saftige tiefgelbe Zitrone sofort den Speichelfluss anregt und ein Blasorchester lahmlegen kann. Ein erstaunlich wirksames Mittel, um eine hartnäckige Verstopfung zu lösen, ist übrigens die Konzentration auf eine stark angstbesetzte Situation.

So lautet eine Grundannahme von Moshe Feldenkrais (dem Begründer der Feldenkrais-Methode), auf der heute wichtige Methoden des Mentaltrainings im Sport beruhen: «Der Körper weiß nicht, ob wir etwas tatsächlich tun oder es uns nur vorstellen.» Dem Turner gelingt seine komplexe Übung am Reck wesentlich besser, wenn er sie vorher vielfach im Geist durchgegangen ist. Golfer perfektionieren ihre Schläge in virtueller Vorstellung, Hürdenläufer imaginieren ihre ideale Haltung beim Sprung.

Auch die Placeboforschung hat eindeutig belegt, dass die durch unsere Einbildung hervorgerufenen Effekte nicht «nur Einbildung» sind, sondern sich körperlich massiv manifestieren können. So wurden in einem Experiment einer Gruppe von Probanden Beruhigungs- und Aufputschmittel unter «umgekehrten Vorzeichen» und mit der entsprechenden Wirkungsvorhersage verabreicht. Tatsächlich reagierte ein beträchtlicher Teil der Gruppe auf die Prognose statt auf die Wirkstoffe und ließ sich durch die Aufputschmittel beruhigen beziehungsweise durch die Beruhigungsmittel anregen. Jetzt wollen wir diese in uns schlummernde Kraft gezielt nutzen. Dazu sind in diesem Schritt zwei Dinge zu tun.

Erstens: Wir finden Situationen, in denen wir über diese Fähigkeiten verfügt haben. Dazu aktivieren wir einen inneren Suchlauf. Dies funktioniert am besten, wenn wir uns in einen entspannt-träumerischen Zustand begeben. Bei welchen Gelegenheiten haben Sie Ihre Wunschfähigkeiten besessen? Wann waren Sie witzig, kreativ, schlagfertig, kaltblütig, konzentriert, entschlossen? Wann waren Sie im Vollbesitz Ihrer Kräfte? Schöpfen Sie aus jeder Epoche Ihres Lebens und nutzen Sie jeden Kontext. Können Sie im Freundeskreis brillant Witze und Anekdoten erzählen und die ganze Runde mit Ihrer Heiterkeit anstecken? Dann sind hier wertvolle Fähigkeiten verborgen, die Sie als Redner nutzen können. Sind Sie auf dem Tennisplatz, beim Golf oder beim Fußball selbstbewusst und entschlossen? Das werden Sie bei einer harten Verhandlung mit einem schwierigen Kooperationspartner gut gebrauchen können. Waren Sie als Kind künstlerisch begabt und haben wunderbare Bilder gemalt? Holen Sie die damalige Kreativität wieder hervor und nutzen Sie sie für Ihr Konzept. Können Sie Freunde für eine Unternehmung begeistern? Diese Kraft hilft bei Ihrem nächsten Kundengespräch.

Zweitens: Nun erleben wir die damalige(n) Situation(en) auf allen Sinneskanälen so plastisch und lebendig wie möglich. Genießen Sie die gefundenen Situationen. Staunen Sie über die Vielfalt Ihrer Fähigkeiten. Schlüpfen Sie mit all Ihren Sinnen hinein. Was sehen, was hören Sie, was sagen Sie zu sich, was fühlen Sie, was schmecken und riechen Sie? Dabei sind Sie mitten im Szenario und sehen aus Ihren eigenen Augen heraus. Erleben Sie diese schönen und kraftvollen Szenen aufs Neue. Gestalten Sie sie aus. Lassen Sie sich Zeit.

Was ist zu tun, wenn zunächst keine passenden Erinnerungen auftauchen? Der Suchvorgang ist anfangs ungewohnt und erfordert etwas Übung. Die Anstrengung lohnt jedoch, da Sie die gefundenen Schätze bei vielen künftigen Gelegenheiten gebrauchen können. Manchmal fällt es schwer, die eigenen Fähigkeiten zu sehen und zu würdigen. Ganz am Anfang steht also der Glaube an ihr Vorhandensein. In uns sind erstaunlich viele Ressourcen verborgen, wir sind nur nicht daran gewöhnt, sie wahrzunehmen. Oft beklagen wir unsere Defizite und nehmen unsere Stärken als «völlig normal» hin.

Eine einfache Methode besteht darin, Freunde und Verwandte zu befragen: «Wann hast du mich denn besonders XY (kraftvoll, konzentriert, witzig …) erlebt?» Wenn das nicht möglich ist, können Sie auch zum eigenen Beobachter werden. Wie würden Sie ganz neutral von außen über sich urteilen? Wann beeindrucken Sie sich selbst ganz besonders? Konzentrieren Sie sich nochmals auf die gewünschte Fähigkeit. Schweben Sie in Ihrer Vorstellung über die Stationen Ihres Lebens. Wenn Sie doch irgendwann einmal über Fähigkeit XY verfügt hätten, wann genau wäre das gewesen? Wie hätte sich das angefühlt?

Lassen Sie sich überraschen, was von innen auftaucht. Jede kleine Ahnung ist willkommen. Folgen Sie dem Erinnerungshauch an seinen Ursprung. Ergänzen Sie unscharfe Erinnerungen durch Ihre jetzige Vorstellung – ja, das ist erlaubt. Hier geht es nicht um eine absolute Wahrheit im Sinne einer Zeugenbefragung. Wir wollen über Erinnerung und Vorstellungskraft Ressourcen wecken, die noch im Verborgenen schlummern. Es gibt auch Kräfte in uns, die noch niemals Gelegenheit hatten, in Aktion zu treten. Unsere Vorstellungskraft kann sie wecken.

Ein Kraftsymbol schaffen

Jetzt erreichen wir einen zentralen Punkt. Wie können wir die gefundenen Erinnerungen mit den in ihnen enthaltenen Schätzen jederzeit zugänglich machen? Dazu benötigen wir einen Auslöser, den wir im rechten Moment betätigen können. Das Grundprinzip entspricht dem seit dem Pawlow'schen Hund wohlbekannten konditionierten Reflex. Ein gezielt gesetzter Reiz löst eine beabsichtigte Reaktion aus.

Tatsächlich sind wir häufig Reizen ausgesetzt, die Erinnerungen und damit verbundene Gefühle hervorrufen. Ein Blick auf ein Urlaubsfoto kann uns innerlich an einen sonnigen Sandstrand mit frischer Meeresbrise und Gefühlen von Freiheit und Glück versetzen, eine alte Mail mit haltlosen Vorwürfen den längst vergangenen Ärger über einen unzuverlässigen Geschäftspartner wachrufen. Das wohl berühmteste literarische Beispiel für solch einen Auslöser ist bei Marcel Proust zu finden:

«*Eine in Lindenblütentee getauchte Madeleine* (ein Gebäckteilchen, d. V.) *stand am Anfang: «In der Sekunde nun, da dieser mit dem Kuchengeschmack gemischte Schluck Tee meinen Gaumen berührte, zuckte ich zusammen und war gebannt wie durch etwas Ungewöhnliches, das sich in mir vollzog. (…) Und dann war mit einem Mal die Erinnerung da. Der Geschmack war der jener Madeleine, die mir am Sonntagmorgen meine Tante Léonie anbot. Sobald ich den Geschmack jener Madeleine wiedererkannt hatte, trat das graue Haus mit seiner Straßenfront hinzu, und mit dem Hause die Stadt, der Platz, auf den man mich vor dem Mittagessen schickte, die Straßen …*» (aus: Auf der Suche nach der verlorenen Zeit)

Diese schöne Beschreibung zeigt einen unbeabsichtigten, «zufälligen» Auslöser. Diesen Effekt wollen wir nun bewusst und gezielt erzeugen. Besonders im Neurolinguistischen Programmieren wurde an der dafür erforderlichen Methodik geforscht. Dort werden solche Auslöser als «Anker» bezeichnet. Der Auslöser oder Anker ruft den irgendwann davor «abgespeicherten» Zustand hervor. Wie funktioniert das in der Praxis? Zwischen Auslöser und erwünschtem Zustand muss eine Verknüpfung geschaffen werden. Diese sollte unserem vorrangigen Sinneskanal entsprechen. Reagieren Sie erfahrungsgemäß besonders stark auf Bilder, auf Worte, auf Körpergefühle oder auch Gerüche beziehungsweise Geschmäcker? Je nach eigenem Sinnestyp wird die Art des Auslösers gewählt, wobei durchaus auch mehrere Sinne kombiniert werden können.

Wir suchen also nach einem Bild, einem Wort / Satz, einer Berührung oder einem Geschmack / Geruch, der der gefundenen, wertvollen Erinnerung zugeordnet wird. Das klingt schwieriger, als es ist. Konzentrieren wir uns einfach auf die gefundene Erinnerung. Welches innere Bild, welcher Satz passt dazu? Steht bei der gefundenen Erinnerung starke Konzentrationsfähigkeit im Mittelpunkt? Dazu könnte das (innere) Bild eines meditierenden Mönchs passen. Gefällt Ihnen ein über seine Figuren gebeugter Schachmeister besser? Freunde chinesischer Mythologie könnte ein Einhorn als Symbol des Scharfsinns ansprechen. Oder ein abstraktes Symbol wie ein indisches Mandala oder eine silbern schimmernde Kugel? Der scharfgebündelte Strahl einer Taschenlampe? Vielleicht sehen Sie auch einfach sich selbst in tiefer Konzentration? Ebenso könnte ein Wort oder Satz als Verknüpfung dienen. Lassen Sie sich von Ihrer Intuition leiten – welches Wort / welcher Satz kommt Ihnen als Erstes in den Sinn, wenn Sie Ihre Konzentrationserinnerung hervorrufen? Worte wie «klar, gebündelt, gesammelt, Konzentrationskraft, Power-Mind» oder Sätze wie «Mein Geist ist klar, ich bin ganz gesammelt».

Alles ist möglich, der Auslöser ist Ihr Geheimnis. Sobald Sie einen Auslöser gefunden haben, aktivieren Sie nochmals Ihre Erinnerung. Sobald die Erinnerung wieder plastisch vor Ihnen steht, verbinden Sie sie mit dem Auslöser. Jeder Auslöser ist gut, wenn er bei Ihnen zu einer Resonanz führt und die jeweilige Erinnerung aktiviert. Manchmal wird ein Auslöser auch zufällig gefunden, kann danach aber bewusst genutzt werden. Nachfolgend ein kurzer Erfahrungsbericht von Stefan Kindermann:

«In einer schachlich schlechten Phase meiner Karriere geschah es immer wieder, dass ich in der dritten Stunde einer Turnierpartie ‹geistig heißlief›, von Emotionen überflutet wurde und plötzlich keinen klaren Gedanken mehr fassen konnte. Bei einem Turnier in Norwegen hatte ich ohne weitere Hintergedanken eine Packung Pfefferminzdragees zur Partie mitgenommen. Als ich wiederum in der gefürchteten dritten Stunde geistig zu ‹überdrehen› begann, griff ich unwillkürlich zu einem Dragée. Kaum verspürte ich den scharfen Geschmack auf der Zunge, klärte sich mein Geist wie durch Zauberschlag. Plötzlich konnte ich wieder ruhig atmen und konzentriert denken. Ich gewann eine überzeugende Partie. Natürlich nutzte ich diese Erfahrung, indem ich künftig in der kritischen Phase stets zu einem Pfefferminz griff. Viele Jahre in Folge konnte man mich nicht mehr ohne solche Dragées am Spieltisch antreffen – die Resultate waren nicht übel …»

Auch äußere Gegenstände oder bestimmte Rituale können als Auslöser dienen. Unter Schachspielern weitverbreitet ist der «Glückskugelschreiber» zum Notieren der Partie, der erst nach einem Verlust ausgewechselt wird. Problematischer für die geruchsempfindliche Umwelt können «Glückskleidungsstücke» sein, die mit erlebten Erfolgsgefühlen assoziiert und während langer Siegesphasen durchgehend getragen werden ... Jeder Auslöser ist gut, wenn er dazu beiträgt, uns in den erwünschten Zustand zu bringen. Besonders günstig sind aber Auslöser, die wir von äußeren Einflüssen unabhängig selbst aktivieren können. Geht es um eine Erinnerung, die Kraft, Freiheit und Freude beinhaltet, kann beispielsweise die Vorstellung eines freien Flugs einen wirkungsvollen Auslöser darstellen. Dabei erleben wir uns selbst als Fliegende, verbunden mit einem Satz wie «I can fly». Patentrezepte gibt es jedoch nicht, so könnte für Menschen mit Flugangst die Wirkung eine gegenteilige sein ...

Ebenso kann eine körperliche Berührung als Auslöser dienen. Ist man ganz bei der mit wertvollen Kräften aufgeladenen Erinnerung angekommen, wird beispielsweise ein kräftiger Druck auf ein Ohrläppchen oder einen Finger ausgeübt. Auf ebendiese Weise wird später die Erinnerung beziehungsweise der mit ihr verbundene Zustand wieder hervorgerufen. Hier gilt es, ein wenig zu experimentieren, um den passenden Auslöser für sich selbst zu entdecken.

Im Idealfall haben wir jetzt eine oder mehrere mit wertvollen Fähigkeiten aufgeladene Erinnerungen gefunden, sie plastisch auf allen Sinneskanälen wieder erlebt und sie mit einem Auslöser verbunden. Erste Tests haben gezeigt, dass der Auslöser funktioniert und die Erinnerung sowie den zugehörigen, für unsere Aufgabe förderlichen Zustand herbeiführt. Damit ist schon viel geschafft, und unsere Erfolgsaussichten haben sich verbessert. Aber es gibt noch eine weitere wichtige Quelle, aus der wir schöpfen können.

Im zuvor behandelten dritten Schritt sind wir vielleicht auch Ängsten begegnet, die negativen Werten im Falle eines Scheiterns entsprechen. Wir wissen, dass diese Signale wichtig sind und wir sie respektieren sollten. Wenn wir sie genau betrachten, müssen wir in manchen

Fällen erkennen, dass die Herausforderung tatsächlich zu groß ist und wir sie (noch) nicht annehmen sollten. Falls wir uns aber entscheiden, den Kampf aufzunehmen oder falls wir gar keine andere Wahl haben, kann es hilfreich sein, die negativen Werte rational zu analysieren und so ihre emotionale Kraft zu schwächen. Wie schlimm wären denn wirklich die Folgen einer misslungenen Rede? Was könnte im ungünstigsten Fall passieren? Können wir damit leben? Oft verkleinert sich die Angst unter der analytischen Lupe schnell. Umgekehrt können wir die verbleibende Angst auch als Hebel nutzen, um uns ins Ziel zu katapultieren. Ein innerer Satz wie «Davor muss ich mich unbedingt retten» kann im günstigen Fall erstaunliche Kräfte freisetzen. Hier wären wir einem trägen Läufer gleich, der erst auf der Flucht vor einem bissigen Hund Höchstleistungen erbringt. Ob dies bei uns funktioniert, hängt von unserem schon anfangs angesprochenen Verhalten unter Druck ab. Mit den Werkzeugen dieser Stufe haben wir jedoch die Möglichkeit, unsere positiven Kräfte voll zu nutzen und so auch starker Spannung standzuhalten. Wichtig ist es, mit allen verfügbaren Ressourcen in den Kampf zu ziehen.

Somit haben wir unsere für die Aufgabe wertvollen, mit wichtigen Kräften aufgeladenen Erinnerungen gefunden, sie in unserer Vorstellung intensiv erlebt und sie mit Auslösern verknüpft. Wir haben unsere mit der Herausforderung verbundenen Werte geprüft, die positiven Werte gestärkt und die negativen Werte gezähmt. Damit sind wir so weit, unseren optimalen Leistungszustand endgültig auszugestalten.

Die Elemente verbinden

Bevor wir alle Elemente verbinden, können wir noch unser inneres Gespräch optimieren. Was sage ich zu mir, wenn ich an die kommende Aufgabe denke? Welche Worte tauchen in meinem Geist auf? Geht es in die Richtung eines «Das schaffe ich schon» oder eines «Nur nicht versagen»? Lassen wir uns Zeit, genau hinzuhören. Konzentrieren wir uns dann auf den Satz / das Wort. Was für ein Gefühl entsteht dadurch?

Fühle ich mich lustvoll beschwingt, juckt es mir in den Fingern, endlich loszulegen – oder spüre ich, wie ein Krampf im Magen entsteht, ich kaum noch durchatmen kann und meine Kraft schwindet? Wie wir schon wissen, kann die richtige Dosis Lampenfieber genau richtig sein, und Warnsignale sollten wir respektieren. Doch jetzt haben wir die Chance, aus unserem inneren Gespräch einen mächtigen Freund zu machen, der im kritischen Moment all unsere Kräfte verbindet. Wie ist das zu schaffen? Grundsätzlich sollte der innere Satz positiv formuliert sein.

Zur Funktionsweise des Vorstellungsvermögens

Sobald wir einen inneren Satz formulieren, wird unser Unbewusstes versuchen, daraus ein Bild zu erzeugen, welches wiederum von einem Gefühl begleitet wird. Auf diese Weise entstehen in uns andauernd «Vorstellungsmoleküle». Unser bildlicher Teil kann jedoch Negationen, in diesem Fall also die Abwesenheit von etwas, nicht direkt verarbeiten. Was geschieht, wenn wir den Leser inständig anflehen, *nicht* an einen fliegenden Dackel und dessen im Wind flatternde Schlappohren zu denken? Wir befürchten, dass dieses eigentümliche Bild zumindest kurz in Ihnen aufgeblitzt ist, bevor Sie es wieder «löschen» konnten …

Unsere Vorstellung benötigt «Vorstellbares». Um uns also etwas «*nicht*» vorzustellen, müssen wir es uns zunächst vor Augen führen. Aus eben diesem Grund sind gebräuchliche Selbst- oder auch Fremdappelle wie «bloß *keinen* Fehler machen» oder «nur *nicht* den Regenschirm vergessen» ungünstig. In einem solchen Fall konzentrieren wir uns nämlich auf genau das Verhalten, das wir vermeiden wollen, und erhöhen dadurch dessen Wahrscheinlichkeit. Dies kann von einiger Bedeutung sein, denn in den Kampfkünsten ist schon seit Jahrtausenden bekannt, dass unsere Energie der jeweiligen Aufmerksamkeit folgt.

Dies wurde vor einigen Jahren durch ein nettes psychologisches Experiment untermauert. Eine Gruppe von Skianfängern wurde auf einen Hügel geführt, in dessen Mitte sich ein einsamer Baum befand. Am Vormittag fand normaler, reibungsloser Skiunterricht statt. In der Mittagspause jedoch wurde den Teilnehmern eingeschärft, sehr vorsichtig zu sein, genau auf den Baum zu achten und einen Zusammenstoß unbedingt zu vermeiden. Die Teilnehmer sollten also *nicht* mit dem Baum kollidieren. Sie werden ahnen, was geschah: Während es am Vormittag keinen einzigen Unfall gegeben hatte, «umarmten» am Nachmittag mehr als die Hälfte der Teilnehmer das nunmehr fokussierte Hindernis.

Ist Ihr Satz also negativ formuliert, können Sie ihn nun umformen. Aus einem «nur nicht vergessen» könnten Sie ein «beim Aufbruch daran denken» machen, aus dem «keinen Fehler machen» ein «alles richtig machen». Für die weitere Ausgestaltung gibt es kein festes Rezept. Entscheidend ist die in Ihnen erzeugte Wirkung.

Der legendäre Schachvizeweltmeister David Bronstein erzählte, dass er vor wichtigen Partien sinngemäß zu sich sagte: «Heute habe ich die Chance, nicht nur meine beste Partie, sondern die beste Schachpartie aller Zeiten zu spielen.» Ruppiger klingt ein Radrennfahrer, der von einem «Quäl dich, du Sau» berichtet. Manche mögen es gerne rhythmisch und wiederholen ein «When the going gets tough, the tough get going» (frei übersetzt: Wenn das Vorankommen schwer wird, legen zähe Burschen erst richtig los) oder auch einfach «Du schaffst es, du schaffst es». Genauso gut kann ein kraftvolles «Ja» aus vollem Herzen genügen. Entscheidend ist, die ureigene Formulierung zu finden. Was passt für mich und meine Aufgabe? Den richtigen Satz, das richtige Wort erkennt unser Gefühl sofort. Sie erzeugen starke Resonanz in uns und sind im wahrsten Sinne Zauberworte. Erzählen Sie niemandem davon, das ist Ihr ganz persönlicher Schatz.

Damit haben wir alle Teile versammelt, um unseren idealen Leistungszustand herzustellen. Gönnen Sie sich dafür nochmals etwas Zeit und Ruhe.

Denken Sie nun an Ihre mit der kommenden Herausforderung verbundenen Werte. Es kann sehr hilfreich sein, sie auf einem Blatt in großen, klaren Buchstaben zu notieren. Sind Ihre Werte ganz präsent?

Dann aktivieren Sie Ihren Auslöser und verbinden Sie sich so mit allen gefundenen Ressourcen. Ist auch das geschafft? Dann aktivieren Sie nochmals den Auslöser und sprechen Sie dabei innerlich oder auch laut Ihr Zauberwort / Ihren Zaubersatz. Verbinden Sie in Ihrer Vorstellung Ihre Werte und Ihr Zauberwort mit dem Auslöser. Schaffen Sie eine Einheit, die alle wichtigen Ressourcen enthält. Wie fühlt sich das an? Ist es schon perfekt, oder gibt es noch etwas zu verbessern?

Dies ist auch der Moment, noch an den Einstellungen Ihres inneren Bildes / Films zu justieren. Um die Gefühle zu verstärken, sollten Sie sich jetzt als Akteur erleben und aus dem Blickwinkel Ihrer Augen sehen. Können Sie das Bild noch größer, noch klarer und schärfer machen? Wie fühlt es sich am intensivsten, am besten an?

Bleiben Sie noch etwas dabei. Hier schaffen Sie eine mächtige Kraftquelle, die Sie auch bei vielen ähnlichen Gelegenheiten nutzen können.

Zum Abschluss folgt ein mentaler Testlauf. Konzentrieren Sie sich auf die kommende Aufgabe und erleben Sie sich innerlich in dieser Situation. Jetzt aktivieren Sie Ihren Auslöser, der inzwischen auch mit Ihren Werten und Ihrem Zauberwort verknüpft ist. Was geschieht? Wie verändert sich Ihr Gefühl im Angesicht der Herausforderung? Spüren Sie nach: Haben Sie all Ihre inneren Kräfte versammelt? Falls noch etwas fehlt, können Sie die Arbeit bei Schritt 4 und 5 nochmals intensivieren. Fühlt es sich gut, kraftvoll und rund an? Erleben Sie eine angenehme Erregung? Dann sind Sie jetzt bereit, in den Kampf zu ziehen und sich Ihrer Herausforderung in Bestform zu stellen.

Geht es um eine Aufgabe, die Vorausdenken, Planen und Entscheiden erfordert? Dann sind Sie jetzt im idealen Zustand, um mit Kapitel 2 zu beginnen.

ZUSAMMENFASSUNG: IN FÜNF SCHRITTEN ZUR BESTFORM VOR EINER HERAUSFORDERUNG

Der erste Schritt:
Den Wert des Ziels bestimmen
Der zweite Schritt:
Den inneren Zustand würdigen
Der dritte Schritt:
Hilfreiche Fähigkeiten bestimmen
Der vierte Schritt:
Innere Ressourcen finden
Der fünfte Schritt:
Ein Kraftsymbol schaffen

KAPITEL 2

Ja zum Jetzt

«Das Leben, wie es hier und jetzt ist,
eingehend betrachtend,
weilt der Übende
in Festigkeit und Freiheit»
Aus einem buddhistischen Sutra

Historische Entscheidungen

Es ist eine kalte, windstille Neumondnacht. Vor dem alten Kapitän breitet sich eine glatte, endlos schwarze Fläche aus. Er fühlt sich eins mit seinem Schiff, das die dunklen Wassermassen mit seinem scharfen Bug zerschneidet. Das gleichmäßige, zuverlässige Vibrieren der Maschinen versetzt ihn in einen träumerischen Zustand. Wie sehr hatte er einst den Zorn des Meeres gefürchtet. Manch angstvolles Gebet hatte er in einen düsteren Himmel voll schwarzer Sturmwolken geschickt.

Stolz steigt in ihm auf. Vierzig Jahre lang hatte er sich auch im schlimmsten Wüten der Wogen behauptet. Jetzt ist der Kampf endgültig entschieden. Sein neues Schiff macht ihn zum Herrn über den Ozean. Diesem Wunderwerk menschlichen Erfindergeistes kann auch der stärkste Orkan nichts mehr anhaben. Jetzt hat er den Befehl über eine schwimmende Stadt, wie sie auf den Weltmeeren noch niemals gesehen wurde. Kein ängstliches Bangen mehr in den einsamen Stunden der Hundswache, keine Sorgen um zerfetzte Segel, keine Furcht mehr vor gigantischen Wellen. Das ist endgültig vorbei. Seine Passagiere können in Ruhe schlafen oder das Bordleben genießen.

Nicht umsonst hat er das Kommando über diese große Fahrt erhalten. Er kennt das Meer, und er kennt das Schiff. All die kleinlichen

Sicherheitsvorkehrungen sind zur leeren Form geworden. Wozu soll er sich und seine Männer damit quälen? Nur unerfahrene Greenhorns können sich auf diesem Schiff sorgen. Mit einem nachsichtigen Schmunzeln hat er die Offiziere beruhigt, die mit telegraphischen Warnungen von anderen Schiffen zu ihm gekommen waren. Natürlich, auf einem morschen Kahn muss man stets auf der Hut sein, doch was ging dies das Schiff der Schiffe an? Die Maschinen drosseln? Nein, er wird nicht feige schleichen, wenn sein Schiff der Welt seine Muskeln zeigen kann. Und dann die Aufregung um die fehlenden Ferngläser für den Ausguck im Krähennest. Nein, es wäre lächerlich gewesen, den schönen Schrank aufzubrechen, weil der Schlüssel gerade nicht auffindbar war. Es ist doch völlig gleichgültig, ob der junge Offizier mit oder ohne Fernglas dort oben im eisigen Fahrtwind hockt. Eine warme Decke wäre ihm nützlicher. Zeit, das Kommando an den ersten Offizier zu übergeben und in die Kajüte zu gehen. Guter Schlaf ist ihm nur noch selten vergönnt, doch jetzt fühlt er eine tiefe Ruhe.

Das Drängen des Managing Directors ärgert ihn. In langen, mühsamen Jahren hat er sich seinen Posten als Vorstandsvorsitzender erarbeitet. Lange, sehr lange hat er nur auf Anweisungen reagiert. Jetzt ist er ganz oben. Er befiehlt in dieser Bank. Und seinem Haus geht es gut, seit er an der Spitze steht. Nicht einmal eine Krawatte trägt dieser junge Schnösel vor ihm. Höchstnoten in Harvard und ein Ruf als genialer Finanzjongleur können doch niemals langjährige Erfahrungen in der rauen Realität der Bankenwelt aufwiegen. Aber gleichzeitig fühlt der Vorstand ein vertrautes Prickeln im Magen, die Erregung des geübten Jägers hat ihn erfasst. Wenn dieser gigantische Deal funktioniert, wäre das ein ebenso riesiger Schritt voran. Die in Aussicht stehenden Renditen sind wirklich unglaublich. Sein Ansehen würde weiter steigen, und auch der Bonus wäre nicht zu verachten …

Es fällt ihm schwer, den komplizierten Konstruktionen zu folgen, die der junge Mann da vor ihm ausbreitet. Die Absicherung der Absicherung der Absicherung. Kurz muss er an Akrobaten auf dem Hochtrapez denken. Was soll dieses ganze neumodische «Gehirne»? Die Zeit ist knapp, bald muss eine Entscheidung getroffen werden, sonst lohnt die Sache nicht mehr. Mit seiner eigenen Methode und seinem Bauchgefühl ist er immer gut gefahren. Ein guter Banker extrapoliert aus seinem reichen Erfahrungsschatz. Wie sind die Papiere in den letzten Jahren gelaufen? Eine maximale Ausfallquote der Kredite in Höhe von 3 Prozent? Perfekte Absicherung bis zu einer Ausfallquote von 6 Prozent? Die Ratingagenturen, die die Papiere bewerten, geben Höchstnoten, AAA, das «Triple A»? Zwei der größten und prominentesten Banken haben gerade erst zugegriffen? Vielleicht ist dieser zappelige Bursche da gegenüber doch gar nicht so übel. «Ja, diese Chance müssen wir beim Schopf packen. Die anderen Vorstandsmitglieder sind noch etwas zögerlich, aber ich werde sie überzeugen. Es freut mich, dass Sie mit mir übereinstimmen und meine Entscheidung unterstützen!»

Fatale Folgen

Kapitän Edward J. Smith kann seine größte Fahrt nicht vollenden. Nicht weiß, sondern bläulich schwarz schimmert das Monstrum aus Eis, das in hohem Tempo dem Schiff entgegenwächst. Um 23.40 Uhr gibt der Ausguck Alarm. Doch die verbleibenden 30 Sekunden bis zum Aufprall sind nicht genug für ein Ausweichmanöver, dazu ist die Titanic viel zu schwerfällig. Der 300 000 Tonnen schwere Eisberg schrammt an der Steuerbordseite entlang und reißt mehrere Lecks in die Schiffswand. Den nun einströmenden Wassermassen kann auch das im Jahr 1912 hochmoderne Abschottungssystem nur einige Stunden Widerstand entgegensetzen. Doch der Glaube an die unfehlbare Konstruktionstechnik der «unsinkbaren» Titanic ist so groß, dass noch geraume Zeit vergeht, bis Kapitän und Besatzung den Ernst der Lage erkennen. Dann beginnt ein verzweifelter Überlebenskampf um die wenigen Rettungsboote. Kurz nach zwei Uhr richtet sich die Titanic steil auf und beginnt den Abstieg auf den Meeresboden. In 3800 Meter Tiefe bleibt das Wrack liegen. Kapitän Smith, der mehrere Eiswarnungen ignoriert hatte, beweist Größe und geht mit seinem Schiff unter. Mit ihm sterben fast 1500 Menschen in den eiskalten Fluten.

Im August 2007 fallen die ersten Dominosteine einer weltumspannenden Konstruktion. Alle Anlagen, die direkt oder indirekt auf US-Krediten für Immobilienfinanzierer beruhen, beginnen eine rasante und unaufhaltsame Talfahrt. Zunächst mit Unglauben, dann mit Entsetzen nimmt die Öffentlichkeit wahr, welch unvorstellbare Summen weltweit in die scheinbar so sicheren und enorm rentablen Subprimekredite investiert wurden. Eine riesige Welle von Wertvernichtungen, eine Pandemie der Pleiten nimmt ihren Anfang und erfasst bald den ganzen Globus. Anleger, Investoren, Banken und ganze Staaten taumeln hilflos in dem immer stärkeren Strudel. Rasend schnell wachsen die Fehlbeträge von Millionen zu Milliarden an. Wenige Monate später wird endgültig klar, dass sich die Weltwirtschaft in einer der größten Krisen aller Zeiten befindet.

Die gemeinsame Ursünde

Auf den ersten Blick erscheinen beide Katastrophenszenarien recht unterschiedlich, und auch die Motive der Entscheidungsträger ähneln sich nicht besonders. In beiden Fällen gibt es eine große Menge kritischer Faktoren, die zum jeweiligen Desaster beigetragen haben, und eine noch größere Zahl von mehr oder minder plausiblen Theorien, die rückblickend das Geschehen erklären wollen. Wir bezweifeln, dass solche Ereignisse jemals eindeutig geklärt und interpretiert werden können.

So erstreckt sich die Ursachenforschung bei der Titanic von dem angeblich fehlerhaft konstruierten Abschottungssystem über navigatorische Fehler beim Ausweichmanöver (manche Experten haben später das Rammen des Eisbergs als damaliges Gebot der Stunde bezeichnet!) bis hin zu minderwertigen Metallnieten in der Verarbeitung.

Bei der Finanzkrise wird natürlich zumeist ein mangelhaftes Kontrollsystem der Weltwirtschaft genannt, und die lange verpönte staatliche Regulierung von Märkten und Banken soll nun das einzige Rettungsmittel sein. Sicherlich wird zu Recht das Prämiensystem bei

Banken und Fonds angeprangert. Hohe Belohnungen bei kurzfristigen Erfolgen ohne Eigenhaftung bei längerfristigen Rückschlägen und als schlimmste persönliche Konsequenz ein Ausscheiden mit üppiger Abfindung motivieren nicht gerade zu langfristig verantwortlichem und risikobewusstem Verhalten.

Aus psychologischem Blickwinkel wurden beim Kapitän der Titanic und seinen Offizieren Überheblichkeit und blinde Technikgläubigkeit als entscheidende Faktoren genannt. Bei den verantwortlichen Akteuren der Finanzkrise war es neben der Gier nach noch höheren Renditen und natürlich in einigen Fällen auch nach persönlicher Bereicherung der Glaube an unbeschränktes Wachstum und kontinuierliches Funktionieren der Finanzmärkte ohne extreme Brüche. Diese allzu menschlichen Eigenschaften sind nur sehr schwer – wenn überhaupt – zu regulieren oder gar zu unterbinden.

Gibt es jedoch einen ganz grundsätzlichen Punkt, der beide Katastrophen mit vielen anderen Szenarien des Scheiterns verbindet? Was war in beiden Fällen eine «Ursünde» der Akteure? Erst wenn wir das verstanden haben, können wir daraus für unser eigenes Planen und Handeln lernen. Diese detektivische Suche erscheint zunächst nicht leicht, aber wir haben ein wirksames Mittel zur Hand:

Am Modell des Schachspiels lässt sich das Prinzip hervorragend begreifen. Jede Schachposition stellt für den Spieler eine mehr oder minder komplexe Situation dar, in der ein Plan entworfen und eine unwiderrufliche Entscheidung in Form eines Zuges getroffen werden muss. Auch ist im Schach offenbar, dass jeder Fehler von einem starken Widersacher bestraft wird und zumeist in den Untergang führt. Nach 50 genialen Zügen kann eine einzige Unachtsamkeit genügen, um ein großes Werk, manchmal sogar eine ganze Karriere zu zerstören. Ein Anflug von Übermut und Leichtsinn lässt eine mächtige Konstruktion zerfallen wie ein Kartenhaus. Gnade wird selten gewährt, und selbst im Falle eines glücklichen Ausgangs durch ein Übersehen des Gegners bringt die anschließende Analyse die Wahrheit ans Licht. Für Schachprofis ist das seit Jahrhunderten Alltag. Sie haben daher ihren Ansatz perfektioniert, um mit hochkritischen Situationen umzugehen.

Schachamateure im Labor

Den Meistern selbst ist ihr Denkprozess jedoch zu großen Teilen unbewusst. Licht ins Dunkel bringt erst der Vergleich zwischen Schachmeister und Amateur. Wie unterscheidet sich der prüfende Blick eines Großmeisters auf eine kritische Position vom Vorgehen eines Schachamateurs?

Um die Kraft dieser Stufe des *Königsplans* zu verstehen, bitten wir zunächst einige Schachamateure in unser Labor. Deren typisches Vorgehen enthält Elemente, die durchaus an die beiden Katastrophenszenarien der Titanic und der Weltwirtschaftskrise erinnern. Eine einfache, aber wertvolle Goldader am Ausgangspunkt meisterlichen Denkens und Planens können wir entdecken, wenn wir dann im Vergleich den grundlegenden Ansatz eines Schachgroßmeisters betrachten.

Eine Erklärung der Schachnotation findet sich auf den Seiten 8/9.

Das Wesen der Stellung erkennen

ROBERT JAMES FISCHER – PÁL BENKŐ

New York 1963

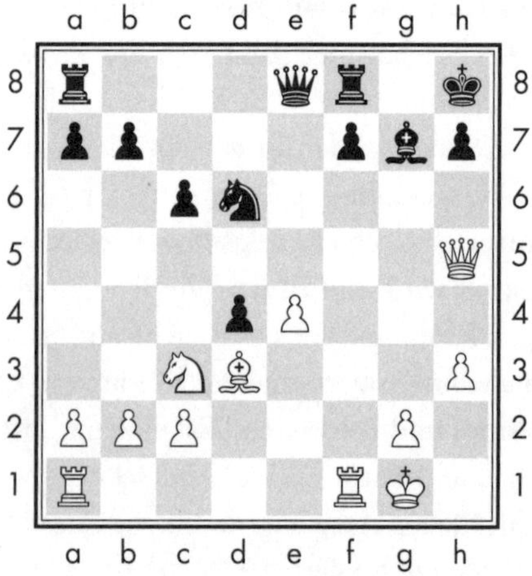

Weiß am Zug

Stellung nach 18. … exd4

Bis heute sind die Ruhmestaten, aber auch das traurige Ende Bobby Fischers unvergessen. Niemals hat ein Mensch das Schach so gelebt und geliebt wie dieser einsame Amerikaner. Ab dem Alter von sieben Jahren war jede wache Minute seiner verzehrenden Leidenschaft gewidmet. Fischer hatte immer ein großes Ziel vor Augen: Er wollte die damals übermächtige Herrschaft des sowjetischen Schachimperiums brechen und den Weltmeistertitel erobern. Anfang der 1970er Jahre war es so weit. Eine bis dahin unvorstellbare Serie von 21 Siegen gegen die weltbesten Großmeister katapultierte ihn zum «Kampf des Jahrhunderts» gegen den russischen Weltmeister Boris Spassky in Reykjavik. Erstmals dominierte Schach die Medien. Fischer und Spassky wurden in dieser Epoche des Kalten Krieges zu den Stellvertretern ihrer Supermächte, die den so lange schwelenden Konflikt auf dem Schachbrett offen austrugen. Der Sieg des besessenen Amerikaners ist legendär, ebenso sein Abstieg in paranoide Wahnvorstellungen.
Die vorliegende Stellung zeigt die kritische Phase nach dem 18. schwarzen Zug aus Fischers Partie gegen Pál Benkő, damals ebenfalls Weltklassegroßmeister und Fischers schärfster Rivale um den US-Titel. Am Ende deklassierte Fischer das übrige Feld und gewann die amerikanische Meisterschaft mit dem sensationellen Ergebnis von elf Siegen aus elf Partien.

Was geschieht, wenn Sie einem moderat fortgeschrittenen Spieler ein solches Schachproblem vorsetzen? Lassen Sie uns dabei die Anforderungen noch verschärfen, indem wir ein knappes Zeitlimit für die Lösung setzen und so eine Turniersituation simulieren. Egal, ob Kind oder Erwachsener, in den Schachtrainings der Münchener Schachakademie erleben wir fast immer das gleiche grundlegende Verhalten, das erst nach einigen gezielten Unterrichtseinheiten zu verbessern ist. Sofort werden erste Ideen und Lösungsvorschläge genannt, es beginnt ein hektischer geistiger Aktionismus:

1. «Diese Stellung ist ja so gut, da gewinnt einfach jeder Zug.»
2. «Hier hätte ich große Lust, den schwarzen König zu attackieren, das verspricht einen schnellen Sieg. Dieser Zug muss doch einfach gehen, ja, versuchen wir es damit.»

Falls die Position auf dem eigenen Schachbrett aufgebaut wurde, ist nur allzu schnell ein Zug ausgeführt.

In 1 und 2 erkennen wir mit ein wenig Phantasie psychologische Motive der beiden vorangegangenen Katastrophenszenarien wieder: Sorglosigkeit und Überheblichkeit in Monolog 1, Ungeduld und Gier nach einem stark gewünschten Resultat in Monolog 2.

Verwirrung und Orientierungslosigkeit spiegeln sich in folgenden inneren, manchmal auch äußeren Monologen wider:

3. «Mein Springer ist in Gefahr, was soll ich nur tun? Hier fällt mir überhaupt nichts ein, diese Stellung verstehe ich nicht. Mir fehlt jeder Ansatzpunkt, keine Ahnung …»
4. «Dieser Zug sieht doch gut aus, der Gegner würde dann so spielen und wir gewinnen – oder – Moment mal, nein, der andere Zug ist doch viel besser, so was Dummes, das geht auch nicht! Vielleicht war doch die erste Idee richtig.»

Es ist offensichtlich, dass alle vier prototypischen Haltungen dem Auffinden der besten Lösung nicht zuträglich sind. Einzig und allein Variante 2 könnte bei guter Intuition zielführend sein, beinhaltet ohne systematische Kontrolle jedoch einige vermeidbare Risiken. Diesem wichtigen Thema werden wir uns in den nächsten Kapiteln ausführlich widmen.

Welche konkreten Züge könnten je nach Stärkegrad des Schachstudenten vorgeschlagen werden? Um Verwirrung zu vermeiden: Bei den folgenden Betrachtungen beginnen wir mit Zugnummer 1, während in der tatsächlichen Partie schon 18 Züge gespielt waren.

Der gerade erst regelkundige Spieler wäre wohl glücklich, überhaupt einen «legalen» Zug zu finden, sagen wir beispielsweise 1. a4 (das würde Weiß den Springer und die Partie kosten: 1. … d×c3). Eine Leistungsstufe höher könnte der Angriff des schwarzen Bauern d4 auf den weißen Springer c3 bemerkt und ein «Fluchtreflex» ausgelöst werden, beispielsweise 1. Se2 (danach verschafft 1. … De5 dem Schwarzen eine ausgezeichnete Position). Noch weiter fortgeschrittene Spieler würden ein Kernelement der Stellung erkennen und sich – grundsätzlich zu Recht! – vom Bauern vor dem schwarzen König magisch angezogen fühlen. Wäre der weiße e-Bauer nicht vorhanden, würde das Zusammenwirken des weißen Läufers mit seiner Königin ein Matt in einem Zug erlauben: 1. D×h7 Matt. Also wird «natürlich» schnell 1. e5 gezogen, was das Visier des Läufers öffnet, h7 bedroht, und die Partie ist damit innerlich schon abgehakt … Wo liegt das Problem? Und welcher Ansatz ist nun der richtige?

Im Kopf des Schachmeisters

Wenn ein Schachmeister eine für ihn neue Position betrachtet, wird er immer im allerersten Schritt eine präzise Bestandsaufnahme vornehmen. Aufgrund seiner Expertise und der relativen Übersichtlichkeit des Schachbretts verläuft dieser Prozess meistens blitzschnell und ist dem Meister selbst oft gar nicht bewusst.

Versuchen wir, seinen inneren Monolog nachzubilden. Dabei werden wir auch einigen Elementen begegnen, die formal späteren Stufen zuzuordnen sind und in den entsprechenden Kapiteln noch genauer unter die Lupe genommen werden. In der Praxis des Denkens sind natürlich alle Teilstücke des Modells unauflöslich miteinander verwoben. Um den Aufbau des *Königsplans* zu verstehen, ihn trainieren und anwenden zu können, ist es jedoch erforderlich, die Elemente zunächst gesondert zu analysieren, um sie dann wieder zusammenzuführen. Ebenso erlernen wir zunächst Buchstaben, Wörter und Grammatik, bevor wir daraus Sätze bilden können. Auch gutes Schachtraining beginnt immer mit einzelnen Figuren, die die Buchstaben der «Schachsprache» darstellen. Die Regeln stehen für die Grammatik und die riesige Zahl grundlegender Motive für den Wortschatz eines Spielers. Ein schachliches Motiv entspricht einer typischen Figurenanordnung, die wiederum ein Teilstück der gesamten Position ausmacht. Man schätzt, dass ein Schachgroßmeister über einen Fundus von 100 000 bis 300 000 solcher Motive verfügt, die er wie Teile eines Kaleidoskops zu immer neuen Mustern zusammenfügt.

Blicken wir jetzt in den Kopf des Meisters, dem diese Position vorgesetzt wird. Als Instrumente setzen wir eine «geistige Zeitlupe» sowie eine «Übersetzung» unbewusster Abläufe ein:

«Weiß ist am Zug. Die Materialbilanz ist ausgeglichen, auf dem Brett befinden sich ungleiche Läufer, das heißt, der weiße und der schwarze Läufer herrschen jeweils über eine andere Felderfarbe. Die weißen Figuren stehen aktiver und entfalten eine höhere Wirkungskraft, vor allem die weiße Dame macht einen sehr bedrohlichen Eindruck und wirft grimmige Blicke auf den schwarzen König. Beide Seiten verfügen über mehrere Bauerninseln und haben schwache Felder in ihrer Stellung aufzuweisen. (Als schwach werden Felder im eigenen Lager bezeichnet, wenn gegnerische Figuren sich dort einnisten und nicht mehr vertrieben werden können.)

Der schwarze König ist beträchtlichen Gefahren ausgesetzt, da er nur von einem Bauern und einem Läufer verteidigt wird, während bei Weiß mit Dame, Läufer und Turm drei Figuren unmittelbar an einem Angriff mitwirken könnten. Der weiße König fühlt sich völlig sicher. Hoppla, der weiße Springer wird vom schwarzen Bauern angegriffen und könnte im nächsten Zug geschlagen werden. Die Position erinnert jedoch an einfache Mattmuster, bei denen die vom Läufer geschützte Dame den gegnerischen König matt setzt. Hier könnte das auf h7 geschehen, wenn der weiße e-Bauer nicht vorhanden wäre. Eigentümlich erscheint das schräge Vis-à-vis der beiden Damen; wenn der schwarze f-Bauer nicht vorhanden wäre, könnten sie sich gegenseitig schlagen. Mein Gegner wird mit Sicherheit alles dafür tun, die direkte Mattattacke der weißen Dame und ihres Läufers gegen h7 zu unterbinden.»

Dieser innere Ablauf würde blitzschnell vonstattengehen und nicht länger als ein paar Sekunden dauern.

Eine auf das Schach bezogene allgemeine Form, die einer Reihe grundsätzlicher Fokusfragen entspricht, sieht so aus:
- Wie ist die Materialbilanz?
- Wie steht es um die Wirkungskraft und Koordination der Figuren?
- Wie sieht die Bauernstruktur aus?
- Wie steht es um die Sicherheit der Könige?
- Existieren unmittelbare Drohungen?
- Wer hat die Initiative?
- An welche bekannten Muster erinnert mich diese Position?
- Welche Elemente der Position erscheinen ungewöhnlich?
- Was ist der Kern der Position, worum geht es wirklich?
- Wie sieht die Lage aus der Sicht meines Gegners aus?

Sehr wichtig ist dabei, dass der Meister bei der folgenden Entscheidungsfindung nicht seinen spontanen Wünschen und Launen folgt, sondern sich den Erfordernissen der gegebenen Position unterwirft! Erst wenn wir die reale Situation und ihre Ansprüche an uns verstehen, haben wir die Grundlage für gutes Planen geschaffen.

Zu welchem Ergebnis kam Bobby Fischer durch diesen Ansatz? Welchen großartigen Zug würde hier auch ein anderer Schachmeister finden? Sehr schnell ist der Gedanke an das übereilte, sofortige 19. e5 mit unmittelbarer Mattdrohung verworfen. Die eigentümliche geometrische Konstellation der Damen ermöglicht Schwarz den rettenden Doppelschritt des f-Bauern 19. … f5 (*siehe Diagramm S. 70*). Nach dem resultierenden Abtausch der Damen wäre die schwarze Position sehr befriedigend. Dieses gedankliche Fundament führt unmittelbar zur brillanten, weltmeisterlichen Lösung: Der Zug **19. Tf6** wälzt einen mächtigen Felsbrocken vor die Haustür der schwarzen Dame. Dieses Turmopfer unterbindet den rettenden Bauernzug und stellt Schwarz vor unlösbare Probleme. Nach 19. … L×f6 20. e5 wäre das Matt auf h7 nicht mehr abzuwenden.

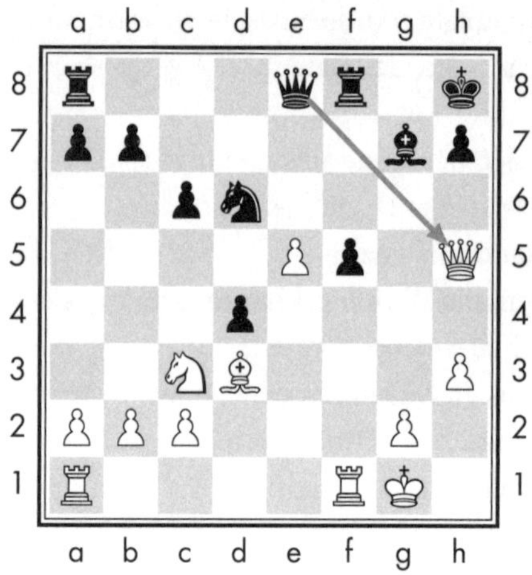

Weiß am Zug
Variante mit 19. e5 f5!

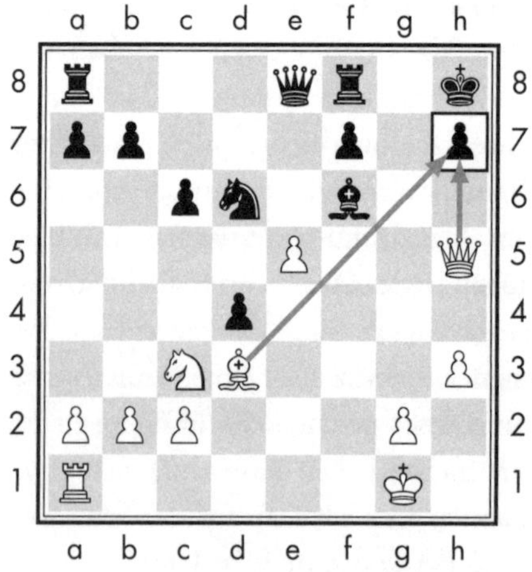

Schwarz am Zug
Variante mit 19. … ♗×f6 20. e5

Die Partie dauerte nur noch zwei Züge. Nach **19. … Kg8 20. e5 h6 21. Se2** kapitulierte Schwarz. Schlägt er den Turm mittels 21. … L×f6, so folgt 22. D×h6 nebst Matt. Zieht er jedoch den bedrohten Springer von d6 nach b5, so folgt 22. Df5, und wiederum ist das Matt auf h7 nicht zu parieren.

Bei der Bestandsaufnahme im Schach werden drei grundlegende Dimensionen betrachtet und zueinander in Relation gesetzt: Material, Raum und Zeit.

In einem etwas erweiterten Modell könnte man auch noch die Sicherheit der Könige sowie das mehr oder weniger harmonische Zusammenwirken der Figuren hinzunehmen. Auch die Frage, wer die Initiative besitzt, also das Gesetz des Handelns bestimmt, spielt häufig eine beträchtliche Rolle.

Ziehen wir Parallelen zum Wirtschaftsleben, so entspricht das Material, das heißt der formale Wert der Figuren, dem Kapital einer Firma. In beiden Fällen ist der aktuelle Kapitalwert sehr wichtig, keineswegs aber der einzig ausschlaggebende Faktor.

Der Raum steht im Schach für die Zahl momentan beherrschter und von eigenen Bauern umspannter Felder. In einer Firma wäre dies das Ausmaß ihrer Expansion und Marktbeherrschung. Auch im Schach ist das ein zweischneidiges Schwert. Raumvorteil kann ein entscheidendes, gewinnbringendes Kriterium sein. Hat eine Seite sich jedoch übernommen und kann den eroberten Raum nicht effektiv verwalten, führt dies häufig zu ihrem Untergang.

Die Zeit ist im Schach der Grad an Geschwindigkeit, mit der die Figuren an wichtige Orte geführt werden können, um dort ein lokales Übergewicht zu erzielen oder ein Übergewicht des Gegners zu neutralisieren. Für ein Unternehmen ist das das Tempo, mit dem es auf akute Anforderungen in verschiedensten Bereichen reagieren kann.

Ebenso naheliegend ist die Bedeutung der Harmonie, also des optimalen Zusammenspiels aller Figuren beziehungsweise aller Abteilungen und Mitarbeiter.

Absolut entscheidend ist im Schach aufgrund seiner spezifischen Regeln die Sicherheit des Königs. Alle sonstigen Faktoren können für eine bestimmte Seite sprechen, ist ihr König «unheilbar krank» und wird matt gesetzt, bedeutet das ihre Niederlage.

Dies wäre im Firmenbeispiel nicht unbedingt so extrem, wenngleich der Tod oder auch Bankrott des Eigentümers oder Firmenchefs sicher beträchtliche Auswirkungen hätte.

Die schachliche Initiative steht in der Übertragung auf die tatsächliche Welt für die Möglichkeit, aktiv zu handeln und selbst Entscheidungen zu treffen, die Konkurrenten oder auch Kooperationspartner zu einer Reaktion zwingen.

Wir sehen also, dass der Mikrokosmos des Schachspiels wesentliche Elemente unserer Welt abbildet. Nicht alle, aber doch einige der im Schach gewonnenen Erkenntnisse sind wertvoll und lassen sich auf das allgemeine Leben übertragen. Das Instrumentarium des *Königsplans* ermöglicht es, aus diesen Parallelen praktischen Nutzen zu ziehen.

Folgerungen für die Planungspraxis

Kehren wir nun zu unserer kritischen Bestandsaufnahme zurück. Um bei einer solchen Prüfung der Lage zu einem zuverlässigen Ergebnis zu gelangen, wird eine intuitiv-ganzheitliche Betrachtungsweise mit der Analyse objektiver Fakten kombiniert.

In der Abfolge der Fokusfragen bewegen wir uns vom Eindeutigen und Objektiv-Rationalen zum Intuitiv-Spekulativen hin. Als Fokusfragen bezeichnen wir Fragen an uns selbst, die unsere Aufmerksamkeit auf einen ganz bestimmten Bereich lenken und so unsere geistige Energie in einem Punkt bündeln. Im Sinne unseres Modells bringt das doppelten Nutzen: Zum einen schaffen wir eine rationale Struktur, die uns vor verschiedenen Formen von Leichtsinns- und Flüchtigkeitsfehlern bewahrt. Zum anderen konzentrieren wir auch unsere intuitiven Kräfte auf das spezifische Teilproblem.

Nach den vorangegangenen Überlegungen können wir nun relativ leicht einen grundlegenden gemeinsamen Fehler der Akteure bei der Titanic-Katastrophe, dem Ausgangspunkt der Immobilienkrise, aber auch dem Ansatz von Schachamateuren erkennen: Weder der Kapitän der Titanic noch unser Beispielbanker noch die vorgestellten Schachamateure hatten sich die Mühe gemacht, die gegebene Ausgangssituation anhand der grundsätzlich verfügbaren Informationen genau zu prüfen.

So hätte der Kapitän der Titanic aufgrund der eingegangenen Warnungen und auch der aktuellen geographischen Position durchaus die reale Gefahr einer Kollision mit einem Eisberg erkennen können. Ein Gespräch mit dem an Bord befindlichen Konstrukteur der Titanic hätte genügt, den im Zuge von Marketing und Medienhysterie aufgebauten Mythos der absoluten Unsinkbarkeit auszuräumen.

Ebenso wagen wir zu bezweifeln, dass so viele Banken und sonstige Anleger in die berüchtigten Subprimekredite beziehungsweise deren Derivate investiert hätten, wenn sie vorab auf den Anfang der Wertkette gesehen hätten. Wer würde bei klarer Sicht längerfristig darauf setzen, dass arme amerikanische Schlucker mit wackligen Jobs ohne Eigenkapital und Sicherheiten ihre Immobilienkredite auch bei wachsenden Zinsen bedienen können? Wer würde buchstäblich blind den Urteilen der positiv bewertenden Ratingagenturen vertrauen, wenn er davor deren massives Eigeninteresse an solchen Kreditgeschäften betrachtet hätte?

Sie alle hatten Entscheidungen getroffen, die nicht auf einer objektiven Analyse der Lage aufbauten. Aus verschiedenen Gründen waren die Akteure nicht bereit, das Gegebene in Ruhe zu betrachten. Statt vor dem Sprung die Wassertiefe zu prüfen und auf verborgene Felsen zu achten, stürzten sie sich durch eine Nebelbank in ein unbekanntes Gewässer.

Das hatte teils unterschiedliche, teils aber auch ähnliche Gründe: Beim Kapitän der Titanic standen blinde Technikgläubigkeit, eine damit verbundene Überheblichkeit und mangelnder Sinn für Gefahren im Vordergrund; tatsächlich hatte Kapitän Smith über 40 Jahre hinweg persönlich kein schweres Schiffsunglück erlebt. Bei nicht wenigen Investoren und Bankern vermuten wir neben dem starken Wunsch nach hohen Gewinnen und der Gier nach persönlichen Prämien ebenfalls den Glauben an eine stetige positive Entwicklung ohne die Möglichkeit plötzlicher Rückschläge. Zwei weitere für die getroffenen Entscheidungen wesentliche Elemente werden wir im fünften Kapitel betrachten. Dabei handelt es sich um den typischen Konflikt zwischen Kurz- und Langzeitplanung sowie widerstreitende Werte.

Tatsächlich hätten die Akteure nach einer objektiven Bestandsaufnahme im Sinne des *Königsplans* unbequeme Konsequenzen in Kauf nehmen müssen: Kapitän Smith hätte die Fahrt drosseln und gegebenenfalls auch den Kurs ändern müssen. Die mit der lukrativen Übermittlung privater Telegramme beschäftigten Funker hätten sich auf die Kommunikation mit anderen, auch in dieser Gegend fahrenden Schiffen konzentrieren müssen. Und nicht zuletzt hätte es einen sowohl lebensnotwendigen als auch symbolischen Akt bedeutet, den ominösen Schrank aufzubrechen, in dem sich die Ferngläser befanden. Dies hätte für den unbedingten Willen zu klarer Sicht auf die tatsächlichen Gegebenheiten gestanden.

Da der genaue Zeitpunkt des Zusammenbruchs des Kreditvergabesystems kaum vorhersehbar war, hätte eine konsequente Anwendung von Stufe 2 im Falle der Banker und Anleger einen Verzicht auf verlockende Rendite bedeutet. Viele hätten sich damit dem Unmut von Kunden und der Verachtung von Kollegen ausgesetzt. Vielleicht wären sie als kleinmütige Feiglinge abgestempelt worden. Die Vermögensverwalter jedoch, die damals auf die Risiken geblickt und trotz der kurzfristigen Nachteile entsprechend gehandelt hatten, stehen heute als Finanzhelden dar …

Direkt vergleichbar ist in beiden Fällen der durch eine lange Phase der Aufwärtsentwicklung eingeschläferte Sinn für Gefahren. Wir müssen uns darüber im Klaren sein, dass Expertise, die zu Automatik und Routine erstarrt, zu einem schwerwiegenden Risiko werden kann.

Vergleichen wir nochmals die psychologischen Hintergründe beider Katastrophenszenarien mit dem Denken der vorgestellten Schachamateure. Hier gibt es trotz einiger Parallelen einen grundlegenden Unterschied. Den Schachamateuren fehlte es an der angesprochenen Expertise, also an grundlegendem Fachwissen, um eine vollständige

Analyse der Lage durchzuführen. Zum Verständnis typischer psychologischer und struktureller Fehler ist ihr Vorgehen für uns jedoch hilfreich und instruktiv.

Was können wir tun, um uns vor solchen Planungs- und Entscheidungsfehlern in wichtigen Lebensbereichen zu schützen?

Wirklich hinzusehen erfordert Mut, Willenskraft, aber auch Demut vor dem tatsächlich Vorhandenen, der augenblicklichen Realität. Dabei müssen wir nicht selten eine innere Barriere überwinden, da die Konfrontation mit den Gegebenheiten oft unbequem ist. So macht es Angst, sich in einer festgefahrenen Partnerbeziehung Tragweite und Umfang der vorhandenen Probleme einzugestehen. «Der Alltag funktioniert, aber im Grunde haben wir gar keine gemeinsamen Interessen mehr. Zehn Minuten Gespräch pro Tag sind seit Monaten Rekord, und auf Zärtlichkeiten hat keiner von uns Lust.» Dies auszusprechen, auch auf die Gefahr hin, den Partner zu verletzen, ist schwer. Dennoch stellt der mutige Blick auf das Gegebene eine entscheidende Voraussetzung für Veränderung dar.

Wie diese Veränderung aussehen wird, darüber entscheiden die Gefühle und wahren Wünsche der Partner. Trennung könnte die Folge sein, aber auch ein gemeinsamer Neuanfang. Einem Verharren in sprachlosem Unglück sind beide Varianten zumeist vorzuziehen. Gerade im Bereich persönlicher Beziehungen stellt sich jedoch oft ein Übermaß heftiger Gefühle wie Verletzung, Kränkung, Angst oder sonstiger seelischer Schmerzen dem klaren Blick entgegen. Hier ist die Fähigkeit zu einem Perspektivwechsel und einer zwischenzeitlich nüchternen Betrachtung von außen besonders wichtig. Wie schon in Kapitel 1 erwähnt, gilt dies ebenso für verschiedenste Katastrophenszenarien, wie plötzliche Unfälle, in denen sich unsere Überlebenschancen drastisch erhöhen, wenn es uns gelingt, innerlich ruhig und klar zu bleiben. Gefährlich kann es sein, innerlich (manchmal auch äußerlich) zu nahe am Problem und seinen Details zu sein. Sehr leicht geht dabei der übergeordnete Blick verloren.

Wenn Sie Ihre Hand so nahe ans Gesicht bringen, dass die Handfläche die Nase berührt, werden Sie kaum die Finger zählen können.

Bei Schachamateuren ist häufig zu beobachten, dass sie ihren Oberkörper bei starrem Blick auf einen momentan kritischen Punkt so nahe ans Schachbrett bringen, dass einige andere Figuren buchstäblich aus ihrem Gesichtsfeld verschwinden. Wie wir aus Stufe 1 wissen, kann beispielsweise Panik eine solche Verengung des Blickwinkels hervorrufen.

Auch ein Irrweg im Verlauf einer Wanderung stellt unseren Mut zur Anerkennung des Gegebenen auf die Probe. Wer kann sich nach zwei Stunden Marsch ab der letzten Weggabelung bei Matsch und Regen ohne weiteres eingestehen: «Das kann nicht der richtige Weg sein, wir müssen zurück zur letzten Markierung»? Je früher wir den Widerstand gegen den unbequemen Blick auf die Realität überwinden können, desto schneller gelangen wir wieder auf den richtigen Weg.

Schachmeister sind immer wieder mit solch unbequemen Erkenntnissen konfrontiert. Auch der beste Spieler rutscht gelegentlich in eine schlechte oder gar objektiv (also bei bestem Spiel des Gegners) verlorene Position. Oft genug wird erst nach einem starken Zug des Widersachers klar, dass der gerade eingeleitete Plan in den sicheren Untergang führen würde. In diesem Bereich härtet Turnierschach ab, denn bei unerbittlich tickender Schachuhr darf der Spieler nicht dem Selbstmitleid verfallen oder die Gegebenheiten verleugnen. Erst die Einsicht in den Ernst der Lage ermöglicht optimale Gegenmaßnahmen und maximalen Widerstand.

Ein unübertroffener Könner solch kaltblütiger Verteidigung war der deutsche Weltmeister Emanuel Lasker. Lasker war ein Mann ungewöhnlich breiter Bildung, der auch als Philosoph, Mathematiker und Schriftsteller hervortrat. Kein Geringerer als Albert Einstein bezeichnete ihn als die vielleicht interessanteste Persönlichkeit, die ihm in seinen späten Lebensjahren begegnet sei. Dabei hielt Lasker übrigens die Relativitätstheorie für falsch, ein Umstand, der Einsteins Faszination offenbar nicht minderte … Von

1894 bis 1921 blieb er im Besitz der Schachkrone, ein Rekord, der wohl niemals wieder erreicht werden kann. Seine Partien waren zumeist äußerlich unspektakulär. Brillante Angriffe und glänzende Kombinationen kamen nur selten vor. Lasker begriff das Schach wie auch das Leben als praktischen Kampf. Wesentlichen Anteil an seinen konstanten Erfolgen hatte seine Nervenstärke gepaart mit glasklarem Urteilsvermögen. Oft triumphierte er aus kritischen bis scheinbar hoffnungslosen Positionen heraus. Sich seiner schlechten Lage bewusst, quetschte er die letzten Ressourcen aus seiner Stellung und setzte dem Gegner stets unangenehme praktische Probleme vor. Im Ringen am Rande des Abgrunds behielt er fast immer die Oberhand. Ein Bonmot über ihn lautet: «Er verlor manchmal eine Partie, aber niemals den Kopf.»

So stoßen wir in allen Bereichen, die Entscheidung und Planung verlangen, auf das «Ja zum Jetzt», den klaren Blick auf die Realität als Dreh- und Angelpunkt des weiteren Vorgehens.

Inwieweit wir eine «objektivierbare Realität» erkennen können – falls diese existiert –, ist natürlich nicht ganz klar und führt uns in Bereiche der Epistemologie. Das spielt aber für unseren praktisch orientierten Ansatz keine besondere Rolle.

Bevor wir uns einem besonders eindrucksvollen historischen Beispiel für die Kraft eines bedingungslosen «Ja zum Jetzt» zuwenden, werfen wir noch einen Blick auf die typischen Fallstricke, die uns an einem klaren Blick auf das Gegebene hindern können. Dabei treffen wir eine grobe Unterteilung in psychologische und strukturelle Hindernisse, wobei die Übergänge fließend sind.

Kritische Hürden

Als psychologische Hürden stehen die drei folgenden Gefühlszustände im Vordergrund: Angst, Überheblichkeit und Bequemlichkeit. Der Überheblichkeit, aber auch der damit verbundenen Bequemlichkeit sind wir bereits bei den vorgestellten Katastrophenszenarien begegnet. Wie Angst vor einer Blamage und gesellschaftlichen Nachteilen den klaren Blick verhindern kann, lässt sich sehr schön über folgende Märchenmetapher begreifen:

In dem Andersen-Märchen «Des Kaisers neue Kleider» machen zwei Betrüger einem besonders «modebewussten» Kaiser ihre Aufwartung. Diese geben sich als Weber aus und versprechen dem Kaiser gegen reiche Belohnung unvergleichlich schöne Kleider mit einer magischen Eigenschaft. Diese Kleider seien nämlich für diejenigen Menschen unsichtbar, die nicht für ihr Amt taugen oder unverzeihlich dumm seien. Nicht ohne einen kräftigen Vorschuss machen sich die Betrüger an einem leeren Webstuhl an ihr unsichtbares Werk. Als erster «Gutachter» erschrickt der alte Minister des Kaisers zu Tode, als er während der ausführlichen Erklärungen der Betrüger zu den herrlichen Farben und Mustern der Gewänder nicht das Geringste erblicken kann. «Sollte ich etwa dumm sein und nicht für mein Amt taugen? Nein, es geht nicht an, dass ich erzähle, ich könne das Zeug nicht sehen.» Und so berichtet er dem Kaiser begeistert, wie niedlich und allerliebst die Gewänder seien. Dadurch erhöht sich der Druck auf die nächsten Betrachter erheblich, und die psychologisch raffinierte Konstruktion wird zum Selbstläufer. Nach dem anfänglichen Schock will in der Folge jeder bis hin zum Kaiser selbst seine vermeintliche Unfähigkeit und Dummheit bemänteln. So schwärmt nach einiger Zeit das gesamte Volk von diesem modischen Wunder. Der Höhepunkt nähert sich, als der Kaiser zum ersten Mal die neuen Kleider anlegt und so mit einem besonders luftigen Gefühl vor seine Untertanen tritt. Alle spielen mit und bewundern die Garderobe; zu groß ist die Angst, sich zu blamieren und als Dummkopf oder Versager gebrandmarkt zu werden. Erst ein kleines Kind kann den Zauber durchbrechen und wagt den mutigen Blick auf das tatsächlich Gegebene: «Aber er hat ja gar nichts an!» Wie ein Lauffeuer ergreift nun der Ruf das ganze Volk, und auch der Kaiser begreift endlich, dass er in Wahrheit nackt und gedemütigt ist. Doch er bleibt in seiner Würde gefangen und denkt am Ende der Geschichte: «Nun muss ich aushalten.» Und die Kammerherren gingen und trugen die Schleppe, die gar nicht da war …

Als strukturelle Hindernisse, die zwischen uns und einem klaren Blick auf das Gegebene stehen, sind zunächst allgemeine Schlamperei und das damit verbundene Fehlen eines soliden gedanklichen Fundaments zu nennen. Als häufige Folge geschieht der zweite oder auch dritte Schritt vor dem ersten; wie wir gesehen haben, können die Konsequenzen fatal sein. Dies ist durch die konsequente Anwendung von Stufe 2 zu vermeiden.

Eine grundsätzliche Ausnahme bilden natürlich Situationen mit sehr geringem zeitlichem Spielraum. Wenn während des Überquerens der Straße ein Auto auf uns zugerast kommt, wäre es keine sonderlich gute Idee, zunächst die Checkliste mit unseren Fokusfragen abzuarbeiten … In einem solchen Fall müssen wir unseren Reflexen und der intuitiven Reaktion vertrauen. Falls die Zeit jedoch ausreicht, zumindest ganz kurz unsere rationale Routine zu aktivieren, um erst danach in den «intuitiven Modus» zu schalten, kann das in vielen Fällen die Qualität der Entscheidung erhöhen.

Das ist sehr schön im Verhalten starker Großmeister während einer Blitzschachpartie oder auch in extremer Zeitnot während einer Turnierpartie zu beobachten. Im Verlauf einer Blitzschachpartie, bei der jeder Seite fünf Minuten für die gesamte Partie zur Verfügung stehen und Zeitüberschreitung den Verlust bedeutet, kommt es häufig am Ende zu der im Profijargon als «Hackphase» bekannten letzten Minute. Hier hat jede Seite nur noch um die 30 Sekunden für alle restlichen Züge zur Verfügung. In der Hackphase sind zwei Arten von (Fehl-)Verhalten häufig:

1. Erstarrung mit Partieverlust durch Zeitüberschreitung.
2. Rasend schnelles, aber völlig beliebiges Ausführen legaler Züge, was gegen einen starken und kaltblütigen Gegner meist Zeitvor-

teile, aber leider auch oft ein Schachmatt vor Ablauf der gegnerischen Bedenkzeit zur Folge hat.

Einen tiefen Eindruck hat Stefan Kindermann die Beobachtung seines langjährigen Kampfgefährten und vielfachen Deutschen Blitzmeisters Großmeister Klaus Bischoff hinterlassen, der fast immer aus solchen Duellen siegreich hervorging. In den nikotinhaltigen Zeiten vor Einführung des Rauchverbots bei Turnieren pflegte er zu Beginn der Hackphase, während sein Gegner schon dem bedingungslosen «Zugrausch» verfallen war, etwa fünf Sekunden für einen tiefen Zug an seiner Zigarette und einen ebenso tiefen Blick auf die Gegebenheiten der Position zu opfern. Erst nach dieser lohnenden Investition, die die Qualität seiner folgenden Züge stark erhöhte, machte er seinem Spitznamen als «schnellste Finger Deutschlands» alle Ehre. Wir sehen auch hier, wie bedeutsam die optimale Kombination struktureller und intuitiver Elemente für gutes Planen und Entscheiden ist. Das grundlegend wichtige Thema des Bezugs von Ratio, Intuition und Zeit wird in den Kapiteln 3 und 4 vertieft.

Nebelworte und Suggestivbilder

Jetzt ist noch eine letzte Hürde zu betrachten, die uns nicht selten an einer klaren Bestandsaufnahme hindert. Damit betreten wir den Bereich der «Nebelworte», also schwammiger Begriffe, unklarer, unscharfer oder direkt in die Irre führender Ausdrücke, die eine eindeutige Bestandsaufnahme blockieren und oft zu Missverständnissen führen. Solche Nebelworte stellen im Grunde den negativen Gegenpol zu unseren klärenden Fokusfragen dar. Sie werden häufig unabsichtlich, gelegentlich aber auch bewusst eingesetzt, um einen Sachverhalt zu verschleiern.

Auch Metaphern, also Sprachbilder, können unser Denken im positiven wie im negativen Sinne steuern und stark beeinflussen. Erst wenn wir uns diesen Umstand bewusst machen, haben wir eine Chance, gegenzusteuern und selbst die Kontrolle über unser Denken auszuüben.

Es lohnt zunächst ein kurzer Blick auf das Wesen unseres Denkens: Wie können wir uns überhaupt vorstellen, was dabei in uns vorgeht? Zwar sagt uns die Neurologie, dass etwa 100 Milliarden von Nervenzellen mittels einer noch viel größeren Zahl von Synapsen untereinander vernetzt sind und mittels chemischer Botenstoffe und elektrischer Impulse miteinander kommunizieren. Dieses Wissen allein wird jedoch unseren praktischen Denkprozess kaum verbessern. Für unsere Zwecke benötigen wir ein Modell des Denkens, mit dem wir hantieren können. Einen Ausgangspunkt dafür haben wir schon in Kapitel 1 geschaffen. Folgende schöne Definition präzisiert unser Bild: «Denken ist der innere Gebrauch der Sinne.» Wenn wir denken, erzeugen wir neue oder erinnerte innere Bilder, sprechen innerlich zu uns beziehungsweise erinnern uns an Gesprochenes, fühlen körperlich und / oder erinnern uns auch an Geräusche und Gerüche.

Von dieser Arbeitshypothese ausgehend ist es klar, dass sowohl sprachlich abstrakte Definitionen als auch durch Sprache in uns erzeugte Bilder wichtige Bausteine unseres Denkens sind. Unklare oder fehlerhafte Begriffe ebenso wie schiefe Sprachbilder bedeuten wacklige oder schadhafte Steine in unserem Gedankengebäude. In der Kommunikation geht es darum, Übereinstimmung zwischen gewähltem Begriff und damit gemeintem Inhalt zu erreichen. Wir müssen uns darüber im Klaren sein, dass zwei Menschen unter einem bestimmten Wort völlig unterschiedliche Dinge verstehen können. Auch sind Begriffe immer mit bestimmten persönlichen Erfahrungen und damit verbundenen Gefühlen verknüpft. Wenn der als Topmanager erfolgreiche «workaholische» Vater seinem künstlerisch begabten, aber vom Schulsystem deprimierten und überforderten Sohn vom zielführenden Leistungsdenken erzählt, werden beide damit völlig unterschiedliche Assoziationen verbinden und mit einiger Wahrscheinlichkeit aneinander vorbeireden …

Große Wirkung haben Metaphern, da sie sich sowohl auf der sprachlichen als auch der visuellen Ebene unseres Denkens zugleich etablieren.

Dabei rutscht der bildliche Teil oft unmittelbar ins Unterbewusste und ist somit unserer direkten Kontrolle entzogen. Ist Ihnen beispielsweise das vorangegangene «Sprachbild» des «Gedankengebäudes» bewusst geworden? Umgekehrt führt extreme Abstraktion der Sprache, wie sie beispielsweise im «Beamtendeutsch», in juristischen Formulierungen oder auch in einer mit Fremdwörtern überfrachteten Wissenschaftssprache anzutreffen ist, oft deswegen zu Verständnisschwierigkeiten, weil wir eben keine hilfreichen Bilder oder Gefühle erzeugen können, die ein «Begreifen» erleichtern.

Ein drastisches Beispiel konnten wir einem Vortrag zum Grundthema Familienpolitik entnehmen, der sich wohlgemerkt an ein Laienpublikum richtete: Hier wurden als kleine Kostprobe unter dem Überbegriff «Zeitkorridor + Zeitrhythmus» unter anderem folgende Probleme aufgelistet:

- «Unterschiedliche Wochenrhythmik binnenfamiliärer Teilsysteme»,
- «Unwägbarkeiten des Alltags als Eigenzeitfresser»,
- «Abstimmungsdefizite familienrelevanter Zeitstrukturen».

Anschließende Stichproben bei anderen Hörern ergaben, dass der Erkenntnisgewinn aus diesem Vortrag gegen null tendierte. Niemand konnte auch nur ansatzweise erklären, was denn eigentlich Inhalt und Aussage des etwa dreiviertelstündigen PowerPoint-Vortrags gewesen seien. Interessant zu beobachten war jedoch, wie tief verwurzelt der Respekt vor solch «hoch wissenschaftlicher» Sprache ist. Wie in «Des Kaisers neue Kleider» wagte kein Hörer, die völlige Inhaltsleere des Vortrags anzuprangern. Wer so schlau redet, muss doch unglaublich intelligent und gebildet sein. Geben wir zu, nicht das Geringste verstanden zu haben, würden wir uns als dumm und unwissend «outen». Auch hier benötigen wir eine Portion Mut, um zu unserer wahren Einschätzung eines solchen Vortrags zu stehen und entsprechende Kritik zu äußern.

Wenn wir auf Stufe 2 auf Nebelworte oder Nebelbilder stoßen, so ist das ein Warnzeichen, das auf Klärungsbedarf hinweist. Zum einen sollten wir unklare Formulierungen unbedingt auf ihren tatsächlichen

Inhalt prüfen. Zum anderen ist es in der Kommunikation von großer Bedeutung, sich über Kernaussagen und wichtige verwendete Begriffe auszutauschen. Was verstehen die Gesprächspartner tatsächlich darunter?

Natürlich wird der sprachliche Nebelwerfer auch durchaus bewusst und gezielt eingesetzt. In Politik und Wirtschaft geht es nicht selten darum, einen Sachverhalt zu verschleiern oder zu beschönigen. Nachfolgend einige denkwürdige Worte eines Vertreters der Autoindustrie im Zuge der großen Finanzkrise Anfang 2009:

«Die Lage ist dramatisch und dynamisch mit Entwicklungschancen nach oben und unten.» Ist das in wohlgemerkt verzweifelter Lage mit dramatischen Umsatzeinbußen und Kursstürzen nicht unverschämt genial?

Sobald Sie eine Aussage, ob mündlich oder schriftlich, nicht verstehen, ist das ein klares Signal: Hier muss zunächst Klarheit und im Falle eines Gesprächs begriffliche Übereinstimmung geschaffen werden. Ein allgemeines Verdachtsmoment ist eine Häufung von Fremdwörtern und Fachbegriffen.

Starke Sprachbilder sollten wir bewusst hinterfragen. In welche Richtung steuern sie uns? Bilden sie wirklich die Realität ab? Wer beispielsweise George Bushs Begriff der «Schurkenstaaten» ohne weitere Reflexion geschluckt hat, wird später die so bezeichneten Länder, deren Staatslenker und vielleicht auch deren Bürger «ganz automatisch» abschätzig und mit Misstrauen betrachten. Die Analyse zeigt, dass es sich bei den «Schurkenstaaten» einfach um Länder handelte, deren politisches System für Bush missliebig war und / oder die für ihn (mit oder ohne Beweise) im Verdacht standen, terroristische Aktivitäten gegen die USA zu unterstützen. Sobald wir uns das bewusst gemacht haben, wird sich unser Gefühl gegenüber diesen Ländern verändern.

In der direkten Kommunikation sowie dem gelesenen Text lauern im ungünstigen Fall also zwei gegensätzliche sprachliche Extreme auf uns. Beide können uns Verständnis und klare Sicht verwehren: Entweder ist die Sprache zu abstrakt und mit Fremdwörtern und komplizierten

Konstruktionen überladen, sodass wir uns «kein Bild» der tatsächlichen Aussage machen können. Oder aber die Sprache ist mit stark wirkenden Bildern wie den «Schurkenstaaten» oder beispielsweise «der Achse des Bösen» durchsetzt, die unter Umgehung unserer rationalen Kontrolle direkt ins Unbewusste rutschen und uns manipulieren können. So bedient sich jede Kriegspropaganda einer Bildsprache, die den Feind nicht nur als böse abstempelt, sondern ihn vor allem «entmenscht». Hier ist es wichtig, die eigene Kritikfähigkeit zu entwickeln und im Sinne von Stufe 2 die Aufmerksamkeit bewusst auf solche Nebelworte beziehungsweise Nebelformulierungen zu richten: Ist mir eine zentrale Formulierung unverständlich, oder ist sie umgekehrt «zu eingängig und einleuchtend»? In beiden Fällen sollten wir uns die Zeit zu einer kritischen Analyse der Aussage nehmen.

Napoleon unter Zugzwang

Nach vielen Beispielen für mangelhafte bis katastrophal schlechte Anwendung der kritischen Bestandsaufnahme wollen wir nun einen vorbildlichen Fall betrachten.

Dabei lernen wir auch ein direkt aus der Schachterminologie abgeleitetes Motiv kennen, das seinen Einzug in die Umgangssprache gehalten hat. Der Begriff des «Zugzwangs» wird gerne in politischen Texten verwendet. Die wahre Idee des «Zugzwangs» wird jedoch nur selten wirklich verstanden, sodass sich dieses bisweilen wertvolle Instrument oft in ein verschleierndes Nebelwort verwandelt.

Folgt man der Auffassung vieler Historiker und zeitgenössischer Quellen, so handelt es sich nach *Königsplan*-Interpretation um den vielleicht wirkungsvollsten Einsatz einer präzisen Bestandsaufnahme in der gesamten Militärgeschichte und um die eindrucksvolle Nutzung eines dramatischen Zugzwangs. Wir wollen jedoch auch erwähnen, dass gegensätzliche Meinungen existieren, die einen großangelegten und genialen «Masterplan» rundweg abstreiten, an eine Kette von Zufälligkeiten glauben und den Hauptprotagonisten der folgenden Ereignisse für einen schwächlichen Versager halten. In der Praxis stoßen wir immer wieder auf Situationen, in denen die Lage nicht endgültig geklärt werden kann, und das Entscheiden im Licht des Ungewissen zieht sich als roter Faden durch die weiteren Stufen des *Königsplans.* Wir glauben an die erste Variante und stürzen uns ins historische Abenteuer.

Ende Juni des Jahres 1812 überquert eine unvorstellbare Menschenmasse den Fluss Njemen und betritt damit russisches Territorium. Weitere Verstärkungen folgen, und bald sind es um die 600 000 Soldaten mit über 1000 Kanonen, Pferden und Versorgungswagen, die sich auf Moskau zuwälzen. Allein Napoleons persönlicher Tross besteht aus 18 Versorgungswagen, einem Garderobewagen, zwei Butlern, drei Köchen, sechs Dienern und sechs Pferdeknechten. Napoleons Grande Armée, die sich aus verschiedensten Völkern Europas zusammensetzt, stellt eines der größten Heere aller Zeiten dar und ist den russischen Streitkräften an Zahl weit überlegen. Allerdings ist Napoleons Logistik der gigantischen Aufgabe nicht im mindesten gewachsen. Im glühenden russischen Sommer verliert er den Großteil seiner Männer durch Hunger, Durst, Krankheiten und Desertion. Dennoch scheinen seine menschenverachtenden Pläne zunächst voll und ganz aufzugehen; nachdem sein Heer 500 der 800 Kilometer bis Moskau zurückgelegt hat, schlägt er am 17. August bei Smolensk die Russen, die sich nun immer weiter Richtung Moskau zurückziehen.

Inzwischen hat auf russischer Seite der 67-jährige General Michail Kutusow das Kommando übernommen. Kutusow ist ein fetter, Ausschweifungen zugeneigter Mann, der im Russisch-Türkischen Krieg 1764/65 ein Auge verloren hat. Von seinen Zeitgenossen und auch von Zar Alexander I. wird er wegen seiner zögerlichen Rückzugstaktik scharf kritisiert und unter Druck gesetzt. 100 Kilometer vor Moskau stellt er sich bei Borodino Napoleon zu einer weiteren großen Schlacht. Napoleon soll am Vortag die Worte gesprochen haben: «Die Schachfiguren sind aufgestellt, morgen kann das Spiel beginnen.» Schreckliche Verluste auf beiden Seiten sind zu beklagen, insgesamt fallen etwa

80 000 Soldaten, davon 50 000 auf russischer Seite. Beide Seiten erklären sich zum Sieger, vom Kräfteverhältnis her bleibt jedoch die Grande Armée klar im Vorteil, und die Russen müssen ihre Stellungen räumen.

Was ist in dieser Lage zu tun? Wie kann Moskau gerettet werden? Gibt es noch eine Chance, Napoleon zu besiegen? Oder muss man kapitulieren, um weitere Verluste zu vermeiden? Fast alle Überlegungen drehen sich jedoch um die Frage, wie man nun kämpfen soll. Natürlich drängen Zar Alexander und viele Patrioten auf eine letzte heroische Abwehrschlacht vor den Toren von Moskau. Zwietracht und Intrigen herrschen unter der russischen Führung, wilde Pläne werden entworfen und wieder fallengelassen.

Kutusow jedoch trifft gänzlich andere, auf ihre Weise ebenfalls heroische Verfügungen. Für seine einsamen Entscheidungen wird er zunächst an den Pranger gestellt und als Feigling verunglimpft werden. Erst später, nach dem Ende des Krieges, überhäuft man ihn mit den höchsten Ehrungen.

Nehmen wir zu Kutusows Gunsten an, dass er damals einen tiefen Blick auf das tatsächlich Gegebene geworfen und bei seiner kritischen Bestandsaufnahme vor allem auch die Lage seines Gegners genau analysiert hat. Tolstoi zitiert Kutusow in seinem monumentalen Werk «Krieg und Frieden» mit den Worten: «Alle unsere Manöver sind unnötig, weil sich alles von selber viel besser macht, als wir es nur wünschen können. Wir müssen dem Feind eine goldene Brücke bauen …» Napoleons Truppen waren inzwischen auf ein Drittel ihrer ursprünglichen Stärke zusammengeschmolzen, die verbliebenen Soldaten völlig entkräftet. Wie wäre denn ihre Lage in Moskau ohne ausreichende Verpflegung und Nachschub? Während eines längeren Aufenthalts Napoleons in Moskau könnte sich auch das russische Heer neu formieren. Zudem würde Napoleons lange Abwesenheit von Paris für ihn mit Sicherheit auch politische Probleme bedeuten, was sich durch den Kriegseintritt Englands gegen Frankreich manifestierte. Doch was wäre Napoleons Alternative?

Wohl nur ein Rückmarsch im grimmigen russischen Winter durch schon ausgeplündertes und verbranntes Land, also ein Eingeständnis des Scheiterns. In der Schachmetapher muss sich Kutusow nur abwartend verhalten, da jeder Zug seines Gegners dessen Lage entscheidend verschlechtern würde. In Wahrheit befand sich der französische Imperator in einem tödlichen «Zugzwang»! Kutusow verweigerte einfach jeden weiteren Kampf und wälzte die «Zugpflicht» auf seinen großen Gegner ab. Anscheinend hatte der alte russische General mit seinem einzigen Auge mehr gesehen als jeder andere. Seine Kraft der klaren Bestandsaufnahme war ausreichend, um einen Napoleon zu bezwingen, dem auf dem Schlachtfeld niemand gewachsen war.

Um Zugzwang im Sinne der Schachmetapher handelt es sich, wenn wir vor der erzwungenen Ausführung einer Handlung stehen, die für uns nachteilig ist. Dabei können durchaus mehrere Handlungsalternativen zur Auswahl stehen – die Kriterien des Zugzwangs sind erfüllt, wenn jede von ihnen unsere Lage verschlechtert. Ebenso wie bei einer Kooperation ist es auch in einer Konkurrenz- oder Kampfsituation besonders wichtig, bei der Bestandsaufnahme nicht nur die eigene, sondern auch die Lage des Anderen genau zu betrachten. Ein Exkurs über dieses wichtige Thema findet sich in Kapitel 3.

Napoleon selbst erkennt offenbar erst sehr spät seine furchtbare Zwangslage. Bei herrlichem Herbstwetter zieht er als Sieger in ein verlassenes Moskau ein und erwartet vergeblich die Abordnung der Stadt mit der offiziellen Übergabe. Inzwischen hat der Zar die Situation verstanden und reagiert nicht auf Napoleons Friedensofferten, die dieser aus einer vermeintlichen Position der Stärke heraus unterbreitet. Kurz darauf zerstört ein Brand große Teile Moskaus, was die Versorgungslage weiter verschlechtert. Am 18. Oktober bläst Napoleon zum traurigen Rückzug. Das eisige Wetter und von Läusen übertragene Krankheiten fordern unter seinen auf einen Winterfeldzug unvorbereiteten Soldaten zahllose Todesopfer, weit mehr als die vereinzelten russischen Attacken.

Kutusow ist damit zufrieden, den Feind vertrieben zu haben, und will keine Männer mehr opfern. Er wird mit den für einen General erstaunlich humanen Worten zitiert: «Ich opfere nicht einen Russen für zehn Franzosen!» Erst an der Beresina, etwa 200 Kilometer vor der rettenden Grenze, wird das französische Heer auch militärisch besiegt. Napoleons menschenverachtender Russlandfeldzug endet mit einem grässlichen Debakel, nur einige Zehntausend Soldaten der einstigen Grande Armée erreichen ihre Heimat, der gesamte Rest ist gefallen, an Entbehrungen und Krankheiten gestorben oder in Kriegsgefangenschaft geraten.

Abschließend ist die Frage interessant, wieso weder diese gigantische Katastrophe noch die folgende schmähliche Flucht nach der Niederlage an der Beresina Napoleons Nimbus als genialer Feldherr etwas anhaben konnten. Ganz offenbar wurde in der öffentlichen Wahrnehmung eine klare Analyse der historischen Fakten durch intensiven Heldenkult mit kritikloser Glorifizierung ersetzt …

Aus Sicht des *Königsplans* erkennen wir an diesem Beispiel die erstaunliche Wirkung einer Planung, die einer ruhigen und genauen Betrachtung der Lage eines Konkurrenten entspringt.

Zugzwang im Schach

Das folgende Schachbeispiel unterstreicht die große Kraft des Zugzwangs und macht die zugrunde liegende Idee besonders deutlich. Dabei handelt es sich um eine Schachkomposition des italienischen Meisters Giulio Cesare Polerio aus dem 16. Jahrhundert.

Diese Art von Aufgaben sind in der Schachterminologie als «Studien» bekannt. Im Gegensatz zum praxisfernen Schachproblem, bei dem innerhalb einer vorgegebenen Zügezahl ein Schachmatt erzwungen werden muss, geht es in einer Studie darum, den einzigen, oft sehr versteckten Weg zum Sieg oder aber zum Unentschieden zu entdecken. Dies wohlgemerkt gegen bestmögliche

Gegenwehr. In einer guten Studie scheint die gestellte Forderung zumeist überhaupt nicht erfüllbar zu sein. Besteht die Vorgabe in einem Gewinn, wäre man nach der ersten Prüfung davon überzeugt, dass mehr als ein Unentschieden ganz unmöglich ist. Soll ein Unentschieden geschafft werden, würde man in einer echten Partie an die sofortige Kapitulation denken. Der Weg zur tief verborgenen Lösung ist oft von großer Schönheit, und die künstlerische Seite des Schachspiels tritt hier am klarsten hervor. Dem Löser winkt dabei ein wunderbares kleines Erleuchtungserlebnis.

Bevor wir hier zu einer Zugzwang-Konstellation gelangen, bedarf es allerdings eines brillanten Einfalls, dessen Herleitung in den folgenden Stufen gezeigt und hier vorweggenommen wird. Beginnen wir mit einer klaren Bestandsaufnahme:

Verborgener Zugzwang

Giulio Cesare Polerio 1590

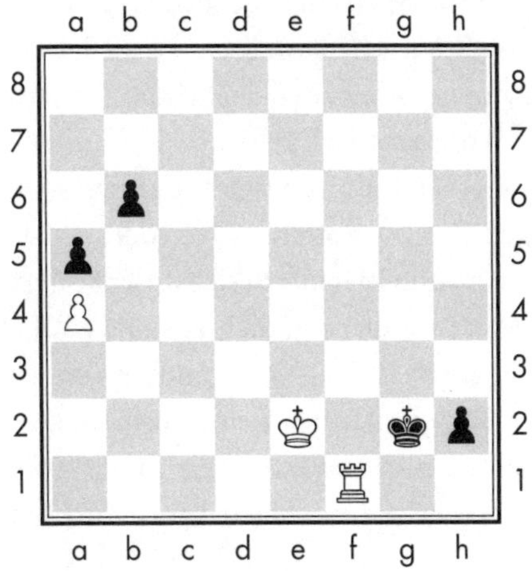

Weiß am Zug

Weiß am Zug erfreut sich eines klaren materiellen Übergewichts, da er einen Turm gegenüber zwei schwarzen Bauern in die Waagschale werfen kann. Allerdings springt als nächster Faktor ins Auge, dass der schwarze h-Bauer nur einen Schritt vor der Umwandlung steht. Wird dieser Bauer zur Dame, werden wir unseren Turm wohl für ihn opfern müssen. Nach dem Schlagen des Turms wäre Schwarz dann sogar um einen Bauern im Vorteil. Eine wirklich genaue Bestandsaufnahme fördert jedoch noch zwei weitere wesentliche Faktoren zutage:

1. Der weiße König befindet sich näher an der Bauernmasse am Damenflügel (die von Weiß aus linke Brettseite) und könnte sie nach dem skizzierten Schlagabtausch schneller erreichen als sein schwarzer Widersacher.
2. Als wesentlicher Faktor erweist sich die eigentümliche Anordnung der drei Bauern am Damenflügel. Hier hält ein weißer Bauer zwei schwarze Bauern auf. Der schwarze a-Bauer ist mechanisch blockiert und kann gar nicht mehr ziehen. Der schwarze b-Bauer könnte zwar ziehen, würde in diesem Fall aber vom weißen a-Bauern geschlagen, der sich in der Folge schnurstracks auf den Weg zu einer neuen weißen Dame machen würde.

Nun wären wir so weit, die ersten einfachen und naheliegenden Varianten zu prüfen. Wie besprochen erfahren wir in den nächsten Kapiteln mehr zum Denkansatz in einer solchen Lage. An dieser Stelle wollen wir einen kleinen Vorgeschmack geben.

Naheliegend erscheint ein Abwartezug unseres Turms, um diesen dann im nächsten Zug zu opfern: 1. Te1 (oder 1. Td, c, b, a1) 1. … h1 Dame 2. T×h1 K×h1, und jetzt macht sich unser König auf die Reise, um sich an den schwarzen Bauern gütlich zu tun: 3. Kd3 Kg2 4. Kc4 Kf3 5. Kb5 Ke4 6. K×b6 Kd5 7. K×a5 Kc6, und sowohl nach 8. Ka6 Kc7 als auch nach 8. Kb4 Kb7 erreichen wir eine Position, von der die Schachtheorie weiß, dass sie nicht zu gewinnen ist, da man den schwarzen König nicht aus der Ecke verdrängen kann. Auch eine Abwandlung dieser Grundidee macht keinen grundsätzlichen Unterschied: 1. Tf2+ Kg1 2. T×h2 K×h2 3. Kd3 Kg3 4. Kc4 Kf4 5. Kb5 Ke5 6. K×b6

Kd6 7. K×a5 Kc7, und wieder hat Weiß einen Bauern erobert, kann aber die Partie nicht gewinnen. Auf die rechte Idee kann man grundsätzlich über vorwärtsgerichtetes deduktives Denken in Varianten gelangen (dies entspricht Stufe 4) oder aber durch eine intuitive und induktive Schau des Zielbildes (Stufe 5) in Kombination mit rückwärtsgerichtetem Denken (Stufe 6).

Vorwärts würden wir weitere Varianten erproben, bis wir auf den besten Zug stoßen. Wir sind allerdings davon überzeugt, dass alle Schachmeister hier durch den zweiten Weg zur Lösung gelangen würden. Die intuitive Schau des Zielbildes zeigt uns nämlich eine eindrucksvolle Zugzwangsituation: **1. Th1**. Ein brillanter Einfall des italienischen Meisterkomponisten. Schwarz muss wohl oder übel das Danaergeschenk akzeptieren, da sich der weiße König nach einem Zug wie 1. … Kg3 2. Kf1 Kh3 3. Kf2 an den schwarzen h-Bauern heranpirscht, der nun ersatzlos verloren geht. Also: **1. … K×h1 2. Kf2**. In einer guten Studie ist die Lösung eindeutig, es darf nur einen einzigen Weg geben. Wir werden sehen, dass das oberflächliche 2. Kf1 mit der gleichen Grundidee den Sieg vergeben würde.

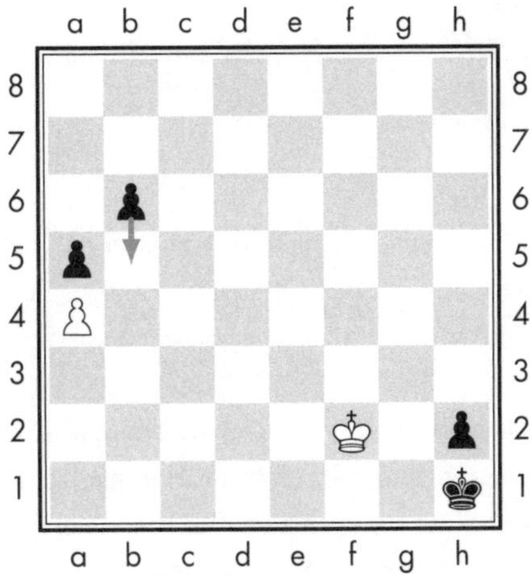

Schwarz am Zug
Position nach 2. ♔f2

Jetzt zeigt uns die Bestandsaufnahme, dass Schwarz trotz seines Mehrbesitzes zweier Bauern in einen tödlichen Zugzwang geraten ist: Er muss ziehen, sowenig er das auch möchte! Zu seinem Leidwesen ist ihm als einzige legale Möglichkeit der Aufzug des b-Bauern verblieben, was äußerst unerfreuliche Konsequenzen für ihn hat. Es folgt ein spannender Wettlauf der Bauern auf dem Weg zur Dame: **2. … b5 3. a×b5 a4 4. b6 a3 5. b7 a2 6. b8D**. Weiß ist zuerst an der Reihe, aber Schwarz zieht sofort nach: **6. … a1D**. Immer noch ist Schwarz im Mehrbesitz eines Bauern, nun entscheidet jedoch die prekäre Lage seines Königs, und die passende Pointe am Ende der Komposition besteht in **7. Db7** Matt!

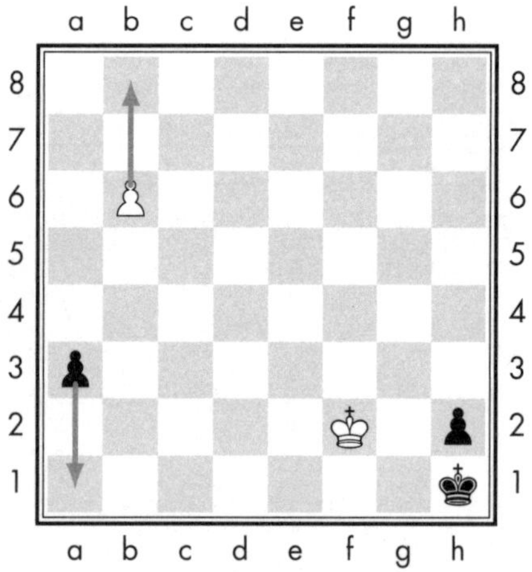

Weiß am Zug
Position nach 4. … a3

Nun erkennen wir auch die Bedeutung des weißen Königszugs nach f2: Wäre Weiß im zweiten Zug mit seinem König nach f1 gezogen, so hätte sich die schwarze Dame im sechsten Zug mit Angriff auf den weißen König verwandelt, und für den Mattzug wäre keine Zeit gewesen. Eine einfache und elegante Studie, die die große Kraft des Zugzwangs sehr schön aufzeigt.

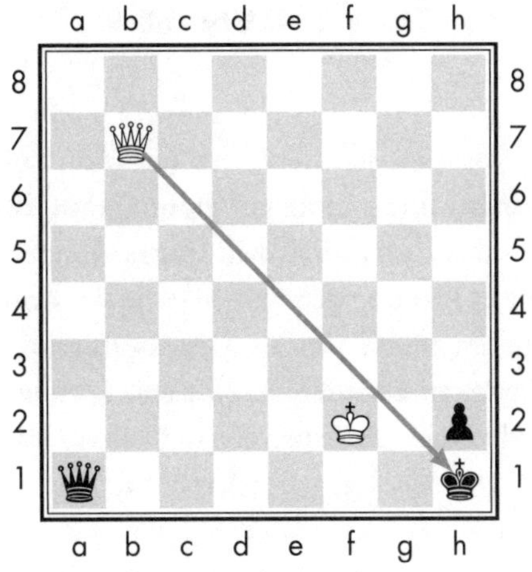

Schwarz am Zug
Position nach 7. ♕b7 Matt

Das Motiv des Zugzwangs in Konkurrenzsituationen kann durchaus auch in einem wirtschaftlichen Kontext auftreten und genutzt werden. Dies betrifft vor allem Märkte mit Duopol- oder Oligopol-Konstellationen, also Fälle mit relativ wenigen konkurrierenden Firmen und ähnlichen oder gleichen Produkten. Befinden wir uns in einem solchen Wettstreit, lohnt die sorgfältige Analyse der Lage der Konkurrenz. Hier könnte es beispielsweise vorkommen, dass ein Konkurrent sich übernommen hat und unter massiven finanziellen Druck geraten ist. Er wäre als Konsequenz zu einer Aktion gezwungen, die seiner Marktlage schadet. Dies würde für ihn, strukturell mit Napoleon in Moskau vergleichbar, Zugzwang bedeuten. Ist dies tatsächlich der Fall, sollten wir Kutusows Strategie anwenden und einfach noch ein wenig abwarten.

Egal, für welche Variante sich unser Rivale entscheidet, es wird zu unserem Vorteil sein und unsere Situation verbessern. Wohlgemerkt befürworten wir grundsätzlich Kooperationen, die zu einer Win-win-Situation für alle Beteiligten führen. Bisweilen gibt es aber keine Wahl, und dann ist es wichtig, kämpfen zu können …

Stufe 2 im Überblick

Am Anfang jeder guten Planung steht eine ruhige, klare und gründliche Betrachtung der vorliegenden Gegebenheiten. Auf Stufe 2 müssen wir noch keine Lösungen finden. Wir prüfen nur, was tatsächlich vorhanden ist und worauf wir uns verlässlich stützen können. Dies stellt das Fundament unseres Planungsgebäudes dar. Bevor wir unseren Geist in die Zukunft schicken, müssen wir die Gegenwart erforschen!

Auf psychologischer Ebene sollten wir eine Routine entwickeln, die dieses Vorgehen für uns zur Selbstverständlichkeit macht. Oft werden wir dazu einigen Mut benötigen, um Angst, Gier und Trägheit zu überwinden.

Auf struktureller Ebene ist ein systematisches Vorgehen wichtig, das die richtige Reihenfolge beachtet, sich von übergeordneter Betrachtung zum Detail und vom eindeutig Gesicherten zum Intuitiv-Spekulativen hinbewegt. Auch gilt es, alle Hindernisse wie beispielsweise Nebelworte zu identifizieren, die uns an einer klaren Sicht hindern.

Als wichtiges Hilfsmittel steht uns die folgende Liste der typischen Fokusfragen zur Verfügung.

ALLGEMEINE FOKUSFRAGEN IN STUFE 2

- Wie ist die Lage jetzt? Kann ich die Gesamtsituation in einzelne, miteinander verbundene Elemente zerlegen? In welcher Beziehung stehen die Teilstücke? So kann man die gesamte Marktsituation sowie die spezifische Lage eines Unternehmens zunächst getrennt betrachten, muss sie jedoch am Ende der Analyse wieder zusammenführen.
- In einigen Fällen gehört auch die Analyse der Vorgeschichte einer nun entstandenen Situation zur Bestandsaufnahme. Dies gilt beispielsweise für die Arbeit eines Kriminalisten oder Therapeuten. In nicht wenigen anderen Fällen ist es

jedoch wichtig, sich rasch vom Ballast der Vergangenheit zu trennen. So wird beispielsweise die Fähigkeit zu klarer Entscheidungsfindung bei einem Schachspieler oft durch Erinnerungen an einen vorangegangenen Fehler getrübt. Hier ist es viel besser, die Position mit «neuen Augen» zu sehen.

- Je nach spezifischer Situation zu analysierende Teilbereiche: Budget / Liquidität, Zeitrahmen, Logistik, Produktion, Räumlichkeiten, Mitarbeiter / Personal, Marketing, Kooperationspartner, hilfreiche Kontakte. Was ist hier positiv, negativ, relativ bzw. neutral zu bewerten?
- Was sind die bestimmenden Kernelemente, und welche Informationen sind weniger bedeutsam? Dabei bewegen wir uns immer von der Makrostrategie, also der übergeordneten Betrachtung, zur Detailarbeit. Mit der besonders wichtigen Frage, wie wir den Kern eines Problems oder überhaupt einer komplexeren Thematik identifizieren und herausschälen können, werden wir uns auf Stufe 4 ausführlicher beschäftigen.
- Mit welchen Problemen habe ich zu kämpfen? Welche Gefahren existieren, worauf muss ich achten? Gibt es psychologische oder strukturelle Faktoren, die eine klare Sicht erschweren / verhindern? Ein psychologischer Faktor könnte beispielsweise eine emotional stark aufgeladene Situation sein, ein strukturelles Problem dagegen in einer erdrückenden und kaum zu verarbeitenden Vielzahl an Informationen bestehen. Im ersten Fall müssen uns ein Perspektivwechsel und ein nüchterner Blick von außen gelingen, im zweiten Fall wäre die Aufgabe wie im vorigen Punkt, die entscheidenden Elemente herauszufiltern.
- Welche Aspekte meiner Ausgangssituation sollten sprachlich geklärt bzw. scharf definiert werden? Liegen Nebelworte vor?
- Bei Kauf- oder Kooperationsentscheidungen: Was weiß ich

über Produkt / Person / Firma X, was kann ich in Erfahrung bringen?

- In Konkurrenzsituationen: Über welche Ressourcen verfügt mein Konkurrent? Wie sieht die Lage aus seiner Perspektive aus?
- In einigen Fällen: Wie hoch sind Aufwand / Kosten, um die erforderlichen Informationen zu bekommen?
- Habe ich schon einmal eine vergleichbare Situation erlebt? Welche Faktoren waren damals bestimmend?
- Was ist das Neue / Einzigartige an der jetzigen Lage?
- Wie würde Person X die Gesamtlage bewerten? (ein Perspektivwechsel)
- Wie viel Zeit steht mir für Stufe 2 zur Verfügung?

Was ist nun der nächste Schritt, die folgende Stufe in unserem Planungsmodell?

Dies hängt vor allem davon ab, ob bereits ein klares Zielbild existiert beziehungsweise eine eindeutige Zielvorgabe vorliegt. Trifft dies zu, so macht es Sinn, sofort in Stufe 5 «Zündende Ziele» zu springen. Ist das Ziel jedoch noch unklar und vage, so sollten wir uns zunächst der folgenden dritten Stufe bedienen, die eine Vielzahl von Ideen schafft, sie kritisch hinterfragt und so eine Vorauswahl für den weiteren Planungsprozess trifft.

KAPITEL 3

Kreativer Kreislauf

«Phantasie ist wichtiger als Wissen, denn Wissen ist begrenzt»
Albert Einstein

Ein unlösbares Problem?

Jetzt wartet eine sehr schwierige, scheinbar unlösbare Aufgabe auf uns. Wir begeben uns in das New York des Jahres 1930 und schlüpfen in die Rolle des Michael Cullen. Damit sind wir angestellter Bezirksdirektor bei Kroger Grocery & Baking Co., einer großen und renommierten Kette von Lebensmittelläden. Die Lage ist düster. Der Schwarze Freitag mit dem totalen Zusammenbruch der Börse liegt erst kurze Zeit zurück. Niemand würde jetzt mit uns tauschen wollen. Wir befinden uns mitten in der Weltwirtschaftskrise und der daraus resultierenden großen Depression. In weiten Teilen der Bevölkerung herrscht bittere Armut, die Arbeitslosenquote in den USA erreicht 25 Prozent. Alle Branchen ächzen unter der sinkenden Kaufkraft und der erzwungenen Sparsamkeit ihrer Kunden. Auch unserer Kette ergeht es nicht besser. Sie musste schon 400 von 5100 Filialen schließen und erleidet dramatische Umsatzeinbußen. Eine weitere Verschärfung dieses Trends ist höchstwahrscheinlich. Somit drohen weitere Massenentlassungen, und auch wir selbst könnten nur zu bald auf der Straße stehen.

Zu diesem Zeitpunkt existieren weltweit nur zwei grundlegende Modelle von Verkaufsläden: Entweder handelt es sich um offene Märkte, wie sie noch heute in Form von Wochenmärkten anzutreffen sind, oder aber um Geschäfte, in denen die Kunden die gewünschten Waren auswählen und von Verkäufern ausgehändigt bekommen. Dies entspricht den heute aussterbenden «Tante-Emma-Läden». Zu letzterem Typ zählen die Geschäfte unserer Kette. Über Jahrzehnte hinweg hatten sich diese beiden Modelle bewährt, keine andere Möglichkeit wurde ernsthaft in Betracht gezogen.

Was ist zu tun? Kann es überhaupt eine Rettung geben? Unser Chef, W. H. Albers, der Präsident von Kroger Grocery & Baking Co., ist ratlos. Pure Panik breitet sich auf der Führungsetage aus. Das ist verständlich, denn die Aktionsmöglichkeiten scheinen begrenzt: Die Preise wurden bereits bis an die Schmerzgrenze der Rentabilität gesenkt, weitere Entlassungen würden die erforderliche Betreuung der Kunden unmöglich machen. Keine Werbestrategie erreicht mehr die Käufer, die jeden Cent dreimal umdrehen müssen, bevor sie ihn schweren Herzens für das Notwendigste ausgeben. Auf traditionellem Weg sind weder sinnvolle Einsparungen noch eine Umsatzsteigerung möglich. Es geht ums nackte Überleben.

Wer würde uns zutrauen, ausgerechnet jetzt ein völlig neuartiges, bahnbrechendes Konzept zu entwickeln, das bald einen Siegeszug um die ganze Welt antreten wird? Unser Chef jedenfalls nicht. Präsident W. H. Albers ist für uns nicht zu sprechen und reagiert auch nicht auf unseren Brief. Wir bekommen keine Chance, ihm die Idee persönlich vorzutragen, die bald das Einkaufsverhalten von Milliarden Menschen entscheidend prägen wird. Heute erscheint der Grundgedanke so selbstverständlich, dass man sich ein Leben ohne ihn kaum vorstellen kann. Niemand macht sich bewusst, dass auch hier ein kreativer Geistesblitz vorausgehen musste. War Michael Cullen damals durch das Desinteresse seines Chefs an seinem Konzept frustriert? Vielleicht. Aber er sah nicht den Rückschlag, sondern die Chance. Mit felsenfestem Vertrauen in seine Idee zog er trotz aller Risiken die einzig richtige Konsequenz.

Da in der damaligen Lage alle traditionellen Ansätze zum Scheitern verurteilt waren, musste etwas grundsätzlich Neues gefunden werden. Gerade bei schwierigen Problemen, wenn Standardlösungen nicht ausreichen, sind jedoch «nur neue und ungewöhnliche» Ideen nicht genug. Um Erfolg zu haben, ist auch ein solides und handfestes gedankliches Fundament erforderlich. Erst in Verbindung mit einem rationalen Kontrollsystem führen uns Kreativität und Originalität zu guten Lösungen.

Worin bestand nun Michael Cullens Geniestreich? Wie konnte er zu ihm gelangen? Hatte er einfach das Glück, aus ungeklärter Ursache mit solch einer Inspiration beschenkt zu werden? Was hätten wir an seiner Stelle vorgeschlagen? Um bei der Ideenfindung nicht auf Glück beziehungsweise Zufall angewiesen zu sein, benötigen wir ein System, das uns in verschiedensten Bereichen zu solch neuartigen, ungewöhnlichen und doch tragfähigen Einfällen führt. Genau darum geht es im vorliegenden Kapitel und somit der dritten Stufe des *Königsplans.*

Bei relativ einfach strukturierten Problemen kann der nachfolgend vorgestellte Kreative Kreislauf bereits ausreichen, um entscheidende Aufschlüsse zu gewinnen. Wir müssen hier jedoch gar nicht bis zu einer endgültigen Lösung vordringen. Aus der Warte des gesamten *Königsplan*-Modells betrachtet, handelt es sich bei Stufe 3 nur um eine Vorauswahl, die uns neue, bereits kritisch geprüfte Ansätze für die weitere Planung liefert. Die genaue Ausarbeitung und endgültige Entscheidung erfolgt erst im Verlauf der nächsten Stufen.

Beim Kreativen Kreislauf steht die Intuition im Vordergrund, wenngleich auch ein rationales Kontrollsystem existiert. Der Kreative Kreislauf ist als flexibler Ideenlieferant zu betrachten, der an jeder kritischen Stelle der Planungsstrukturen der nächsten Kapitel eingesetzt werden kann. Wann immer das traditionelle konvergente Denken mit seiner methodisch-systematischen Struktur nicht ausreicht und wir mit bekannten Ansätzen zu keinen befriedigenden Ergebnissen gelangen, können wir den Kreativen Kreislauf und sein divergentes Denken einsetzen. Dabei fußen wir jedoch beim *Königsplan* fest auf der vorangegangenen, rational betonten Bestandsaufnahme und der damit verbundenen Analyse des vorliegenden Problems. Diese Problemanalyse bestimmt auch, an welcher Stelle der Gesamtplanung der Kreative Kreislauf zum Einsatz kommt. Stehen wir zum Beispiel vor einer «Entweder-oder»-Entscheidung wie der Frage «Soll ich meiner Firma kündigen oder nicht?», so sind kreative Ideen erst für den weiteren Verlauf gefragt. Der Einsatz des Kreativen Kreislaufs verlagert sich dann in zukünftige Punkte der beiden Planungsstränge, die mit «Kündigen» und «Bleiben» beginnen. Wir würden den Kreativen Kreislauf dann nutzen, um vor der kritischen Entscheidung für beide Fälle neue Ideen zu generieren.

Das System des Kreativen Kreislaufs werden wir wiederum aus einem typischen Denkansatz der Schachmeister ableiten. Eine eng verwandte, vielfach erprobte Methode ist die von Robert Dilts entwickelte «Walt-Disney-Strategie», die wir ebenfalls streifen werden. Innerhalb des *Königsplans* bezieht der Kreative Kreislauf besondere Kraft aus der organischen Verknüpfung mit den anderen Stufen. Sein inhaltliches Fundament erhält er durch Stufe 2, die weitere Ausarbeitung der gefundenen Ideen erfolgt zwischen den Stufen 4 und 6.

Das Geheimnis schachlicher Kreativität

Als Ausgangspunkt und Anschauungsmodell verwenden wir ein klassisches «Mattproblem», wie man es in zahlreichen Zeitungen findet. Die Welt des «Problemschachs» ist eine ganz eigene mit besonderen Gesetzen und einer besonderen Schönheit. Diese drückt sich meist in originellen, verblüffenden Manövern und bezaubernden Mattbildern aus. In der nachfolgenden Position zeigt uns eine schnelle Materialbilanz, dass die Lage des Schwarzen aus dem Blickwinkel des normalen Partieschachs völlig hoffnungslos ist. Weiß kann auf fast beliebige Art gewinnen, in einer realen Partie hätte der Schwarze wohl längst aufgegeben.

Hier gilt es jedoch, eine strenge Forderung zu erfüllen: Weiß beginnt und soll spätestens mit seinem dritten Zug den Schwarzen Schachmatt setzen. Hierbei muss jedoch die bestmögliche schwarze Verteidigung vorausgesetzt werden, was übrigens auch für sich betrachtet eine hervorragende Denkübung im Sinne des *Königsplans* darstellt. Denn dabei müssen wir uns ständig in die Perspektive der Gegenseite begeben, statt nur über die eigenen Möglichkeiten zu grübeln. Da das Ziel klar vorgegeben und auch der Planungshorizont mit nur drei Zügen knapp bemessen ist, kann uns der Kreative Kreislauf hier sogar schon die gesamte Lösung liefern.

Ideen kritisch hinterfragen

Matt in drei Zügen

Weiß am Zug

Wie geht ein Schachmeister eine solche Aufgabe gedanklich an? Natürlich muss auch hier die uns schon wohlbekannte gründliche Bestandsaufnahme vorangehen, die in vorliegendem Fall die Wirkungskräfte und Aufgaben der existierenden Figuren analysiert. Auffällig ist dabei die Symmetrie aller Figuren mit Ausnahme des weißen Königs. Der weiße Läufer auf d3 hält den schwarzen König in einem Klammergriff, sodass jenem nur noch die beiden Felder e1 und c1 zugänglich sind. Die beiden weißen Springer könnten sich auf verschiedene Art an den schwarzen König heranpirschen und ihm Schach bieten. Allerdings verfügt der Schwarze in Form seines Freibauern auf d2 noch über ein starkes Gegenmittel, da sich dieser Bauer nach Wegzug des Königs in eine andere Figur verwandeln kann.

Damit haben wir Stufe 2 abgeschlossen und verfolgen nun den für solche Aufgaben typischen Gedankenfluss eines Schachmeisters, der diesem in der Realität freilich zumeist unbewusst bleibt. Wie wir schon wissen, verläuft ein Teil dieses Denkens auch in Form von Bildern und Gefühlen. Natürlich stützen sich die nachfolgend dargestellten Ideen und Bewertungen auf den gesamten Erfahrungsfundus des fiktiven Meisters. Wie später ausführlich dargestellt, gilt auch für jeden anderen Bereich, in dem wir aus unserer Intuition schöpfen wollen: Eine entscheidende Voraussetzung ist der vorangegangene Erwerb von Wissen und Erfahrung …

Der Kreative Kreislauf in Aktion

Ja, den gefährlichen schwarzen Bauern mit einem der Springer schlagen – *nein*, damit verlieren die weißen Figuren an Koordination, und ein Matt in drei Zügen wird unmöglich. *Einspruch stattgegeben*, das klappt ebenfalls nicht.

Ja, ein Schachgebot mit einem der Springer auf b2 oder f2 – *nein*, das wäre sehr kurzfristig gedacht, auch hier würden im Anschluss die weißen Steine nicht gut zusammenwirken. *Einspruch stattgegeben*, das klappt nicht.

Ja, den weißen König als zusätzliche Reserve in den Kampf einschalten und den schwarzen Monarchen in die Enge treiben – 1. Kf1 sieht doch sehr gut aus. Der schwarze König hat dann auch nur noch eine einzige Option – er muss nach c1. *Ja*, jetzt sehe ich auch, wie es weitergeht – 2. Sc3 mit Blick auf das Feld a2! Danach hat der schwarze König keinen Zug mehr, er muss also wegen des Zugzwangs seinen Bauern in eine beliebige Figur verwandeln – damit hätte er sich das Feld d1 als Fluchtmöglichkeit für seinen König selbst verstellt, und wir setzen genau im dritten Zug matt: 3. Sa2 Schachmatt, Hurra! *Nein*, das klappt bei genauer Betrachtung nicht, denn Schwarz verwandelt im zweiten Zug nicht in eine beliebige Figur, sondern in eine Dame oder einen Turm. Dadurch steht der weiße König selbst im Schach, er muss darauf reagieren und hat keine Zeit, im dritten Zug schachmatt zu setzen. *Interessant*, es ist wahr, dass die konkrete Abfolge 1. Kf1 Kc1 2. Sc3 an d1 Dame (oder Turm) mit Schachgebot scheitert. Die Grundidee macht aber einen guten Eindruck, vielleicht lässt sie sich noch verfeinern.

Ja, jetzt hab ich es! Weiß zieht seinen König im ersten Zug nicht nach f1, sondern nach f2. Alles sonst bleibt gleich, aber eine schwarze Dame oder auch ein Turm auf d1 greift unseren König nicht an. Also: 1. Kf2 Kc1 2. Sc3 d1Dame 3. Sa2 Matt – Heureka. *Nein*, das wäre viel zu trivial. Wenn wir genau hinsehen, so handelt es sich um eine Falle: Wenn der weiße König nach f2 zieht, reagiert der Schwarze flexibel und verwandelt seinen Bauern im zweiten Zug in einen Springer, also 2. … d1S+ wiederum mit Schachgebot, und mit dem Matt in drei Zügen ist es Essig … *Interessant*, die Sache ist tatsächlich nicht so einfach. Das Matt mit 3. Sa2 klappt nur, wenn der weiße König nicht durch die Verwandlung des schwarzen Bauern angegriffen wird. Dennoch, die grundlegende Mattkonstruktion sieht vielversprechend aus, ein neuer Anfangszug ist gefragt, der die Grundidee beibehält und beide schwarzen Verteidigungsideen entschärft.

Weiß am Zug
Variante mit 1. ♔f2 ♔c1 2. ♘c3 d1♘+

Ja, eigentlich wurde der weiße König für das endgültige Mattbild gar nicht gebraucht. Die für ihn gefährlichen Felder waren f1 und f2. Auf beiden Feldern geriet er ins Feuer einer neu verwandelten schwarzen Figur. Ziehen wir ihn einfach auf ein anderes Feld, sagen wir g2. Also: 1. Kg2 Kc1 2. Sc3, und jetzt ist es wahr – ganz egal, in welche Figur Schwarz verwandelt, sie kann den weißen König nicht bedrohen, und Weiß setzt mit 3. Sa2 matt! *Nein*, wenn wir genau analysieren, sehen wir, dass der Zug 1. Kg2 einen großen Haken hat. Der schwarze König zieht nun natürlich nicht mehr nach c1, sondern nutzt seine neue Freiheit und geht nach rechts nach e1, also 1. … Ke1. Damit entgeht er der auf der linken Seite für ihn ausgelegten Mattschlinge. *Interessant*, dem Einspruch ist stattzugeben. Vielleicht existiert nach 1. Kg2 Ke1 aber auch ein Mattbild, das wir bisher nicht entdeckt haben. Bei der anfänglichen Bestandsaufnahme hatten wir doch von der eigentümlichen Symmetrie der Anfangsposition gesprochen. Wie würde denn das analoge Mattbild auf der rechten Seite aussehen? Auf der linken Seite standen die weißen Springer auf c3 und c4, also …

Ja, natürlich! Nach 1. Kg2 Ke1 folgt 2. Se3, der schwarze Bauer muss sich wegen des Zugzwangs verwandeln, und wir müssen nur noch das zu 3. Sa2 analoge Mattfeld für den weißen Springer am rechten Flügel finden … *Nein*, dieses Feld ist leider belegt, es wäre nämlich auf g2 zu finden, aber hier steht gerade der weiße König höchstpersönlich. *Sehr interessant*, jetzt haben wir doch alle Pros und Kontras versammelt, wir können endlich aus These und Antithese die Synthese bilden: Der überraschende Zug **1. Kh2** durchschlägt den gordischen Knoten – der weiße König wird gar nicht gebraucht, aus weißer Sicht stellt er auf allen anderen Feldern nur einen Störfaktor dar. Er verdrückt sich also am besten in die Ecke und behindert seine Streitkräfte nicht mehr bei ihrer harmonischen und symmetrischen Entfaltung. 1. Kh2 vereint alle bisherigen Erkenntnisse: Die Variante **1. … Kc1 2. Sc3 d1** (beliebige Figur) **3. Sa2** Matt kennen wir schon. Die Spiegelung nach rechts nach 1. Kh2 lautet nach der schwarzen Alternative: **1. … Ke1 2. Se3 d1** (beliebige Figur) **3. Sg2** Matt. Das ist die Lösung.

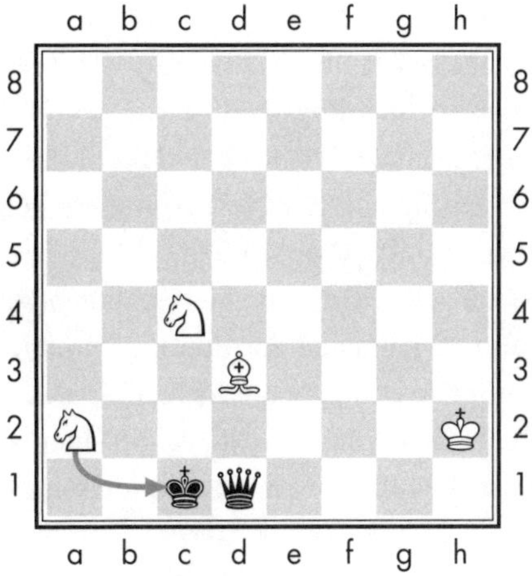

Schwarz am Zug
Position nach 3. ♘a2 Matt

Das System des Kreativen Kreislaufs

Welche innere Struktur hat sich als roter Faden durch den gesamten Lösungsprozess gezogen? Wo liegt der grundsätzliche Unterschied zum Denken eines unerfahrenen Spielers beziehungsweise Planers? Um in dieser zumindest aus der Sicht eines Partieschachspielers ungewöhnlichen Lage zur korrekten Lösung zu gelangen, war eine Vielzahl kreativer Ideen erforderlich.

Der jeweils auf das *Ja* folgende Gedankenfluss war locker, frei und enthusiastisch, entsprang jedoch der vorangegangenen, nüchternen Bestandsaufnahme. Auch unerfahrene Spieler oder Planer können kreative Ideen entwickeln. Doch fehlt zum einen häufig das Fundament der davor erfolgten Analyse. Zum anderen verbeißen sie sich oft schnell in einen äußerlich attraktiven Gedanken, von dem sie sich kaum lösen können. Diesem Phänomen werden wir auch auf Stufe 4 begegnen.

In unserem Beispiel konnten wir beobachten, wie jede neue Idee zugelassen, aber auch sofort durch den auf das *Nein* folgenden Text kritisch hinterfragt und angezweifelt wurde. Auf diese Weise werden mögliche Mängel schnell entdeckt, bevor zu viel Zeit und Energie in einen Entwurf fließen. Allerdings könnte ein solcher Zusammenprall von Pro und Kontra leicht zu Blockade und Stillstand führen.

Daher ist die jeweils auf das Nein-Argument folgende «*Interessant-Position*» sehr wichtig. Hier wird sowohl die jeweilige neue Idee als auch deren Kritik gewürdigt. Aus einer neutralen Warte heraus werden bejahende und verneinende Position zusammengeführt. Was haben Pro- und Kontra-Argumente tatsächlich für sich, welche Schlüsse können wir ziehen? Nicht selten steckt auch in einer verworfenen Idee ein wertvolles Körnchen, das in einem veränderten Kontext gedeihen kann.

Das Ja entspricht in diesem Kreativen Kreislauf der These, das Nein der Antithese und die dritte Position der Synthese aus den beiden gegensätzlichen Ansichten. Wir können uns diese drei Positionen auch als Verteidiger, Ankläger und Richter der jeweiligen Idee vorstellen.

Wissenschaftliche Untersuchungen an Schachspielern haben belegt, dass das schachmeisterliche Denken in seiner Bereitschaft, eigene Ideen sofort kritisch zu hinterfragen, dem von Karl Popper geprägten Konzept der Falsifikation entspricht. Während der Schachamateur schnell einer attraktiv erscheinenden Idee folgt und ihr gedanklich verfällt, bleibt der Großmeister offen für weitere Möglichkeiten und wird zum schärfsten Kritiker des eigenen Entwurfs. Zwar lässt er phantastische Ideen zu und fragt stets nach der Ausnahme von der Regel. Als Visionär und Träumer sucht er nach dem Neuen, noch nie Dagewesenen. Er versucht aus bekannten Mustern auszubrechen und traditionelle, anerkannte Ansätze zu attackieren. Doch meldet sich sodann unmittelbar sein eigener Advocatus Diaboli: Wo könnte der Haken sein? Welche Probleme werden danach auftreten? Warum könnte das nicht funktionieren? Wie hoch sind Risiko und Preis? Am Ende führt er die beiden widerstreitenden Gegenpole zusammen, um zu einer Entscheidung und somit seinem nächsten Zug zu gelangen.

Um den vorgestellten Ansatz für die unterschiedlichsten Probleme praktisch nutzen zu können, müssen die drei beschriebenen Positionen nacheinander eingenommen werden. Jede der drei Positionen betrachtet dasselbe Problem und stützt sich auf identische Informationen. Die jeweilige Perspektive ist jedoch verschieden. Wie wir sehen werden, liegt in der Fähigkeit, unterschiedliche Perspektiven einzunehmen, also eine Sachlage aus unterschiedlichen Blickwinkeln zu betrachten, ein entscheidender Schlüssel zu kreativem Denken. Damit dies im Kreativen Kreislauf gelingt, müssen wir unseren Gefühlszustand der jeweiligen Perspektive anpassen, was auch eine Brücke zu den im ersten Kapitel gewonnenen Erkenntnissen schlägt:

1. *Der Träumer* ist voll übersprudelnder Phantasie. Seine Aufgabe ist es ausschließlich, möglichst viele originelle Ideen zu entwickeln. Je verrückter, je kühner, je ungewöhnlicher, desto besser. Er darf und soll Visionär sein und nach den Sternen greifen. Der wichtigste Grundsatz auf dieser Position lautet: «Alles ist erlaubt!» Seine innere Grundhaltung ist Begeisterung, Neugier und Experimentierfreude. Er ist emotional-intuitiv.

Abb. 1: Kreativer Kreislauf

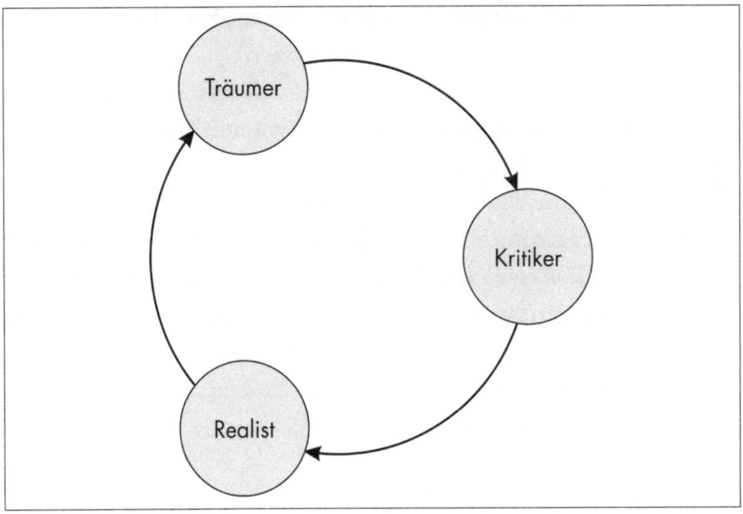

2. *Der Kritiker* weist auf die mit den Vorschlägen des Träumers verbundenen Probleme hin. Dabei sollte er aber nicht grundsätzlich negativ sein, sondern vernünftige Bedenken äußern. Dennoch, der Fokus liegt auf «Was kann schiefgehen? Wo ist der Haken?». Seine Grundhaltung ist vorsichtig, misstrauisch und konservativ. Er ist in diesem System der kritische Controller.
3. *Der Realist* steht in der Schachmetapher für den konkreten nächsten Zug, also die tatsächliche Aktion, die Sinn macht. Er prüft und bewertet die Argumente von Träumer und Kritiker und schafft die notwendige Synthese. Er ist objektiv, hat positive Energie, ist aber fest im Boden verwurzelt.

Entscheidend für den Erfolg des Kreativen Kreislaufs ist die Bereitschaft, sich jeweils voll und ganz in die jeweilige Position zu begeben. Das erfordert anfangs ein wenig Übung, gelingt dann jedoch immer schneller. Den zum Gelingen des Kreativen Kreislaufs optimalen äußeren Rahmen werden wir ein wenig später betrachten. Die Methode kann allein, aber auch besonders effektiv im Team eingesetzt werden.

Der Kreative Kreislauf in der Praxis

Führen wir nun zunächst einen Testlauf durch und erproben das System an Michael Cullens Problem. Die Bestandsaufnahme mit der überaus kritischen Lage von Kroger Grocery & Baking Co. in der Weltwirtschaftskrise liegt bereits in groben Zügen hinter uns, wir können also unmittelbar beginnen. Als grundlegendes Hilfsmittel setzen wir zum einen einige Fokusfragen ein. Zum anderen versetzen wir uns im ersten Schritt in den skizzierten Gefühlszustand des Träumers. Erinnern wir uns also an eine Phase unseres Lebens, in der wir über besonders große kreative Energie verfügt haben. Fühlen wir die Begeisterung, eine grandiose neue Idee zu entwickeln!

Allgemeine Fokusfragen zur Einstimmung des Träumers:
– Was ist mein Traum?
Umsatzsteigerung und Expansion unserer Kette in der Krise.
– Wie kann ich alle bisherigen Erwartungen übertreffen?
Nicht einfach nur überleben, sondern den Gewinn deutlich steigern.

Die nächste Fokusfrage führt bereits zu konkreten Vorschlägen. Etwas später werden wir noch weitere Fokusfragen für den Träumer betrachten, die zum Einsatz kommen, falls die ersten Resultate nicht überzeugen beziehungsweise gar keine kreativen Ideen fließen.

Was ist neu, was wurde noch nicht versucht?
In der praktischen Umsetzung bekommt jede Position, hier also zunächst die des Träumers, eine bestimmte Zeit zugewiesen, in der Vorschläge und Argumente vorgebracht werden. Die Ideen des Träumers können durchaus nur knappe Entwürfe und Anregungen darstellen – er bringt den Ball ins Spiel des Kreativen Kreislaufs:
a) unsere Verkäufer mit Bauchläden und Sonderangeboten auf die Straße schicken,
b) in den Filialen beim Einkauf über eine bestimmte Mindestsumme kostenlosen Zusatzservice anbieten: z.B. Schuhreinigung, Schuhreparatur …,
c) ab einer bestimmten Einkaufshöhe einen Gutschein für den nächsten Einkauf ausstellen,
d) Selbstbedienung in allen Abteilungen.

Nun tritt der Kritiker auf den Plan: Damit nehmen wir innerlich eine skeptische, vorsichtig-konservative Haltung ein.

Die wichtigsten Fokusfragen für den Kritiker lauten:
– Wo könnte der Haken sein?
– Was sind die Risiken?
– Was ist der Preis für die geplante Aktion?

– Was wurde übersehen?
– Was wäre das Horrorszenario beziehungsweise der «worst possible outcome»?

Darauf basierend könnte der Kritiker zu folgenden Gegenargumenten gelangen:

a) Diese Idee würde zu enormen Personalkosten führen. Eine spezielle Ausbildung wäre erforderlich. Die einzeln agierenden Verkäufer könnten in die eigene Tasche arbeiten, das wäre schwer zu kontrollieren. Unsere Kette würde einen unseriösen Eindruck vermitteln. Wenn sich die gesamte Wirtschaftslage weiter verschlechtert, könnte sich ein hungriger Mob zusammenrotten und unsere Verkäufer ausrauben.
b) Auch hier würden beträchtliche neue Kosten für Personal und Ausstattung entstehen. Zusätzliche Räumlichkeiten könnten erforderlich sein. Wir würden uns von unserem eigentlichen Kerngeschäft entfernen und uns in Bereiche begeben, in denen wir gar nicht kompetent sind. Ob dadurch wirklich neue Kunden gewonnen und gebunden werden können, ist völlig ungewiss, da die Kunden momentan nur nach den billigsten Angeboten suchen.
c) Hier würden Kosten entstehen, die wir bei unseren schon extrem knapp kalkulierten Preisen nicht verkraften können. Kunden, die unter der kritischen Einkaufshöhe bleiben, würden frustriert und abgeschreckt.
d) Es hat sicherlich seinen Grund, dass allgemeine Selbstbedienung noch nicht versucht wurde. Hier würde doch allgemeines Chaos ausbrechen, Ladendiebstahl wäre Tür und Tor geöffnet. Ehrliche Kunden würden den Überblick über das Warenangebot verlieren.

Jetzt ist der *Realist* am Zug. Fühlen wir also nüchtern-klaren Realitätssinn und die Fähigkeit zu einem unbestechlichen Urteil.

Die Fokusfragen lauten:
– Was haben die Ideen des Träumers für sich?

- Wo sind die Bedenken des Kritikers berechtigt?
- Wie sind die Chancen?
- Können wir das Risiko eingehen oder es minimieren?
- Kann die Grundidee noch verbessert werden?
- Wie können wir das umsetzen?
- Was brauchen wir dafür konkret?
- Können wir die Idee in einem anderen Kontext nutzen?
- Gibt es verworfene Ideen, die wir zumindest teilweise in einem anderen Kontext nützen können?

Dies führt im vorliegenden Fall zu folgenden Resultaten:

a) Hier teile ich überwiegend die Bedenken des Kritikers. Mobile Verkäufer könnten nur ein sehr beschränktes Warensortiment mit sich führen, der positive Werbeeffekt wäre fraglich. Allerdings könnte der Ansatz interessant sein, wenn wir ihn auf Kunden zuschneiden, die in ihrer Beweglichkeit eingeschränkt sind, beispielsweise für Krankenhäuser und Seniorenheime. Als übergreifendes, allgemeines Konzept glaube ich jedoch nicht daran.
b) Auch hier neige ich mehr zur Kritikerseite. Wir müssten Schuster engagieren und bezahlen und ihnen Werkzeug und Räumlichkeiten stellen, falls wir richtige Schuhreparaturen durchführen wollen. Der Aufwand wäre sehr hoch. Als realistischere Variante könnten wir aber mit Schustern im Umkreis über Rabatte für besonders gute Kunden verhandeln. Ab einer bestimmten Einkaufshöhe bekommen unsere Kunden dann einen Rabattgutschein für einen solchen Schuster. Dennoch, in der jetzigen Lage glaube ich nicht, dass das zu einer effektiven Belebung des Geschäfts führt.
c) Es ist momentan sehr schwer einzuschätzen, wie stark das Einkaufsverhalten durch solche Gutscheine angeregt würde und ob wir auf diese Weise Neukunden gewinnen können. Geringere Kosten würden für uns entstehen, wenn wir solche Gutscheine unter unseren Kunden nach dem Zufallsprinzip verlosen. Beispielsweise könnte jeder 1000. Kunde einen Geschenkkorb erhalten.
d) Diese Idee finde ich sehr spannend. Gerade der Umstand, dass dies

in größerem Umfang noch nie versucht wurde, könnte uns von der Konkurrenz abheben. Das Diebstahlsproblem könnte durch verschiedene einfache Maßnahmen entschärft werden. Die Kunden müssten die Geschäfte ohne eigene Taschen betreten, ihre Einkaufskörbe würden beim Bezahlen überprüft werden. Um Übersichtlichkeit zu gewährleisten, würden wir die Waren entsprechend anordnen und beschriften. Für Rückfragen könnten wir eine Informationsstelle einrichten.

Diese Idee sollten wir in einem zweiten Durchlauf näher prüfen. (Im Team würden nun die Rollen getauscht – mehr dazu ein wenig später.)

d1) *Träumer:* Ja, die Einsparungen an Personalkosten wären enorm. Im günstigen Fall würde die Einkaufsfreude der Kunden sogar stark belebt, wenn sie in Ruhe die Waren begutachten können, ohne sich durch den Verkäufer unter Druck gesetzt zu fühlen. Am besten wäre es, wenn die Kunden aus einem sehr großen Sortiment frei wählen könnten.

d2) *Kritiker:* Das Argument «Einsparung an Personalkosten» ist bei diesem Modell tatsächlich kaum zu bestreiten. Um den Kunden aber eine wirklich große Auswahl zu bieten, reicht unsere durchschnittliche Ladengröße nicht aus. Wir bräuchten Lagerkapazitäten, die wir einfach nicht haben.

d3) *Realist:* Der Kritiker hat mit seinem Argument zur Ladengröße völlig recht, vielleicht könnten wir aber auf elegante Weise zwei Fliegen mit einer Klappe schlagen. Bei diesem Modell bräuchten wir ja selbst bei sehr großer Ladenfläche relativ wenig Personal. Sehr große Läden hätten dann aber einige Vorteile: Sowohl bei Kauf als auch bei Miete könnten wir in Relation zu mehreren kleinen Läden einsparen. Die große Lagerfläche würde uns bei haltbaren Gütern Großeinkäufe ermöglichen und somit bessere Konditionen bei den Lieferanten verschaffen. Einen beträchtlichen Teil dieser Einsparungen könnten wir an unsere Kunden weitergeben und so alle Konkurrenten klar unterbieten. Das sollten wir genauer ausarbeiten!

(Die weitere Ausarbeitung solcher Grundideen erfolgt im *Königsplan* auf den Stufen 4 bis 6.)

Michael Cullens Geniestreich

René Sédillots zitiert in seinem Buch «Vom Tauschhandel zum Supermarkt» Michael Cullens Originalkonzept so:

«Man gebe die kleinen 40 bis 50 Quadratmeter umfassenden Läden auf, kaufe aus dem Erlös zehnmal größere (12-Meter-Front, 40 bis 50 Meter Tiefe, freier Zugang zur Straße), richte diese mit ausreichender Parkfläche an abgelegenen Stellen einer Stadt ein und damit außerhalb der überfüllten Geschäftsviertel. Auf die klassische Verkaufsform möge man verzichten – man gehe für 80 Prozent der Abteilungen zur Selbstbedienung über. Für eine Kette von zunächst fünf Läden setzte Cullen als Kosten je 37000 Dollar pro Laden an, den Umsatz mit 12500 Dollar für 300 Artikel zum Selbstkostenpreis, 200 mit einer Verdienstspanne von 5 Prozent, 300 weitere mit 15 Prozent und schließlich noch einmal 300 mit 20 Prozent. Bisher kalkulierten die Filialgeschäfte durchgängig mit 25 Prozent, die Einzelgeschäfte sogar mit 40 Prozent. Cullen berechnete einen Reingewinn zwischen 2,5 und 8 Prozent und argumentierte, dass er die Käufer damit überzeugen könne, pro Woche allein beim Lebensmitteleinkauf 2 bis 3 Dollar sparen zu können.» Wie schon erwähnt, konnte Cullen jedoch damit seinen Chef W. H. Albers nicht überzeugen. Immerhin zeigte dieser späte Einsicht und leistete dann sogar einen eigenen Beitrag zum weiteren Siegeszug des neuen Modells. Sedillot berichtet sehr prägnant von den weiteren Entwicklungen:

«Michael Cullen kündigte und gründete mit dem befreundeten Kaufmann Harry Sokoloff, Vorstand in der Sweet Life Foods Corporation von Brooklyn, die King Kullen Grocery Co. Ihren ersten King-C(K)ullen-Laden eröffneten sie nach diesem Konzept mitten im Sommer 1930 in Jamaica, einem Vorort von New York am Rande von Long Island. Die genaue Lage lautet: Kreuzung der endlos langen Jamaica Avenue mit der 171. Straße. Auf einem zweiseitigen Inserat in der Tageszeitung führte er seinen Laden als ‹King Kullen, den größten Preisbrecher der Welt› ein. Michael Cullen hatte noch mitten in der Weltwirtschaftskrise Erfolg. Immer mehr Geschäfte wurden eröffnet, Abteilungen für Haushaltsartikel, Möbel und Kosmetik kamen hinzu. 1932 besaß Cullen acht Geschäfte, sein Lebensmittelumsatz erreichte bereits 6 Millionen Dollar; 1936 waren es 15 Geschäfte. Cullens ehemaliger Chef W. H. Albers bemühte sich nun (vergeblich) um eine Aussprache mit Cullen. 1936 schied er ebenfalls aus der Kroger Grocery & Baking Co. aus und eröffnete nach dem Vorbild seines ehemaligen Bezirksdirektors einen eigenen Laden, den er erstmals als Supermarket bezeichnete. Es war der erste in Amerika – Cullen war der Schöpfer des Modells, Albers gab ihm nur den Namen, der schließlich die ganze Welt erobern sollte.»

Leider wissen wir nicht, wie Michael Cullen tatsächlich zu seiner Idee gelangte, wir haben aber in leicht idealisierter Form gesehen, wie der Kreative Kreislauf zu solchen Lösungen führen kann. Immerhin war Cullen Landsmann und Zeitgenosse von Walt Disney, dem ja später eine ähnliche Kreativitätsstrategie zugeschrieben wurde …

Der richtige Rahmen

Natürlich verläuft in der Praxis der Kreative Kreislauf nicht immer so glatt und reibungslos wie im vorgestellten Beispiel. Oft sind mehrere Durchläufe erforderlich, wobei nur allmählich eine Annäherung an mögliche Lösungen erfolgt. Die Kraft des Kreativen Kreislaufs speist sich aus den klar abgegrenzten Rollen, die jeweils für sich stehen, sich aber am Ende des Kreislaufs wieder optimal ergänzen.

Um die volle Identifikation mit der jeweiligen Rolle zu erreichen, sollte jeder Position ein eigener Platz zugewiesen werden. Arbeitet man allein, so empfiehlt es sich, drei großformatige Blätter mit den Namen der jeweiligen Positionen, also mit «Träumer», «Kritiker» und «Realist», zu beschriften. Diese Blätter können entweder auf dem Boden oder auf einem Tisch kreisförmig angeordnet werden. Beim Wechsel der Rolle sollte unbedingt auch der Steh- oder Sitzplatz entsprechend gewechselt werden. Auch wenn dies vielleicht nicht spontan einsichtig ist: In verschiedensten Bereichen angewandter Psychologie, von der Gestalttherapie und NLP bis hin zu Familienaufstellungen, konnte eindeutig belegt werden, wie stark auch ein minimaler Ortswechsel den inneren Zustand und die damit verbundene Perspektive verändern kann.

Nach jeder Runde sollten die wichtigsten Zwischenergebnisse stichpunktartig notiert werden. Zudem kann es Sinn machen, den gesamten Kreislauf nach jedem Durchgang von einer neutralen Metaposition aus zu betrachten. Auch diese Position sollte gesondert markiert und der entsprechende Platz eingenommen werden.

Der Kreative Kreislauf im Team

Bei der Arbeit im Team ist diese vierte Position unverzichtbar, darum werden wir sie weiter unten genauer ausführen.

Im Team ist der Kreative Kreislauf aus mehreren Gründen besonders wertvoll. Zum einen sind in den meisten Teams die typischen Rollen fest verteilt und fixiert. Es gibt häufig Teammitglieder, die von originellen Ideen übersprudeln, denen jedoch die Bodenhaftung fehlt. Ebenso ist der ewige Kritiker und Nörgler anzutreffen, der stets das Haar in der Suppe findet und für den der Becher immer halb leer ist. Genauso sind tatkräftige Realisten zu finden, die verschiedene Aspekte nüchtern betrachten und gegeneinander abwägen können.

Das gegenseitige Verständnis zwischen diesen Grundtypen ist im Allgemeinen gering. Je nach Gesamtpersönlichkeit und hierarchischer Position in der Firma wird zumeist eine der Rollen dominieren. Beim Kreativen Kreislauf im Team nimmt auch der ewige Nörgler einmal die Rolle des Träumers ein, und der abgehobene Phantast findet als Kritiker fundierte Einwände. Auf diese Weise kann es jedem gelingen, die eingefahrenen Gleise zu verlassen und durch die Augen der anderen zu sehen. Dies verbessert nicht zuletzt die gesamte Atmosphäre im Team.

Überdies bleiben bei normalen Teambesprechungen viele wichtige Argumente ungesagt. Der potenzielle Ideenlieferant fürchtet die Blamage und die scharfe Zunge des Kritikers beziehungsweise seines Chefs. Umgekehrt werden berechtigte Einwände nicht ausgesprochen, da man sein Gegenüber nicht kränken und verärgern möchte.

Im Rahmen des Kreativen Kreislaufs erhält jede Rolle ihren eigenen Schutzraum. Der Träumer hat gar keine andere Aufgabe, er *soll* träumen und phantasieren. Dem Kritiker ist nur aufgetragen, mögliche Probleme aufzuspüren. Und der Realist *soll* die Argumente bewerten und zusammenführen. Sehr wichtig ist als Grundregel im Teamprozess, dass nur die jeweils aktive Rolle redet und nicht unterbrochen werden darf. Auch darf sich jegliche Kritik nur gegen den Vorschlag, niemals gegen die Person richten. Auf diese Weise kann ein anregender und konstruktiver Austausch eingeleitet werden, der sich auch positiv auf die gesamte Stimmungslage auswirkt.

Nun zur bereits erwähnten vierten Position bei der Anwendung des Kreativen Kreislaufs im Team.

Der Moderator oder die Metaposition

Diese Rolle ist sehr wichtig. Der Moderator betrachtet den Ablauf neutral von außen. Er sorgt dafür, dass der jeweilige Akteur in seiner Rolle bleibt und nicht unterbrochen wird. Er unterstützt den jeweiligen Akteur durch seine Fokusfragen. Zudem achtet er darauf, dass die vereinbarte Redezeit nicht überschritten wird. Er hält die grundlegenden Ideen der Akteure in Form von Stichpunkten fest.

Auf dem Tisch werden vier Blätter ausgelegt, die die jeweilige Rolle markieren. Der Moderator bestimmt, welcher Teilnehmer als Träumer beginnt. Dieser nimmt auf dem als «Träumerposition» ausgewiesenen Stuhl Platz. Danach übernimmt der im Uhrzeigersinn neben ihm sitzende Teilnehmer die Rolle des Kritikers, der im Uhrzeigersinn nächste die Rolle des Realisten. Jede Position hat maximal drei Minuten Redezeit. Der Moderator achtet darauf, dass der Akteur in seiner Rolle bleibt und die Zeit einhält. Nachdem Träumer, Kritiker und Realist gesprochen haben, fasst der Moderator die Ergebnisse dieser Runde zusammen. Da der jeweilige Moderator bei jedem Durchgang beschäftigt ist, sollte einer der beiden gerade freien Teilnehmer die wichtigsten Ideen und Argumente als Stichpunkte notieren.

Im zweiten Durchgang werden der Träumer zum Kritiker, der Kritiker zum Realisten, der Realist zum Moderator und der Moderator zum Träumer. Nach vier Runden sollte jeder Teilnehmer jede Rolle einmal übernommen haben. Der Wechsel der Sitzplätze in jeder der vier Rollen ist sehr wichtig, um schnell eine neue Perspektive einnehmen zu können.

Was ist Kreativität?

Aus Sicht des *Königsplans* interessiert uns nun besonders, wie wir den Träumer in seiner kreativen Arbeit unterstützen können. Doch auch Kritiker und Realist können kreative Einfälle gut gebrauchen. Was ist Kreativität überhaupt? Wie entstehen kreative Ideen in uns? Wie können wir diesen Prozess fördern und die schöpferische Quelle zum Sprudeln bringen?

In der ursprünglichen lateinischen Wortbedeutung steht «Kreativität» für «schöpferisches Vermögen». Im *Königsplan*-Modell definieren wir Kreativität einfach als *die Fähigkeit, neue und sinnvolle Ideen oder Werke hervorzubringen.* Wir können auch bestimmte sinnvolle, spontan durchgeführte Handlungen mit einschließen. Dabei ist der wertende Begriff des Sinnvollen sehr subjektiv und weit gefasst, er umspannt ebenso die erste Malerei eines kleinen Kindes wie eine bahnbrechende neue Erfindung. Zum Begriff des Neuen ist anzumerken, dass dieses nicht «aus dem Nichts entsteht», sondern einer Verknüpfung oder Veränderung schon vorhandener Elemente entspringt.

Führen wir diesen Gedanken weiter, so steht Kreativität für die Fähigkeit, im rechten Moment auf geeignete Wissens- oder Erfahrungselemente in uns zuzugreifen, sie geschickt mit anderen Elementen zu verknüpfen oder sie sinnvoll zu verändern. Jedes Mal, wenn dieser innere Zugriff ohne bewusste Steuerung erfolgt, wenn also Ideen in uns entstehen oder wir spontan Werke schaffen, deren Herleitung wir nicht erklären können, betreten wir das Reich des Unbewussten und der Intuition. Wie die viel gebrauchten und oft wenig durchdachten Begriffe Kreativität, Intuition und Unbewusstes in unserem Modell zueinander in Bezug stehen, werden wir nachfolgend betrachten. Auch hier macht begriffliche Schärfe Sinn, da sie Klarheit in unser Denken bringt. Erst aus dem so gewonnenen Verständnis entspringen gezielte, *bewusste* Aktionen, die unsere im *Unbewussten* verankerte Intuition und damit auch die Kreativität fördern.

Gerade in jüngster Zeit hat sich die Wissenschaft ernsthaft um die für unser Leben entscheidend wichtige Intuition und ihre Erforschung bemüht. Im 20. Jahrhundert, dem Jahrhundert der Ratio, wurden intuitive, nicht verstandesmäßig begründbare Einsichten zumeist nicht respektiert und bestenfalls als esoterischer Kram belächelt. So klagte kein Geringerer als Albert Einstein: «Es ist paradox, dass wir heute angefangen haben, den Diener zu verehren und die göttliche Gabe zu entweihen.» Bei diesem poetischen Gleichnis steht der Diener für den rationalen Verstand, die göttliche Gabe aber für die Intuition, die Einstein besonders hoch schätzte.

Für ebenso unberechtigt halten wir jedoch den aktuellen Trend, die Ratio so zu degradieren oder gar zu verteufeln, wie es zuvor der Intuition wiederfuhr. Unter der Voraussetzung, dass ein erforderliches Minimum an Zeit vorhanden ist, wirken beide in harmonischer Verbindung am besten. Je knapper jedoch die verfügbare Bedenk- und Entscheidungszeit ist, desto größer wird der Anteil der Intuition sein, die die besondere, oft überlebenswichtige Fähigkeit besitzt, auch blitzschnell zu reagieren. Die Intuition führt uns häufig zu den richtigen Schlüssen und Entscheidungen, keineswegs aber immer.

Typische Fehlleistungen der Intuition

Da wir es für bedeutsam halten, diese Behauptung eindeutig zu belegen, folgen nun einige unterschiedlich komplexe Beispiele, die die Fehlbarkeit unserer Intuition beziehungsweise unseres Urteils auf den ersten Blick belegen.

Was erkennen Sie in folgender Abbildung auf den allerersten Blick? Sehr schnell enträtselt unsere intuitive Mustererkennung das folgende berühmte Bild des dänischen Psychologen Edgar Rubin: «Ganz klar, das ist ein weißer Kelch.» Oder aber: «Natürlich, das sind zwei schwarze Gesichter.» Die meisten Menschen müssen ihre Ratio einsetzen, um das jeweils andere, verborgene Muster zu erkennen. Unser Verstand kann unsere Aufmerksamkeit bewusst steuern und sie entweder auf den weißen oder aber den schwarzen Bereich fokussieren. Erst jetzt können wir nach Belieben zwischen den beiden Abbildungen wechseln.

Bei den Abbildungen mit jeweils im Kreis angeordneten Kugeln auf Seite 120 werden wir spontan überzeugt sein, dass die in der Mitte befindliche rechte Kugel größer als die linke mittlere Kugel ist. Erst Nachmessen oder aber das Wissen um die Prinzipien optischer Illusionen können uns überzeugen, dass die mittleren Kugeln in Wahrheit gleich groß sind. Unser Gehirn schätzt Größen in Relation zur Umgebung ein – hier den kleineren und größeren Kugeln, die jeweils die mittleren Kugeln umgeben.

Abb. 2: Optische Täuschung (1)

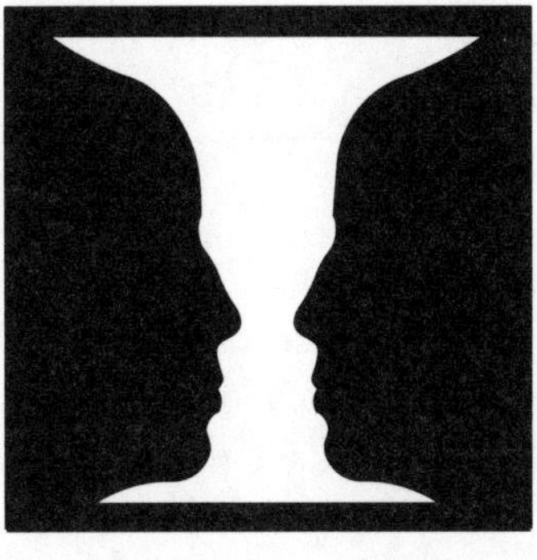

Abb. 3: Optische Täuschung (2)

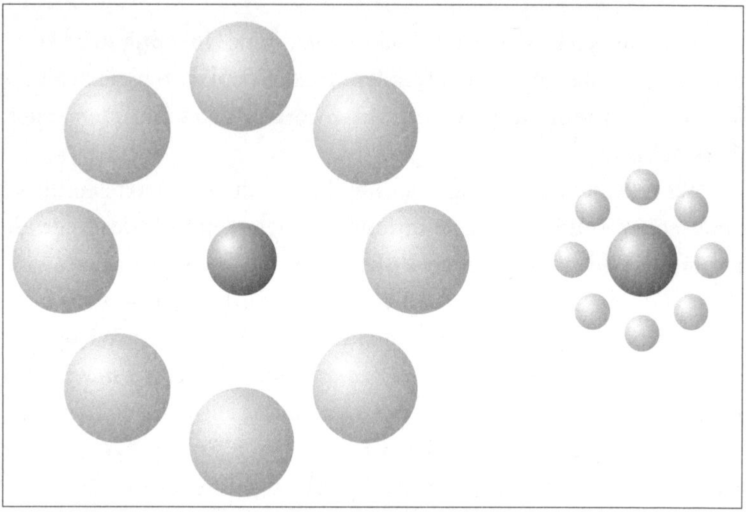

Abb. 4: Das Ziegenproblem

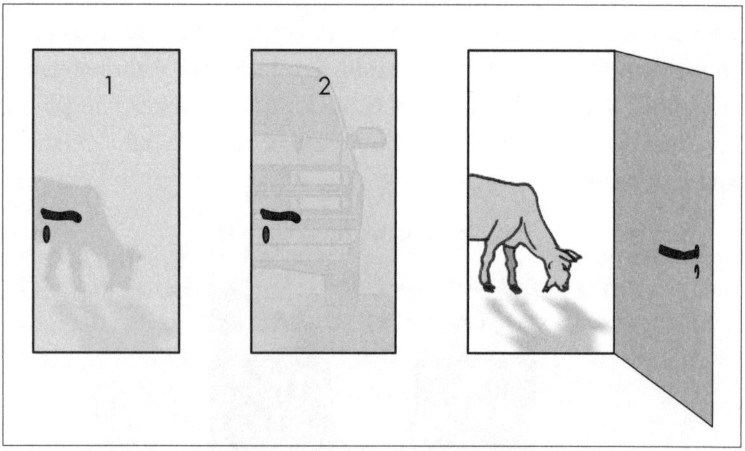

Ebenso wird beispielsweise die kindliche Intuition das Schlucken einer übelriechenden, schwärzlich-klebrigen Flüssigkeit verweigern. Erst die durch ein nervenstarkes Elternteil verkörperte Ratio kann im günstigen Fall vom Wert des Hustensaftes zur Genesung überzeugen.

Der intuitiv ausgelöste Reflex vieler Menschen bei einer gerade auf der Hand gelandeten Wespe besteht in Aufspringen und wildem Fuchteln. Die Stichwahrscheinlichkeit wird jedoch deutlich reduziert, wenn sich die Stimme der Vernunft durchsetzt, die völlige Ruhe und Entspannung empfiehlt, da die Wespe nur bei einer gefühlten Bedrohung sticht.

Ein weiteres, deutlich komplexeres Beispiel für mögliche Fehlleistungen unserer Intuition stellt das berühmte Ziegenproblem» dar.

Der Name leitet sich aus der amerikanischen Gameshow «Let's make a deal» ab. Dabei konnte der jeweilige Kandidat ein Auto gewinnen, das hinter einer von drei Türen verborgen war. Dazu musste der Kandidat die richtige Tür mit dem Auto erraten, hinter den beiden anderen Türen befanden sich Ziegen und somit kein Gewinn. Die Wahrscheinlichkeit für einen Treffer betrug also zunächst 1:2. Dem Showmaster war die Verteilung hinter den Türen bekannt. Er öffnete nun eine der beiden Türen, auf die der Kandidat nicht getippt hatte, und zeigte eine der beiden Ziegen. Damit war klar, dass sich das Auto hinter einer der beiden verbleibenden Türen verbergen musste. Nun kommen wir zum kritischen Moment: Jetzt bot der Showmaster dem Kandidaten an, von der anfangs getippten Tür auf die andere verbleibende Tür zu wechseln, damit also zu wetten, dass sich das Auto hinter der nicht getippten Tür befinde. Damit verbindet sich die für unser Thema spannende Frage: Was sagt unsere mathematische Alltagsintuition zu der Problematik? Bringt es dem Kandidaten einen Vorteil ein, die getippte Tür zu wechseln, oder ist das völlig egal? Fast alle Menschen werden spontan und mit einiger Überzeugung argumentieren, dass es sich doch um eine Wahl zwischen zwei unbekannten Alternativen ohne weitere Information und somit in jedem Fall um eine 50:50-Chance handelt – es sei ganz egal, ob der Kandidat wechselt oder nicht.

In ganz Amerika entbrannte damals eine erbittert geführte Debatte, als Marilyn vos Savant, damals nach IQ als «klügster Mensch der Welt» gelistet, öffentlich eine ganz andere Meinung vertrat. Sie behauptete, dass ein Wechsel der Tür die Wahrscheinlichkeit auf einen Treffer gar verdoppele! Nicht zu wechseln wäre also als schwerer Fehler zu bewerten. Eine Flut von Leserbriefen ergoss sich über sie, die von Zweifeln an ihrem Grundwissen in Wahrscheinlichkeitstheorie bis hin zu Schmähungen wie «Sie sind selbst eine Ziege» reichten. Darunter waren auch viele Schreiben von Mathematikern, Universitäten und Akademien, die Frau Savants Lösung für völlig falsch erklärten.

Wer hat recht? Sie werden schon erraten haben, dass sich Frau Savants analytischer Verstand hier gegen den Rest der Welt behauptet. Nur eine klare rationale Betrachtung kann – zumindest für die Mehrzahl der Menschen – die richtige Antwort begründen. Es gibt verschiedene Ansätze, die Lösung zu beweisen beziehungsweise zu erklären. Am einfachsten stellen wir uns die drei Türen als zwei Mengen vor. Die erste Menge enthält die Tür, auf die der Kandidat im ersten Versuch tippt. Die zweite Menge enthält die beiden anderen Türen. Hier ist es glasklar, dass Menge 1 die erwähnte Wahrscheinlichkeit von einem Drittel besitzt, Menge 2 aber mit zwei Dritteln Wahrscheinlichkeit trifft. Sobald der Showmaster eine Tür aus Menge 2 öffnet, verbleibt in Menge 2 eine einzige Tür, hinter der sich das Auto befinden kann. An der Trefferwahrscheinlichkeit von Menge 2 hat sich jedoch durch das Öffnen der Tür nicht das Geringste geändert. Schwenken wir also auf Menge 2 um und wählen die dort verbliebene Tür, erhalten wir damit die dort von Anfang an vorhandene Wahrscheinlichkeit von 2:1 für einen Treffer und den Gewinn des Autos.

Ein anderer Erklärungsweg konzentriert sich auf die Konsequenzen des Wechsels. Falls Sie anfangs auf Tür 1 getippt haben, wäre es in nur einem einzigen von drei möglichen Fällen falsch zu wechseln: Nämlich genau dann, wenn sich das Auto tatsächlich hinter Tür 1 verbirgt. In den beiden anderen Fällen jedoch, wenn sich das Auto entweder hinter Tür 2 oder hinter Tür 3 verbirgt, ist es richtig zu wechseln. Zu wechseln verdoppelt also Ihre Chancen.

Sollten Sie nach diesen Erklärungen noch nicht überzeugt sein – und hier wären Sie in bester Gesellschaft hochkarätiger Wissenschaftler –, verbleibt der etwas mühsamere Weg, einfach alle Fallvarianten aufzulisten:

Gehen wir davon aus, dass wir uns als Kandidat für Tür Nr. 1 (T1) entschieden haben. Nun öffnet der Showmaster eine der beiden anderen Türen und zeigt eine dahinter befindliche Ziege. Somit sind nur noch zwei Türen verblieben. Hinter einer befindet sich das Auto, hinter der anderen die zweite Ziege. Nun müssen wir uns zwischen Variante A (Tür 1 beibehalten) und Variante B (Tür wechseln) entscheiden. Gibt es einen Unterschied, oder bleibt die Wahrscheinlichkeit auf einen Treffer jeweils gleich? Betrachten wir einfach die möglichen Fälle und ihre Konsequenzen:

Entscheidung A, Tür 1 (T1) beibehalten:

Fall 1:	T1 (Auto)	T2 (Ziege)	T3 (Ziege)	=	Treffer
Fall 2:	T1 (Ziege)	T2 (Auto)	T3 (Ziege)	=	Niete
Fall 3:	T1 (Ziege)	T2 (Ziege)	T3 (Auto)	=	Niete

Entscheidung A trifft das Auto also nur in einem von drei Fällen.

Entscheidung B, Tür wechseln:

Fall 1:	T1 (Auto)	T2 (Ziege)	T3 (Ziege)	=	Niete
Fall 2:	T1 (Ziege)	T2 (Auto)	T3 (Ziege)	=	Treffer
Fall 3:	T1 (Ziege)	T2 (Ziege)	T3 (Auto)	=	Treffer

Wie wir hier plastisch sehen, haben sich durch den Wechsel der Tür die Resultate in ihr Gegenteil verkehrt, und Entscheidung B trifft das Auto daher in zwei von drei Fällen. Das ist durchaus plausibel. Denn die vorangegangene Intervention des Moderators hatte ja folgende Konsequenz: Wenn die ursprünglich gewählte Tür eine Ziege verbirgt, *muss* hinter der verbleibenden Tür ein Auto sein!

Nun mag es sein, dass Frau Savant die richtige Lösung ganz spontan und intuitiv fand und im Gegensatz zu uns gar keiner rationalen Prüfung bedurfte. Das würde für diesen Fall bedeuten, dass Frau Savant über einen tieferen beziehungsweise reichhaltigeren Koffer an mathematischen Mustern verfügte als der Großteil ihrer Zeitgenossen. Zum

Abschluss des faszinierenden Ziegenproblems noch eine provokative Frage für Geistesakrobaten: «Was geschieht, wenn eine Tür mit Ziege geöffnet wird, *bevor* wir auf eine Tür getippt haben? Können wir jetzt noch die Trefferwahrscheinlichkeit beeinflussen oder nicht?»

Der innere Musterkoffer

Bevor wir uns dem Thema intuitiver Muster ganz allgemein widmen, illustriert ein kleines schachliches Beispiel recht schön, was darunter verstanden werden kann.

Hier sehen wir ein einfaches Muster oder Motiv zum Thema «Fesselung». Schwarz ist am Zug. Sein Springer ist durch weißen Läufer und Bauern attackiert, doch zu seinem Leidwesen darf er nicht ziehen, da sonst der weiße Läufer die noch viel wertvollere Dame schlagen könnte. Jeder gute Spieler verfügt über eine riesige Menge solcher Muster, auf die seine Intuition blitzartig zugreift.

Schwarz ist am Zug:

Fesselungsmotiv

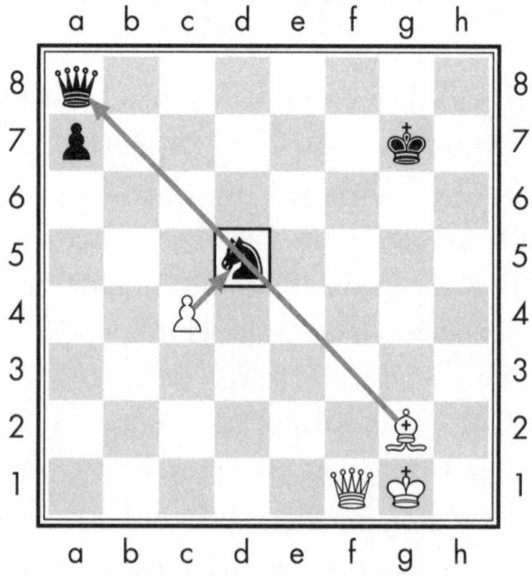

Schwarz am Zug

Der erfahrene Spieler erkennt schnell, dass der unglückliche schwarze Springer auf d5 in höchsten Nöten schwebt. Er ist vom weißen Läufer auf g2 sowie dem weißen Bauern auf c4 doppelt angegriffen und droht im nächsten Zug geschlagen zu werden. Zu gerne möchte er die Flucht antreten, doch wird der kundige Führer der schwarzen Steine diesem Wunsch des Springers mit Sicherheit nicht nachgeben. Denn würde der Springer ziehen, so wäre die schwarze Dame auf a8 ein leichtes Opfer für den weißen Läufer auf g2. Da die schwarze Dame weit wertvoller ist, wird Schwarz zähneknirschend das relativ geringere Übel wählen und den Springer seinem Schicksal überlassen. In der Schachterminologie spricht man sehr anschaulich davon, dass der schwarze Springer gefesselt ist. Das Konzept der Fesselung stellt eines aus einer riesigen Zahl von Grundmustern dar, mit denen ein guter Spieler geistig jongliert.

Nun betrachten wir einen zweiten Fall zum selben Thema.

Denktiefe

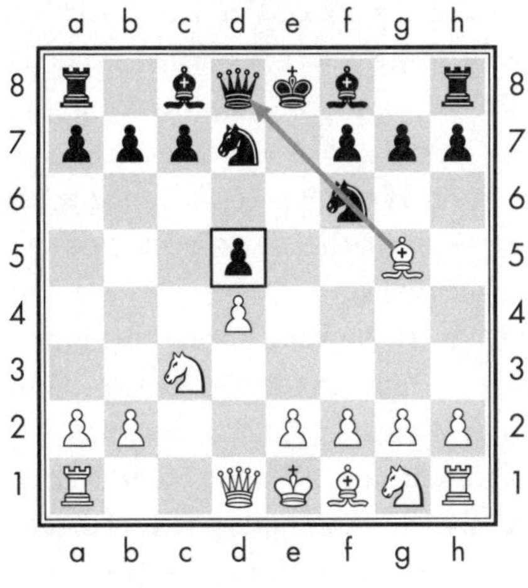

Weiß am Zug
Position nach 5. … e×d5

Weiß ist am Zug. Tatsächlich kann man hier gleichzeitig verschiedene Ebenen der Denk- und Erkenntnistiefe abhandeln. Was ist der spontane, intuitive Impuls eines Spielers auf der weißen Seite in dieser Stellung? Dies hängt vom erworbenen Musterkoffer und dem Zugriff seiner Intuition darauf ab. Der gerade erst regelkundige Spieler wird noch gar kein Muster erkennen und einfach irgendeinen zufälligen Zug, beispielsweise mit einem Bauern, ausführen. Ist ihm das Konzept des Schlagens schon vertraut, wird er freudig mit seinem Springer von c3 den schwarzen Bauern auf d5 schlagen und sich über die leichte Beute freuen. Hat er schon das Muster gedeckter Figuren und der Wertigkeit der Steine verinnerlicht, wird er jedoch zurückzucken: Schlägt sein Springer den schwarzen Bauern auf d5, so wird dessen schwarzer Widerpart auf f6 den frechen Raub bestrafen und wiederum den weißen Springer vom Brett entfernen. Da der Springer wesentlich wertvoller als der Bauer ist, wäre das für Weiß ein schlechtes Geschäft.

Damit haben wir die Musterebene der Fesselung erreicht. Schwarz erkennt, dass der Springer auf f6 durch den weißen Läufer auf g5 gefesselt ist, und wird den Bauern auf d5 mit gutem Gefühl verspeisen: **1. S×d5**, denn auf den schwarzen Zug **1. … S×d5** fällt die Dame des Schwarzen: **2. L×d8** mit einem erheblichen materiellen Gewinn für den Weißen. Jeder der vorgestellten Spielertypen arbeitet mit den in ihm vorhandenen Mustern. Dies allerdings nur unter der Voraussetzung, dass seine Intuition in guter Form ist und er schnell auf sie zugreifen kann. Nur eine eingehende rationale Prüfung kann ihn über dieses Muster hinausbringen.

Im vorliegenden Fall wäre Weiß in eine böse Falle getappt, da noch ein tiefer verborgenes, übergeordnetes Muster existiert, das nur im Musterkoffer fortgeschrittener Spieler existiert. Schwarz antwortet kaltblütig mit **2. … S×d5** und gibt seine Dame. Nach dem konsequenten **3. L×d8** folgt mit dem Schachgebot **3. … Lb4+** für Weiß ein böses Erwachen: Ein neues Muster zeigt sich, bei dem der weiße König so unglücklich von seinen eigenen Figuren eingeklemmt wird, dass ihn nur das erzwungene Rückopfer der weißen Dame retten kann:

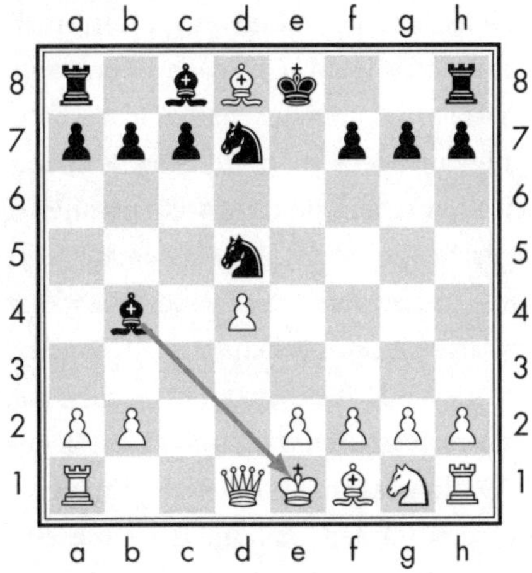

Weiß am Zug

4. Dd2. In der Endabrechnung hätte Weiß nach **4. … L×d2+ 5. K×d2 K×d8** eine Figur gegen nur einen Bauern eingebüßt und würde die Partie bei gutem schwarzem Spiel unweigerlich verlieren. Es ist aufschlussreich zu sehen, wie die verschiedenen angesprochenen Muster ineinander verschachtelt sind – wie die unterschiedlich großen Puppen einer russischen Matrjoschka.

Wir können vermuten, dass unsere Intuition auch in vielen anderen Bereichen auf ähnliche Weise funktioniert. Am Schachbeispiel haben wir gesehen, dass bei einer solchen Entweder-oder-Entscheidung auch ein primitiveres Muster («Achtung, der Bauer auf d5 ist geschützt!») zur richtigen Reaktion führt, nämlich nicht auf d5 zu schlagen. Dies geschieht dann allerdings mit einer falschen Begründung, was wir von einer übergeordneten Warte aus als Glück bezeichnen können.

Ebenso können wir in Bezug auf die Beurteilung anderer Menschen die richtige Entscheidung aus den falschen Gründen treffen. Um möglichst zuverlässige Resultate zu erzielen, sollten wir daher prüfen, inwieweit wir unserer Intuition in einer konkreten Situation vertrauen können. In vielen Katastrophenszenarien kann das sogar unser Leben retten. Es sind einige tragische Fälle überliefert, bei denen es zu Todesfällen kam, weil Menschen bei Bränden in Autotunnels instinktiv über Ausgänge nach oben flüchteten. Die nach oben steigende Hitzewelle gab ihnen jedoch keine Überlebenschance. Hier hätte eine kurze rationale Überlegung vielleicht eine Rettung ermöglicht. Umgekehrt existieren Berichte über erfahrene Feuerwehrmänner, die in Sekundenbruchteilen die Entscheidung trafen, ein scheinbar sicheres Gebäude zu räumen. Ein paar Momente nach der Evakuierung kam es zu einer von niemand sonst erwarteten schrecklichen Explosion.

Was ist der Unterschied? Die meisten Menschen haben keinerlei Erfahrungen mit Katastrophenszenarien und konnten entsprechend dazu keine intuitiven Muster anlegen. Bei einem erfahrenen Feuerwehrmann sieht das natürlich ganz anders aus. Im sehr empfehlenswerten Werk von Ben Sherwood «Wer überlebt?» werden viele dramatische Fälle von Flugzeugunglücken bis hin zu Raubüberfällen vorgestellt, in denen eine Phase ruhigen Reflektierens den Betroffenen das Leben rettete. So neigen Menschen, die sich im Wald oder einer sonstigen unübersichtlichen Landschaft verirren, dazu, instinktiv in eine beliebige Richtung zu rennen. Die Chancen darauf, gefunden und gerettet zu werden, sind jedoch meist deutlich höher, wenn die Betroffenen kaltblütig an Ort und Stelle ausharren. Ruhige Überlegung macht klar, dass eine rein zufällige Fortbewegung ohne Orientierung die Arbeit der Suchtrupps nur erschwert. Erfahrene Waldläufer könnten dagegen mit gutem Grund ihrer Intuition vertrauen und in eine «gefühlte» Richtung gehen.

All das führt zur anfänglichen These zurück: Unsere Intuition leistet Erstaunliches, sie ist jedoch auch anfällig für Fehler, die der Verstand bemerken kann. Ganzheitliches Denken und Planen bedeutet folglich, Intuition und Ratio zusammenzuführen.

So können Schachmeister oft in komplexer Lage auf einen Blick die richtige Fortsetzung finden. Der Beweis, wie wichtig die Kontrollfunktion der Ratio auch hier ist, kann dennoch leicht geführt werden. Denn die Qualität von Turnierschachpartien mit einer durchschnittlichen Bedenkzeit von zwei bis drei Minuten pro Zug und gelegentlichen langen Denkphasen in besonders kritischen Positionen liegt weit über Blitzschachpartien mit nur fünf Minuten pro Spieler und Partie. Hätte die moderne Fraktion recht, die die Ratio für alle Fehlentscheidungen verantwortlich macht und die Intuition zum alleinigen Herrscher im Reich des Entscheidens erhebt, müsste die Fehlerquote im Blitzschach deutlich geringer sein, was nachweislich Unsinn ist.

Im *Königsplan* streben wir daher ein harmonisches Wechselspiel zwischen Ratio und Intuition an. Wir sind überzeugt, dass das rechte Zusammenwirken dieser beiden Bereiche den wahren Schlüssel zu einem kreativen, ganzheitlichen Denken darstellt.

Zum Wesen der Intuition

«Eine aus dem inneren Menschen sich entwickelnde Offenbarung» ist eine auch aus heutiger Sicht knappe und scharfe Definition der Intuition durch Goethe. Der «innere Mensch» ist hier eine schöne Umschreibung des gesamten Unbewussten. Im philosophischen Wörterbuch von Georgi Schischkoff ist zur Intuition der Satz zu finden: «Durch unmittelbares Erfassen des Wesens der Dinge gewonnene Einsicht in den Wesenskern einer Sache.» Ein aktuelles und herausragendes Werk zum Thema Intuition ist das Buch von Gerd Gigerenzer «Bauchentscheidungen – Die Intelligenz des Unbewussten und die Macht der Intuition». Gigerenzer verwendet gerne den Begriff Bauchgefühl und schreibt: «Ich verwende die Begriffe Bauchgefühl, Intuition oder Ahnung austauschbar, um ein Urteil zu bezeichnen, 1. das rasch im Bewusstsein auftaucht, 2. dessen tiefe Gründe uns nicht ganz bewusst sind und 3. das stark genug ist, um danach zu handeln.» Gigerenzer führt das Grundprinzip auf zwei Elemente zurück: einfache Faustregeln sowie evolvierte, also im Verlauf der Evolution entwickelte Fähigkeiten. Besonders gut gefällt uns Gigerenzers Formulierung, dass «die Weisheit der Intuition darin besteht, aus verschiedenen bekannten Faustregeln die jeweils entscheidende hervorzuholen».

Diese Faustregeln würden jedoch im luftleeren Raum hängen, wenn sie nicht einer bestimmten Situation zugeordnet werden könnten. Die

Intuition muss also zunächst ein vorliegendes, schon bekanntes Muster erkennen und ihm dann die dazu passende Faustregel zuordnen. Die Abfolge bei einer aus der Intuition heraus erfolgenden Lösung eines Problems können wir uns also so vorstellen:

1. Äußerer Input, das Problem taucht auf.
2. Sehr schnell und unbewusst wird das Problem analysiert und aus den erkannten Aspekten ein Muster gebildet: Was steht hier im Vordergrund, was ist wirklich wichtig? Schon hier leistet unsere Intuition gewaltige Arbeit, da unzählige nebensächliche Informationen ausgeblendet werden und das Muster nur aus den entscheidenden Kernelementen gewoben wird.
3. Jetzt beginnt ein blitzschneller Suchlauf, bei dem Neuronenverbände in verschiedenen Bereichen des Gehirns zu feuern beginnen: Welche ähnlichen Muster haben wir schon erlebt, was hat dort zu einer Lösung geführt, was war falsch und zog einen Misserfolg nach sich? Auch der ganze Körper ist an diesem Prozess beteiligt – wir beginnen beispielsweise zu schwitzen, es grummelt im Bauch, die Wangen röten sich ...
4. Ein dafür zuständiges Gehirnareal (man vermutet heute, dass es sich dabei um den Temporallappen handelt) führt alle Meldungen zusammen und koordiniert sie.

5a: Im Falle einer rein intuitiven Lösung wird eine Faustregel aktiviert, die in einer möglichst ähnlichen Lage Erfolg hatte oder umgekehrt einen Fehler vermeiden half. Dies trifft beispielsweise bei Entweder-oder-Entscheidungen zu: «Kaufe ich das Auto oder nicht?»

5b: Im Falle einer kreativen Lösung werden mehrere Faustregeln kombiniert oder abgeändert, bis sie möglichst genau zum spezifischen Problem passen. Ein solcher Prozess kann durchaus auch wesentlich länger in unserem Inneren vor sich gehen, ohne uns bewusst zu werden. Im Bewusstsein macht sich das Auftauchen einer solch kreativen und effektiven Lösung durch ein starkes und positives Erregungsgefühl bemerkbar – ein solches Aha-Erlebnis ist immer auch eine kleine Erleuchtung.

In vielen Fällen wird uns die Arbeit der Intuition gar nicht bewusst, dennoch handeln wir nach ihr. So studiert ein erfahrener Personalchef die Unterlagen eines interessanten Bewerbers zunächst nach rationalen Kriterien: Passen Alter und berufliche Qualifikation, wie ist der familiäre Hintergrund, wie ist die Bewerbung geschrieben, wie sind Bewertungen und Zeugnisse?

Den Ausschlag geben wird aber in den allermeisten Fällen das spontane Bauchgefühl beim ersten persönlichen Kontakt mit dem Bewerber. Hier tritt die Intuition des Personalchefs auf den Plan: Sobald er das Gesicht, die Kleidung und die Bewegungen des Bewerbers sieht, seine Stimme hört, seinen Händedruck fühlt, das Aftershave oder aber den leichten Schweißgeruch riecht, läuft sein «innerer Mensch» auf Hochtouren. Was sind die entscheidenden Elemente in der Erscheinung des Bewerbers? Ist es die hohe Stimme, der kräftige Händedruck oder die leicht verkrampfte, vorgebeugte Körperhaltung? Blitzschnell wird aus den bestimmenden Faktoren ein Muster gebildet: «An wen erinnert mich dieser Bewerber? Wem ist er in seinen hervorstechenden Eigenschaften am ähnlichsten?» Und schon in Sekundenbruchteilen folgt der nächste Schritt: «Wie waren meine Erfahrungen mit jener ähnlichen Person? War sie mir sympathisch, oder gab es schnell Probleme?» Aus diesem Abgleich heraus meldet sich die Stimme der Intuition mit einem Ja-oder-Nein-Signal. Da dieser Ablauf aber unbewusst ist und man reine Gefühlsentscheidungen im Geschäftsleben oft mit Misstrauen beäugt, wird der Personalchef nicht selten die vorliegenden Fakten im Sinne seines Bauchgefühls interpretieren.

Ebenso wird im Geschäftsleben die Entscheidung über die Kooperation mit einem potenziellen Partner häufig nach einem persönlichen Treffen aus dem Bauch heraus gefällt. Diese landläufige Redewendung macht einigen Sinn, denn die Stimme der Intuition meldet sich nicht selten durch eine angenehme Wärme im Bauch – oder aber durch ein unangenehmes Ziehen und Zwicken.

So gut unsere Intuition auch oft funktioniert, im Idealfall sollten wir sie mit der Ratio zusammenführen. Bisweilen schützt eine genaue rationale Prüfung vor einem charismatischen Hochstapler. Oder aber wir erkennen, dass der Bewerber oder Geschäftspartner uns zwar an manchen Streit mit unserem Vater erinnert, dies aber seiner sonstigen Qualifikation keinerlei Abbruch tut – zumindest falls wir nicht direkt mit ihm zusammenarbeiten müssen …

Grundsätzlich können schnell und intuitiv gefundene Musterlösungen auch den Weg zu neuen und besseren Lösungen verstellen. Der Psychologe Merim Bilalic spricht in seiner preisgekrönten Promotionsarbeit über das Problemlöseverhalten von Schachspielern davon, dass sich das Gehirn gern auf gefundenen Lösungswegen ausruht. Nur sehr starken Meistern unter den Probanden seiner Studie gelang es, über das schon vorhandene Muster hinauszugehen und neue Wege zu finden. Dies gilt natürlich auch für verschiedenste Bereiche des Lebens, in denen wir immer wieder vertrauten Pfaden folgen. Der dem Denken der Schachmeister nachgebildete Kreative Kreislauf stellt jedoch ein wirksames Mittel dar, um unsere traditionellen Ansätze zu hinterfragen und zu verbessern.

Neben einer kritischen Prüfung unserer intuitiv-kreativen Einfälle dient die Ratio im *Königsplan* auch dazu, die Resultate genauer auszuarbeiten. Im Kreativen Kreislauf sowie auch auf den nächsten Stufen stimuliert die rationale Struktur unsere intuitiv-kreativen Kräfte und führt sie immer wieder gezielt an kritische Punkte der Planung heran. Bei der endgültigen Entscheidung über das rechte Vorgehen kommt wiederum der Intuition der Vorrang zu. Mit diesen Themen werden wir uns im vierten Kapitel ausführlicher beschäftigen.

Analog trifft der Schachmeister beim ersten Blick auf eine neue Position eine Auswahl aus einer gewaltigen Menge von Kriterien, wie zum Beispiel der Materialbilanz, der Frage der Königssicherheit, schwacher Bauern oder der Figurenaktivität. Alle grundsätzlichen Kriterien dieser Art, die der Bewertung einer konkreten Position dienen, können ohne weiteres mittels rationaler Systematik aufgelistet und mit dazugehörigen strategischen Faustregeln verknüpft werden.

Ebenso gehen Computerprogramme vor, die auf diese Weise den relativen Wert einer jeden möglichen Fortsetzung bestimmen. Frühere Computerprogramme wie beispielsweise der legendäre Kasparow-Bezwinger «Deep Blue» nutzten dazu die sogenannte «Brute-Force-Methode», die einfach sämtliche möglichen Fortsetzungen möglichst weit untersucht. Dabei können moderne Programme bis zu 300 Millionen Züge pro Sekunde berechnen. Der zugehörigen «Baumstruktur» werden wir im vierten Kapitel begegnen. Auf diesem Weg ist jedoch niemals Perfektion zu erreichen, da das Schachspiel durch die unvorstellbar große Anzahl an Möglichkeiten «geschützt» ist. So wird die Zahl der möglichen Positionen im Schach auf etwa 10 hoch 80 geschätzt – im Vergleich dazu werden die Elementarteilchen im bekannten Universum mit bescheidenen 10 hoch 50 veranschlagt. Der menschliche Meister dagegen trifft kraft seiner Intuition eine sinnvolle und erstaunlich präzise Vorauswahl unter allen möglichen Zügen. Er erkennt die jeweils hervorstechenden und in der gegebenen Lage entscheidenden Kriterien und kann daraus ein spezifisches Muster ableiten.

Eine gut funktionierende Intuition richtet den Fokus also sofort auf den absoluten Kern des Geschehens. Was steht in der konkreten Situation im Vordergrund? Im Schach sind kognitive Abläufe besonders gut zu analysieren und zu bewerten. Nicht ohne Grund wurde Schach auch scherzhaft als «Drosophila» der kognitiven Wissenschaften bezeichnet. *(So wie die Fruchtfliege als ideales Untersuchungsobjekt in der Genetik eine entscheidende Rolle gespielt hat, eignet sich das Schach wegen seiner klaren Struktur und seiner eindeutig überprüfbaren Resultate perfekt für die Untersuchung bestimmter geistiger Abläufe.)*

Verschiedene vergleichende Experimente mit Schachmeistern und Amateuren haben gezeigt, dass der Meister ganz allgemein keineswegs mehr rechnet als der Amateur, sondern vielmehr intuitiv sofort in eine gute und zielführende Richtung denkt. Dabei ist seine Zugselektion viel effektiver als die des Amateurs, schwache beziehungsweise sinnlose Züge werden von ihm zumeist erst gar nicht in Betracht gezogen, während der schwächere Spieler viel Zeit mit der Betrachtung von Möglichkeiten verbringt, die für eine gute Spielführung völlig unwesentlich sind.

Beim Blindschach, also dem Spiel ohne Ansicht des Bretts und der Figuren, «sieht» der Blindspieler stets nur einen Ausschnitt des gesamten Schachbretts vor seinem inneren Auge. Dem Lichtkegel einer Taschenlampe in einem dunklen Raum gleich, richtet sich der innere Fokus zunächst auf den Brennpunkt des Geschehens. Bevor aber über den nächsten Zug entschieden wird, lässt der Blindspieler seinen Lichtkegel über das ganze Brett wandern. Hier kommt wieder die steuernde und kontrollierende Hand der Ratio ins Spiel. Denn es gilt beispielsweise zu prüfen, ob nicht eine unbeachtete Figur als scheinbarer Statist in einem fernen Winkel des Bretts in einem künftigen Szenario die Hauptrolle übernehmen wird.

Bewusst und unbewusst

In unserem einfachen Anschauungsmodell umfasst der Bereich des Bewussten jenen Teil unserer inneren und äußeren Abläufe, den wir unmittelbar begründen und erklären können. Ein typisches Beispiel für einen bewussten Ablauf mit einem dazugehörigen Entscheidungsprozess im Alltag könnte so aussehen: Ich habe seit mehreren Stunden nichts mehr gegessen, verspüre daher Hunger, gehe zum Kühlschrank und bereite mir aus den davor gekauften Zutaten nach Kochbuch eine Mahlzeit zu, um das Problem zu lösen, sprich, meinen Hunger zu stillen.

Im Schach kann man sich eine forcierte, also zwingende Variante als Demonstration eines bewussten und gedanklich kontrollierten Ablaufs vorstellen: Ich sehe die Möglichkeit eines Schachgebots, auf das der Schwarze nur eine einzige mögliche Reaktion hat. Ein weiteres Schachgebot würde folgen, noch eines und dann das Matt, das ich schon vor Ausführen des ersten Schachgebots erkannt habe. In beiden Fällen könnte man den dahinterstehenden inneren Ablauf ohne weiteres plausibel darstellen, erklären und reproduzieren.

Wenn ich dagegen lange über einem schwierigen Problem gebrütet habe, ohne auch nur den Ansatz einer Lösung zu finden, um dann Tage später aus dem Halbschlaf hochzuschrecken und in gläserner Klarheit die richtige Vorgehensweise zu sehen, wird mich das zwar freuen, es wird mir aber kaum möglich sein, den dahinterstehenden Mechanismus präzise herzuleiten und zu wiederholen. Das wohl berühmteste Beispiel zu solch einem Vorgang ist eine wichtige Entdeckung des Chemikers August Kekulé im 19. Jahrhundert. Dieser brütete lange über die damals heißumstrittene Anordnung des Kohlenstoffs im Benzol. Plötzlich erschien ihm im Halbschlaf vor seinem inneren Auge das Symbol einer sich selbst in den Schwanz beißenden Schlange – der Benzolring war gefunden!

Abb. 5: Der Benzolring

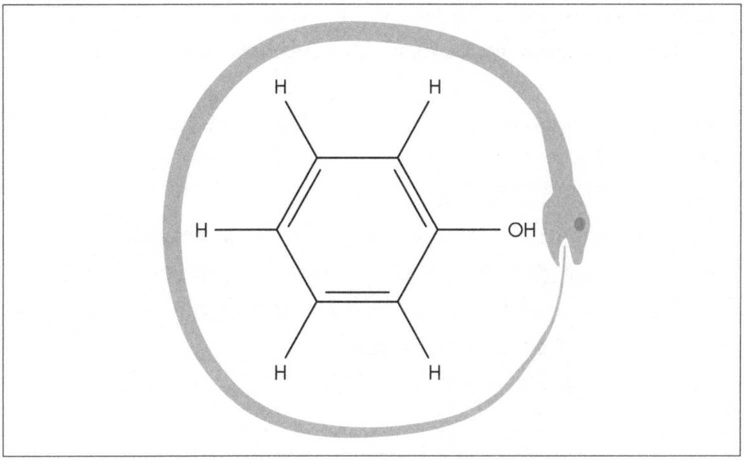

Der im Verhältnis zum Bewussten ungleich größere Teil des Unbewussten umfasst in unserem Bild all das in uns Verborgene, auf das wir keinen direkten willentlichen Zugriff haben und über dessen Auswirkungen wir nur spekulieren können. Um ein zeitgemäßes Modell zu verwenden, stellen wir uns das Bewusstsein als den Bildschirm eines Computers und das hier gerade aktive Programm vor. Das Unbewusste dagegen entspräche dem gesamten Inhalt der Festplatte, der zwar stets vorhanden, aber unseren Blicken entzogen ist.

Als gut funktionierende Intuition sehen wir somit jene entscheidende Fähigkeit an, aus dem gesamten Bereich des Unbewussten mit all seinen Erinnerungen, genetischen Informationen und Fähigkeiten zu schöpfen, ohne dass die Art dieses geheimnisvollen Ablaufs von uns ohne weiteres zu bemerken, zu steuern oder zwingend zu erklären wäre. Interessant ist die einfache und intelligente Formel des indischen Schachweltmeisters Viswanathan Anand für seine Intuition im Schach: «Intuition ist der erste Zug, den ich in einer Position sehe.» Tatsächlich handelt es sich dabei um ein gutes, nicht aber um das einzig mögliche Beispiel, wie unsere Intuition sich offenbaren kann. Ebenso wie unser gesamtes Denken aus dem inneren Gebrauch unserer Sinne besteht, gilt dies auch für die Erscheinungsformen der Intuition. Wir sehen innere Bilder, sprechen mit uns selbst beziehungsweise erinnern uns an Geräusche, stellen uns Gerüche und Geschmackserlebnisse vor und empfinden Gefühle als körperliche Sensationen. Ein anderer Spieler könnte also beispielsweise einen inneren Satz zu der gegebenen Position hören. In jedem Fall wird der endgültigen Entscheidung jedoch ein spezifisches Gefühl vorangehen.

Das, was Anand oder ein anderer Spieler auf den ersten Blick «sieht», *bevor* seine bewusste Denktätigkeit einsetzt, muss per definitionem dem Bereich des Unbewussten entstammen und somit in engem Zusammenhang mit der Intuition stehen.

Der Bezug von Unbewusstem, Intuition und Kreativität

Wagen wir nach all den Vorbetrachtungen nun also die Einordnung der Begriffe Unbewusstes, Intuition und Kreativität. Die Intuition entspringt dem Bereich des Unbewussten, sie findet im dortigen Wissens- und Erfahrungslager die zu einem Problem passenden Muster und befördert sie in Form eines Gefühls, eines inneren Bildes oder eines Satzes oder auch in Form einer spontanen Handlung an die Oberfläche des Bewusstseins. Kreativität ist ein besonderer Unterbereich der Intuition, sie verändert und verknüpft vorhandene Muster und schafft so Neues.

Wir glauben, dass fast alle unsere Entscheidungs- und Bewertungsprozesse unbewusste, also auch intuitive Anteile unterschiedlicher Gewichtung haben. Tatsächlich steht die Intuition am Anfang und Ende jedes Planungs- und Entscheidungsprozesses. Die Intuition gibt uns stets die Ausrichtung zu Anfang und die Bewertung am Ende vor. Sie ist Alpha und Omega unseres ganzheitlichen Denkens. Diese Thematik wird noch ausführlicher in Kapitel 4 untersucht.

Intuition und Kreativität gezielt fördern

Wenn wir metaphysische Aspekte ausklammern und gemäß obiger Vorstellung einfach annehmen, dass Intuition und Kreativität auf in uns Vorhandenes zugreifen, es verändern oder neu verknüpfen, stellt sich die praktische Frage, wie wir diesen unbewussten Vorgang bewusst unterstützen können. Bei den konkreten Maßnahmen unterteilen wir in zwei Bereiche:

1. Maßnahmen, die *längerfristig* unsere Intuition befördern und die Kreativität steigern;
2. Maßnahmen, die uns in einer gegebenen Situation *kurzfristig* unterstützen, kreative Ideen zu finden.

Die Effizienz unserer Intuition hängt stark mit der Funktionsweise unseres Gedächtnisses zusammen. Warum können wir uns manche Dinge auf Anhieb mühelos einprägen, aber im negativen Sinne manches Ereignis kaum vergessen, das wir nur zu gerne vergessen würden? Warum ist so vieles unserer Erinnerung anscheinend entschwunden, obwohl wir uns ausführlich damit beschäftigt haben?

Ein entscheidender Schlüssel findet sich in Form des «Etiketts» unserer im Gedächtnis aufbewahrten Inhalte. Unzählige Dinge sind im Speicher unserer Erinnerung gelagert, doch wie holen wir sie wieder hervor? Wir stellen uns ein gigantisches Ordnungssystem in unserem Inneren vor, bei dem jede einzelne Erinnerung spezifisch gekennzeichnet ist, ein eigenes Etikett besitzt.

Jener geheimnisvolle und so bedeutsame Anteil in uns, der als Archivar beschäftigt ist, muss somit zunächst den richtigen Bereich der großen Bibliothek betreten, um dort dann das richtige Buch hervorzuziehen und an die Oberfläche zu bringen. Diese Aufgabe wird umso leichter, je klarer und übersichtlicher die verschiedenen Kategorien eingeordnet sind und je eindeutiger das gesuchte Material gekennzeichnet ist. Dabei ist natürlich zu beachten, dass analog zur Struktur unseres Gehirns unzählige Querverbindungen und Verweise unsere innere Bibliothek durchziehen.

Auch weist die neuere Gehirnforschung darauf hin, dass der Vorgang des Erinnerns eine dynamische Qualität besitzt. Jedes erinnerte Szenario wird in gewisser Weise in uns wieder neu erschaffen und unter Umständen dabei verändert. So kann eine von uns oft erzählte Episode unserer persönlichen Vergangenheit unmerklich immer neue Ausschmückungen erfahren, die uns irgendwann als tatsächlich erlebte Realität erscheinen. Auf diese Weise werden beispielsweise manche Erlebnisse in unseren Erzählungen von Mal zu Mal mehr und mehr glorifiziert, bis wir selbst zutiefst an die lange zurückliegenden «goldenen Zeiten» glauben und entsprechend unglücklich mit der noch nicht veredelten Gegenwart sind.

Aus eben diesem Grund sind beispielsweise die Resultate polizeilicher Zeugenvernehmungen oder auch des tiefenpsychologischen Schürfens in der Vergangenheit mit Vorsicht zu betrachten. Nur zu leicht können unbeabsichtigt suggestive Fragen im Befragten etwas Neues erzeugen, was mit dem tatsächlichen Geschehen nicht mehr allzu viel zu tun hat. «Hatte der Mann nicht eine blaue Jacke an?» – «Ich weiß nicht recht …» – «Denken Sie nach, war sie blau oder nicht?» Nun mag es tatsächlich sein, dass der so scharf Befragte in seinem inneren Bild eine blaue Jacke konstruiert und dies für eine wiederaufgetauchte Erinnerung hält, obwohl es mit der erlebten Realität nichts zu tun hat. Ein Therapeut, der aufgrund bestimmter Symptome einen Missbrauch in der frühen Kindheit seines Klienten vermutet, könnte unbeabsichtigt mit suggestiven Fragen im Klienten ein neues Erinnerungsbild eines solchen Missbrauchs erzeugen, der in Wahrheit nie stattgefunden hat.

Bleiben wir beim Bild einer großen Bibliothek und der Frage des Etiketts, so ist es einleuchtend, dass ein auffällig mit buntem Rückenetikett gekennzeichnetes Buch wesentlich leichter auffindbar ist als eines mit einem Rücken, der dem vieler anderer Bücher ähnelt. Zu den wichtigsten Funktionen unseres Gedächtnisses gehört das sinnvolle Anlegen dieser Bibliothek. Dabei muss vor allem aussortiert werden, da wir ansonsten in «Datenmüll» ersticken würden. Nur wenn unser innerer Archivar davon überzeugt ist, dass es sich um einen wertvollen Inhalt für unser Langzeitgedächtnis handelt, wird er ihn überhaupt in die Bibliothek aufnehmen.

Kehren wir zum relativ gut untersuchten Beispiel schachlichen Denkens zurück. Das schachliche Wissen besteht je nach Spielstärke aus einem wohl bis zu 300 000 Cluster großen Fundus aus typischen Motiven und Wendungen, durchaus dem Wortschatz einer Sprache vergleichbar. Je besser diese Cluster organisiert, also geordnet und etikettiert sind und je besser unser Zugriff auf sie funktioniert, desto höher wird die schachliche Leistungsfähigkeit sein – bei gleichbleibenden anderen Komponenten wie Vorstellungskraft oder Nervenstärke und so weiter. Das Gleiche gilt natürlich für jeden beruflichen Bereich: Ohne Input in Form von Wissen und praktischer Erfahrung kann keine Intuition entspringen.

Erblickt ein Schachmeister eine neue Position, so wird der schachliche Wortschatz sofort aktiviert, und sowohl Intuition als auch Bewusstsein beginnen zu vergleichen. Welche ähnlichen Konstellationen sind bekannt, wie waren diese zu bewerten? Andererseits aber auch: Welche Unterschiede gibt es? Erst dieses innere Wechselspiel zwischen der Analogie mit einem bekannten Muster und den spezifischen Besonderheiten der gerade vorliegenden Position ermöglicht es, das vorhandene Wissen wirklich zu nutzen und effektiv einzusetzen. Auch hier begegnen wir dem Phänomen des parallelen Wechselspiels zwischen Ratio und Intuition, das für eine erfolgreiche Planung so bedeutsam ist.

Wie erinnert sich nun ein Schachmeister an eine bestimmte Partie gegen XY? Wie geht er vor? Erscheint als Erstes das Gesicht des damaligen Gegners? Oder die Eröffnungsvariante? Vielleicht fällt ihm zunächst eine besonders kritische Position oder ein dramatischer Moment ein? Sicherlich gibt es viele Wege, die zu dieser Partie zurückführen können, und die natürliche Erinnerungsfähigkeit ist bei jedem Menschen anders ausgeprägt. Doch zumindest in einem Punkt herrscht Übereinstimmung: Je höher die Bedeutung und damit der emotionale Gehalt dieser Partie war, desto klarer und schärfer wird das Erinnerungsbild sein. Die ungemein wichtige letzte Runde einer Klubmeisterschaft mit Schweißausbrüchen und Herzrasen wird klarer vor ihm stehen als eine vielleicht qualitativ bessere, aber relativ belanglose Freundschaftspartie.

Ebenso ist der einmalige Griff auf eine heiße Herdplatte viel einprägsamer als der tausendfache auf eine kalte. Eine abenteuerliche Bergtour, bei der wir uns verirrt hatten und von einem Gewitter überrascht wurden, wird uns als besonderes Erlebnis jahrelang im Gedächtnis bleiben, ein einförmiger «Traumurlaub» am Strand mit zwei Wochen Sonnenschein dagegen sehr bald gelöscht sein.

Dieses Prinzip erklärt übrigens auch, warum sich unser subjektives Zeitempfinden mit zunehmendem Alter stark verändert. Scheint in der Jugend mit starken emotionalen Höhen und Tiefen und einer Vielzahl neuer Eindrücke und Lernerfahrungen die Zeit sehr langsam zu vergehen, so beginnt sie im Alter mit zunehmend gleichmäßiger Lebensführung, deutlich weniger emotionalen Höhepunkten und wenigen grundlegend neuen Erfahrungen scheinbar zu rasen. Das immer ähnlich bis gleich Erlebte wird nicht mehr neu gespeichert, oder aber es überlagert das Vorangegangene.

Wir sind davon überzeugt, dass eine Optimierung unseres inneren Ordnungssystems nicht nur unsere bewusste Gedächtnisleistung, sondern auch unsere intuitiven Fähigkeiten verbessert. Welche Folgerungen können wir aus diesen Überlegungen ziehen?

Wie aus den vorangegangenen Erwägungen hervorgeht, sind Inhalte, die mit starken Gefühlen verbunden werden, weit besser abrufbar als langweiliger Einheitsbrei. Vielleicht erklärt dies auch die Erfolge einer superstrengen Altväterpädagogik mit Stock und Peitsche, wie sie in unseren Breitengraden noch vor nicht allzu langer Zeit betrieben wurde und in Asien zum Teil immer noch beliebt ist. Denn auch qualvolle Erfahrungen bleiben gut haften. Doch weisen die Ergebnisse moderner Hirnforschung ganz klar darauf hin, dass lustvoll erworbenes Wissen dauerhafter gespeichert bleibt. Und wie wir aus Stufe 1 des *Königsplans* wissen, wird letztere Variante auch unseren gesamten Leistungszustand positiv beeinflussen.

Wenn man sich einen wichtigen Inhalt trotz bewusster Anstrengung nicht gemerkt hat, gibt es dafür drei mögliche Gründe (hirnphysiologische Schädigungen natürlich ausgeklammert):

1. Man hat es nicht wirklich verstanden beziehungsweise kann es nicht korrekt einordnen.
2. Es interessiert einen nicht wirklich. So behalten Sportfans mühelos Torstatistiken, vergessen aber beispielsweise immer wieder die Telefonnummer der Schwiegermutter …
3. Man glaubt, dass man es nicht behalten / verstehen kann. Ein solcher einschränkender Glaubenssatz wirkt sehr stark im Sinn einer sich selbst erfüllenden Prophezeiung.

Nachfolgend differenzieren wir zwischen längerfristig angelegten und kurzfristigen Maßnahmen, die ganz allgemein oder aber unmittelbar die Intuition und damit die Kreativität fördern. Die wesentliche Frage, welche Umstände dafür sprechen, unserer Intuition zu vertrauen, und welche dagegen, wird in Kapitel 4 behandelt.

A: Längerfristige, allgemeine Maßnahmen, um unsere Intuition zu fördern

Wie schon angesprochen, muss in einem spezifischen Bereich zunächst Wissen und Erfahrung erworben werden, bevor unsere Intuition daraus Muster schaffen und schöpfen kann. Auch Genie entsteht nicht aus dem Nichts. Verschiedene Untersuchungen haben belegt, dass für Höchstleistungen, sei es als Klaviervirtuose, Schachmeister oder Tennisprofi, Tausende bis Zehntausende Trainingsstunden Voraussetzung sind. Als Mindestzeitspanne, um wirkliche Meisterschaft zu erlangen, werden heute etwa zehn Jahre veranschlagt. Bedeutsam sind dabei natürlich nicht nur die Quantität, sondern auch die Qualität des Trainings. Um uns zu verbessern, müssen wir im Training immer wieder über das schon Beherrschte hinausgehen. Uns interessiert hier jedoch, wie wir ganz allgemein die Arbeitsweise und Wirksamkeit unserer Intuition fördern können.

1. Zunächst sollten wir neuerworbenes Wissen nach dem Prinzip sortieren: Was ist neu, verblüffend für mich, was passt zu dem, was ich schon weiß? Kann ich einen starken emotionalen Bezug zum Thema schaffen? Was daran begeistert mich, was finde ich aufregend? Was ängstigt mich, was macht mir Sorgen?
2. Wirklich wichtige Inhalte sollten wir möglichst bunt etikettieren und mit einprägsamen Namen belegen. So arbeiten alle Gedächtniskünstler mit ungewöhnlichen Bildern, die sie beispielsweise Zahlen zuordnen. Die Erfahrung zeigt, dass eine Eselsbrücke umso besser funktioniert, je abstruser sie ist. Hier darf unsere Phantasie sich austoben.
3. Der beste Selbsttest besteht darin, das neue Wissen anderen so zu erklären, dass sie es ebenfalls verstehen. Wichtig ist dabei insbesondere, die neuen Inhalte zunächst für mich selbst scharf und klar zu formulieren. Was ist der Kern der Sache? Könnte ich das Prinzip auch ohne Erinnerung an Details rekonstruieren?
4. Gibt es typische körperliche Sensationen, die intuitive Erkenntnisse bei mir begleiten? Zu welchen Gelegenheiten treten sie auf? Wie waren die jeweils an unser Bewusstsein übermittelten Botschaften zu verstehen?
5. Bei längerfristigen, schwierigen Problemen lohnt es, die Aufgabe ein wenig ruhen zu lassen. Nachdem wir den inneren Fokus auf das Problem gerichtet haben, können wir darauf vertrauen, dass die Intuition auch ohne unser bewusstes Zutun weiterarbeitet. Diese Funktion können wir fördern, indem wir bewusst und vor allem ohne schlechtes Gewissen den Denkprozess loslassen oder gar im Sinne einer paradoxen Intervention den Vorsatz fassen, uns eine Zeitlang

gar nicht mehr mit dem Thema zu befassen. Sie können sich überraschen lassen, zu welcher Höchstform ihr inneres Lösungssystem dann aufläuft. Auch schlaflose Phasen der Nacht können zu neuen Einsichten genutzt werden. Da wir uns dann in einem ungewohnten, halbwachen Zustand befinden, liefert unser Gehirn nicht selten ebenso ungewöhnliche und neue Ideen. Günstig ist es in dieser Phase, ein Notizbuch, ein kleines Aufnahmegerät oder einen Pocket-PC mit sich zu führen, um plötzliche Geistesblitze sofort festzuhalten.

6. Wir sollten Gelegenheiten nutzen, unsere Intuition zu testen und Vertrauen zu ihr aufzubauen. Ein positiver Glaube wird stets unsere Intuition beflügeln. Versuchen wir also bewusst, bei komplexen Problemen sofort eine intuitive Bewertung zu treffen. Diese Bewertung sollten wir schriftlich festhalten – denn hier ist der späteren Erinnerung nicht zu trauen – und in der Folge kritisch prüfen. Wie oft war der erste Eindruck richtig, wann haben wir uns getäuscht? Gab es Typen von intuitiven Lösungen, die meistens falsch / richtig waren?

Das stellt gleichzeitig den Schnittpunkt zu kurzfristig wirksamen Maßnahmen dar. Den allerersten intuitiven Eindruck sollten wir unbedingt ernst nehmen. Evolutionär betrachtet, war es für uns schon zu Beginn der Menschheitsgeschichte in vielen kritischen Situationen überlebenswichtig, sofort den richtigen Eindruck zu gewinnen und blitzschnell zu reagieren. Darauf zielt das alte Sprichwort ab: «Nur ein Narr misstraut dem ersten Eindruck.» Wie wir schon wissen, macht es bei ausreichenden Zeitressourcen Sinn, unsere Intuition rational zu hinterfragen. In jedem Fall sollten wir aber ihr erstes Signal beachten und vormerken.

Falls bei einem Problem gar keine Idee zutage tritt, kann eine sinnvolle Frage sein: «Was ist mein allererster Gedanke und mein spontanes Gefühl dazu?» Auch wenn die Ratio das so produzierte Ergebnis zunächst nachsichtig belächelt, so wäre doch ein Ausgangspunkt für den Kreativen Kreislauf geschaffen, und nicht selten wird später einige Weisheit im ersten Impuls entdeckt. Entsprechend setzen Schachmeister in sehr komplexer und unübersichtlicher Lage, in der sich gar keine vernünftige Idee abzeichnet, einen naiven mentalen Testlauf ein. Was geschieht eigentlich, wenn ich den primitivsten, nächstliegenden Zug beziehungsweise Plan wähle? Auf diese Weise stößt man zumindest schnell auf ein grundlegendes Problem und hat einen Ausgangspunkt für die weitere Ideenfindung geschaffen, statt gedanklich hilflos im leeren Raum zu rudern.

Das allgemeine geistige Training lohnt nicht nur im rationalen Bereich, sondern auch für Intuition und Kreativität. Heute wissen wir, dass unser Gehirn bis ins hohe Alter formbar und entwicklungsfähig bleibt. Darin ist es unseren Muskeln durchaus vergleichbar. Krafttraining zwingt unsere Muskeln, auf die Beanspruchung durch Wachstum zu reagieren. Dabei wird bei Belastung zunächst das Potenzial der vorhandenen Muskelfasern voll ausgeschöpft. Ist dies nicht mehr ausreichend, kommt es zum Traum aller Bodybuilder: Die Muskeln wachsen. Stellen wir jedoch das Training ein, beginnen die Muskeln zu schrumpfen, und die Kraft lässt nach. Ebenso müssen wir unser Gehirn fordern, um es zu fördern. Bei richtiger geistiger Beanspruchung werden zunächst vorhandene neuronale Verbindungen gestärkt und dann, wenn erforderlich, auch neue Nervenzellen gebildet. Nicht mehr funktionsfähige Neuronen können durch neu entstehende ersetzt werden. Körper und Geist handeln stets «bio-logisch» und ökonomisch und stellen sich genau auf die aktuellen Erfordernisse ein.

B. Kurzfristige Maßnahmen, um kreative Ideen zu fördern

Im nächsten Schritt wenden wir uns ganz konkreten, akuten Maßnahmen zu, die in einem gegebenen Moment den Träumer und Visionär in uns unterstützen. Wie können wir zu neuen Ideen gelangen, wenn diese nicht von selbst aufsteigen oder wir mit den schon gefundenen Ideen nicht zufrieden sind?

Das Verständnis der inneren Abläufe führt uns zu zwei grundlegenden Ansätzen, deren Übergänge jedoch fließend sind:

Die Kraft des Perspektivwechsels

Wenn wir bewusst die Perspektive wechseln, also etwas Gegebenes aus einem anderen Blickwinkel betrachten, betrauen wir andere Hirnareale damit, die identische Sachlage zu untersuchen. Dadurch können ganz neue Ansätze entstehen. Eine erste, bewusste Ahnung von der Kraft des Perspektivwechsels erhielt Stefan Kindermann vor vielen Jahren im Zuge seiner Arbeit als Schachtrainer:

Mein damaliger Schachschüler war ein wirklich begeisterter und sehr fleißiger Spieler. Er investierte einen Großteil seiner Freizeit in die akribische Vorbereitung seiner Eröffnungssysteme. Von seiner Persönlichkeit her war er besonders vorsichtig veranlagt, was sich in einem sehr defensiven Spielstil niederschlug. Stets waren seine Gedanken im Schach auf mögliche Gefahren und deren Vermeidung gerichtet. Seiner schachlichen Entwicklung stand dieser Umstand jedoch im Wege, da es im Schach viele Situationen gibt, in denen Angriff die beste oder sogar die einzig mögliche Verteidigung darstellt.

Besonders drastisch trat dieses Problem in der folgenden, eigentlich völlig unspektakulären Position zutage, in der mein Schüler auf der weißen Seite sitzend den besten weißen Zug finden sollte. Die Bestandsaufnahme eines erfahrenen Spielers sollte schnell zeigen, dass der schwarze Angriff mit Dame und Turm nur ein Strohfeuer darstellt, da der treue Läufer auf g2 den weißen König zuverlässig beschützt. Viel realer sind die weißen Trümpfe am Damenflügel. Für die meisten fortgeschrittenen Spieler wäre der beste weiße Zug offensichtlich: Der weiße Turm dringt nach c7 auf die siebte Reihe vor, wo er reiche Ernte unter den schwarzen Bauern halten wird. Ein mögliches schwarzes Schachgebot auf h2 wird ohne weiteres durch den Sidestep des weißen Königs nach f1 abgewehrt. Mein Schachschüler jedoch war wie hypnotisiert durch die schwarzen Angriffsmöglichkeiten und suchte ängstlich nach Verteidigungszügen wie 1. Sf1 oder 1. Sf3, was jedoch dem Schwarzen erlauben würde, seine Position zu konsolidieren und die Einfallspforte am Damenflügel zumindest notdürftig zu verteidigen.

Alle Hinweise und zielführenden Fragen, die in Richtung 1. Tc7 führen sollten, prallten am Sicherheitsdenken meines Schülers wie an meterdicken Burgmauern ab. Schon begannen ernste Zweifel an meiner Trainerqualifikation in mir aufzusteigen, als mein eigener kreativer Teil sich erbarmte und die rettende Idee schickte: Aus defensivem Sicherheitsdenken und Angst muss eine aktive Waffe geschmiedet werden! Mit einem Ruck drehte ich das Brett, sodass mein Schüler nunmehr vor den schwarzen Steinen saß. Dies verband ich mit der unmittelbaren Frage: «Vor welchem weißen Zug hätten Sie hier als Schwarzer die größte Angst?» Wie aus der Pistole geschossen folgte in Sekundenbruchteilen die Antwort: «Natürlich 1. Tc7, dieser Zug sieht sehr stark und gefährlich aus!»

Mit den Augen des Gegners

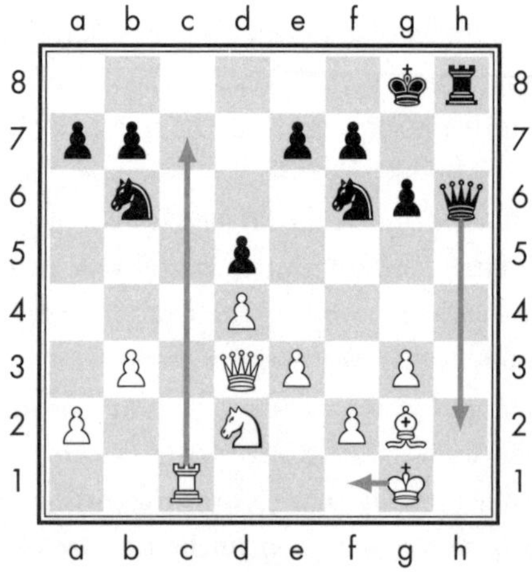

Weiß am Zug

Auch die Lösungsidee entsprang wohl einem unbewussten Perspektivwechsel. Statt Sicherheitsdenken und Angst vor scheinbar drohenden Gefahren weiterhin unter dem Aspekt eines Problems zu sehen, folgte ein Wechsel zum Blickwinkel: Einsatz des ungewöhnlich starken Sicherheitsdenkens als positive Kraft. Verbunden mit der Fokusfrage, die im Kreativen Kreislauf dem Realisten übertragen wird – «Gibt es einen anderen Kontext, in dem die Idee wirken kann?» –, führte dies zur Lösung, nämlich dem ängstlichen Blick auf die Position aus den Augen des Gegners.

Der erfahrene Schachspieler nimmt grundsätzlich bei jedem angedachten beziehungsweise vorausgeplanten Zugpaar sowohl die eigene als auch die Perspektive des Gegners ein. Nur wer auch durch die Augen des Gegenspielers sehen und so dessen Absichten erraten kann, wird zum guten Spieler. Die vorgestellte Methode des «Brettdrehens» findet übrigens auch bei starken Fernschachmeistern Anwendung, die ja pro Zug einige Tage Zeit zur Analyse haben.

Zudem setzen Meisterspieler eine andere, originelle Form des Perspektivwechsels ein, die jedoch nur selten ins Bewusstsein dringt und auch kaum thematisiert wird, da sie zunächst ein wenig kindlich klingt. Der Schachmeister kommuniziert mit seinen Figuren, versetzt sich in deren Lage und erfragt so ihre Wünsche und Sorgen. Auf diese Weise kann er den drängenden Wunsch seines abseits postierten Springers verstehen, endlich ins Zentrum und zum Brennpunkt des Geschehens geführt zu werden. Er erlebt die Angst seines Königs vor der drohenden Attacke oder den Traum seines Bauern, sich in eine Königin zu verwandeln. Hätte der vorsichtig eingestellte Schachstudent aus dem vorangegangenen Beispiel sich in die Perspektive seines eigenen kraftstrotzenden Turmes begeben, so wäre dies ein anderer Weg zum richtigen Zug gewesen.

Wie können wir diese aus dem schachlichen Bereich gewonnenen Ansätze in einen allgemeineren Kontext übertragen? Die übergeordnete Frage lautet:

«Wie sieht die Lage aus verschiedenen Perspektiven aus?»
In Michael Cullens Beispiel könnten wir die Perspektiven von Kunden, Konkurrenten, Verkäufern, Lieferanten und sogar Waren einnehmen. Was sind ihre Wünsche, was ihre Sorgen?

So erzählt eine erfolgreiche Designerin in einem Interview von ihrer Kreativitäts- und Erfolgsstrategie. Sie pflegt ihre Entwürfe vor sich aufzubauen und sie mit strenger Miene zu befragen: «Warum sollte jemand gerade dich kaufen?» Nur wenn das Produkt überzeugende Antworten bereithält, gibt sie ihm die Chance, auf den Markt zu kommen. Vor diesem Hintergrund lässt sich auch besser verstehen, warum intensive Rollenspiele mit Puppen, Kuscheltieren oder kleinen Spielfiguren für Kinder so wichtig sind. Auf spielerische Weise lernen sie so den inneren Rollenwechsel und trainieren die Fähigkeit, sich in andere Perspektiven zu versetzen, was später nicht nur ihre Kreativität, sondern auch ihre sozialen Fähigkeiten steigert.

Jüngere neurologische Forschungen haben gezeigt, dass wir über speziell dafür ausgebildete Nervenzellen, die Spiegelneuronen, verfügen, die uns erlauben, die Gefühle anderer Menschen nachzuempfinden. Die Fokusfrage nach der Perspektive eines anderen Menschen dient nicht zuletzt dazu, diese Neuronen zu aktivieren. In diesem Sinne kann es auch hilfreich sein, in die Haut eines bewunderten Vorbilds oder einfach eines besonderen Experten im jeweiligen Bereich zu schlüpfen. In einem hypnotischen Experiment wurde einem Schachamateur suggeriert, er sei der legendäre Schachweltmeister Paul Morphy, worauf der Amateur zwar kein meisterliches Niveau erreichte, sich aber sein Spielstil veränderte und die Qualität seiner Züge insgesamt zunahm.

Eine weitere oft unterschätzte Ressource zur kreativen Ideenfindung stellt der Humor dar. Viele Witze haben einen überraschenden Perspektivwechsel als Pointe. Betrachten wir einen auf den ersten Blick recht albernen Scherz:

«Ein Australier bekam einen neuen Bumerang geschenkt. Leider wurde er verrückt, als er versuchte, seinen alten Bumerang wegzuwerfen.»

Eine kurze Analyse zeigt, dass dieser Witz tatsächlich erstaunlich vielschichtig ist. Wir werden im ersten Satz kurz in die Freude über das Geschenk geführt. Dann nehmen wir die Perspektive eines Australiers von unnachgiebig sturer Konsequenz ein. Im Ergebnis müssen wir erkennen, dass hier der Bumerang zum Bumerang wird, und somit das zunächst positive Ereignis aus einer überraschenden Problemperspektive betrachten.

Auch einen beträchtlichen Reiz des Schachspiels machen scheinbar paradoxe oder auch groteske Wendungen aus, die von den Spielern als lustig empfunden werden. Oft übt eine besonders amüsante Idee eine unwiderstehliche Faszination aus und dient so als eine spezielle Vision.

Natürlich kann im allgemeinen Kontext Humor nicht verordnet werden, wir können ihn aber auch bei ernsten Themen zulassen. So wäre hier eine Fokusfrage: «Was ist witzig an der Sache?» Auch mittels einer paradoxen Intervention kann der Humor angeregt und eine völlig neue Perspektive eingenommen werden. Dazu würde eine typische Frage lauten: «Was muss ich tun, um mit Sicherheit zu scheitern?» (Zum Beispiel beantworten wir keine Anfragen von Kunden mehr, die Waren werden verschenkt usw.) Dies führt bei Teambesprechungen oft zu großer Heiterkeit. Als weiterer Vorteil gelingt es so, aus festgefahrenen Mustern auszubrechen.

Neben dem Perspektivwechsel gibt es eine zweite grundlegende Methode, um die Kreativität anzuregen:

Ideen verknüpfen und einbetten

Der Vorgang der Verknüpfung ist im Schach ebenso selbstverständlich wie alltäglich und wird als Kombination bezeichnet. Auch in der ursprünglichen lateinischen Bedeutung übersetzt sich «combinare» einfach mit «verknüpfen». Bei einer Schachkombination werden Motive miteinander verbunden, die für sich allein betrachtet keinen durchschlagenden Effekt hätten. So entsteht aus einzelnen schwachen Schnüren ein starkes Tau.

In der nachfolgenden, recht übersichtlichen Position ergibt die Materialbilanz klaren schwarzen Vorteil, da die Dame an Kraft dem Springer und zwei Bauern weit überlegen ist. Doch neben der statischen

Betrachtung des Ist-Zustandes sind dynamische Möglichkeiten einer dramatischen Stellungsveränderung unbedingt in Betracht zu ziehen. Dem fortgeschrittenen Spieler auf der weißen Seite ist völlig klar, dass er unbedingt entschlossen handeln muss, da sonst sein Untergang gewiss wäre.

Der Kreative Kreislauf könnte einige konkrete und zwei allgemein-abstrakte Ideen zutage fördern. Im ersten Zug wäre es dem weißen Springer möglich, entweder von e5 oder b4 aus dem schwarzen König Schach bieten. Er könnte aber auch von c5 oder f4 aus die schwarze Dame bedrohen. Die fünfte aktive Möglichkeit besteht im Vormarsch des d-Bauern nach d5, was sowohl den schwarzen König als auch die Dame angreifen würde. Auf jeden dieser Züge wäre die Antwort des «Kritikers» schnell gefunden, der schwarze Monarch beziehungsweise seine Gemahlin würden dem Angriff ausweichen beziehungsweise im fünften Fall den weißen Bauern schlagen. Nun sind neue kreative Ideen dringend erforderlich.

Neben den konkreten Zügen schlummern jedoch auch zwei allgemeine Kombinationsmotive in der Stellung. Dabei handelt es sich jeweils um die Idee eines Doppelangriffs. Der Grundgedanke liegt auf der Hand: Nur wenn *sowohl* der schwarze König *als auch* seine Dame angegriffen werden, ist Rettung in Sicht. Da die Sicherheit des Königs Vorrang hat, könnte so die schwarze Dame gewonnen werden. Ein solches Motiv entspricht der Vision oder dem Zielbild, das wir im fünften Kapitel ausführlich betrachten werden. Wir fragen uns also, wie ein solcher Doppelangriff aussehen könnte.

Schnell ist der Doppelangriff des Bauern identifiziert: Der im ersten kreativen Kreislauf verworfene Zug 1. d5+ wird im Schachjargon als Bauerngabel bezeichnet und entspricht den gesuchten Kriterien, da beide schwarzen Figuren angegriffen werden. Allerdings hatten wir ihn schnell verworfen, da sowohl die schwarze Dame als auch der König den Bauern schlagen könnten. Momentan ist kein Doppelangriff des Springers möglich, dazu müsste sich die Konstellation von schwarzem König und schwarzer Dame verändern. Es gibt verschiedene Anordnungen dieser beiden Figuren, die eine Springergabel ermöglichen würden. So wäre beispielsweise mit der schwarzen Dame auf dem Feld d5 der Zug Sb4+ eine klassische Gabel, die die schwarze Königin erobern würde. Ebenso wäre der schwarze König auf d5 für den wendigen Springer ein gefundenes Fressen, der dann mittels Sf4+ reiche Beute machen würde. Allerdings würde sich der Schwarze natürlich niemals freiwillig in eine solch verhängnisvolle Konstellation begeben – man müsste ihn dazu zwingen ... Mit Bauern- und Springergabel sind also zwei Ideen gefunden, die für sich allein jedoch wirkungslos bleiben. Erst geschickt verknüpft erlangen sie entscheidende Kraft:

Motive verknüpfen

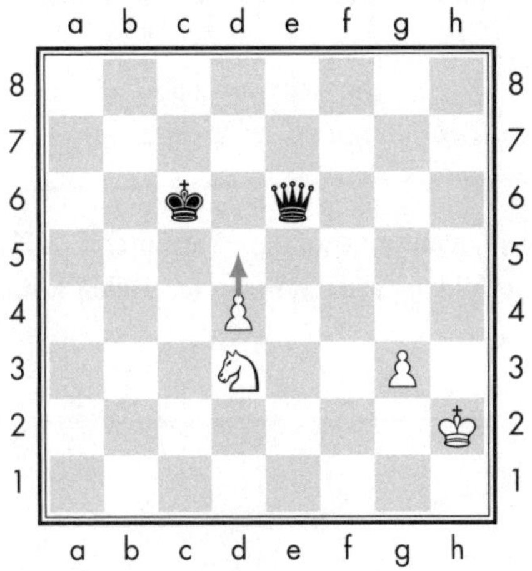

Weiß am Zug

In Wahrheit durchtrennt der zuvor verworfene Zug **1. d5+** auf elegante Art den gordischen Knoten. Da es sich um eine Bauerngabel mit Doppelangriff handelt, *kann* Schwarz nicht nur, er *muss* den frechen Bauern schlagen, da sonst seine Dame sofort verloren wäre. Damit bleibt nur die «Wahl der Qual»: **1. ... D×d5**, und die Springergabel funktioniert plötzlich: **2. Sb4+**.

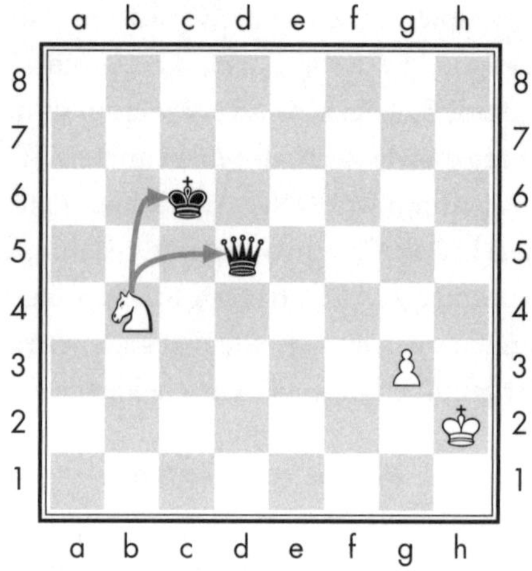

Schwarz am Zug
Position nach 1. … ♛×d5 2. ♘b4+

Oder aber wir stoßen auf eine analoge Variante: **1. … K×d5** (*Abbildung oben*), **2. Sf4+** (*Abbildung unten*), in beiden Fällen mit Damengewinn.

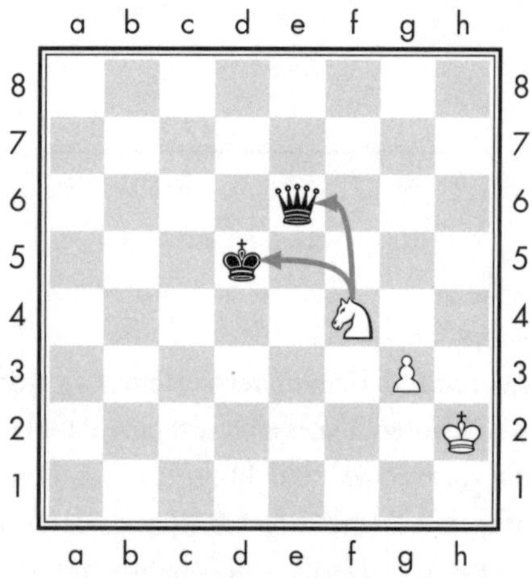

Schwarz am Zug
Variante mit 1. … ♚×d5 2. ♘f4+

In der Endabrechnung verbleibt Weiß mit dem Übergewicht eines Bauern, was zum Sieg ausreicht, da Weiß diesen Bauern bei korrektem Spiel in eine Dame verwandeln kann.

Tatsächlich gibt es keine scharfe Trennung zwischen dem Perspektivwechsel und der Verknüpfung, da die Verknüpfung einer Idee mit einer anderen Idee auch einen Perspektivwechsel zur Folge hat. Umgekehrt entstehen durch einen Perspektivwechsel neue Ideen, die sich mit den alten Ansätzen verbinden.

Bei der praktischen Umsetzung der Verknüpfung gibt es nun zwei Ansätze:
Entweder wir betrachten die schon generierten und als unzureichend verworfenen Ideen unter dem Blickpunkt der Fokusfrage: «Können wir zwei oder mehr der verworfenen Ideen miteinander verknüpfen oder aber eine der Ideen in einem anderen Kontext einsetzen?» So wurden in Michael Cullens Supermarktbeispiel die Ideen der Selbstbedienung, der größeren Ladenflächen und des Großeinkaufs miteinander kombiniert, für sich allein hätte keine von ihnen gewirkt.

Oder aber wir suchen zu einer Problematik einen völlig neuen, ungewohnten Bezug. In beiden Fällen ist es ausreichend, die zu verknüpfenden Elemente gemeinsam zu betrachten. Unser Gehirn wird ganz automatisch nach einer Verbindung suchen. Dies belegt der Ausspruch Leonardo da Vincis: «Präsentiert man dem Geist zwei Ideen gleichzeitig, so muss er sie in Verband bringen; denn er kann nicht über zwei separate Dinge gleichzeitig reflektieren.»

Bei der Suche nach einem gänzlich neuen Bezug stellt das von verschiedenen Kreativitätsforschern wie Edward de Bono oder Vera Birkenbihl empfohlene «Reiz- oder Zufallswort» eine probate Methode dar. Dazu genügt ein Lexikon oder auch ein anderes Buch, das wir irgendwo aufklappen, um dann den Finger auf ein beliebiges Wort zu legen.

Betrachten wir ein praktisches Beispiel aus der Ideensuche der Münchener Schachakademie. Hier ging es darum, eine klar definierte Zielgruppe durch Werbung zu erreichen und über das Angebot der

Schachakademie zu unterrichten. Bei erwachsenen Schachinteressenten handelt es sich häufig um Menschen, die früher schon ein wenig Schach gespielt hatten, dafür weiterhin einiges Interesse haben, jedoch durch Beruf und Familie für viele Jahre kaum Zeit für dieses Hobby erübrigen konnten. Nach Ende ihrer Berufslaufbahn kann Schach jedoch ein ideales Mittel sein, den Geist frisch zu halten, intellektuelle Genüsse zu erleben und neue Kontakte zu knüpfen. Für den Wiedereinstieg ins Schach wäre ein Kurs der Schachakademie eine gute Möglichkeit, doch wie erreicht das Angebot der Akademie die Interessenten?

Die meisten Menschen über 60 scheuen Veranstaltungen, die mit dem Label «Senior» verbunden sind, sodass alle Marketinganstrengungen über die Seniorenschiene wirkungslos verpuffen. Der klassische Kreative Kreislauf lieferte zunächst keine befriedigenden Resultate, sodass wir zum Zufallswort griffen. Dieses erbrachte das zunächst kryptische Wort «Walfisch». Überraschend schnell entstand daraus eine interessante Assoziationskette: In den Weiten der Ozeane sind Wale mindestens ebenso schwer aufzuspüren wie erwachsene Schachinteressenten in der Bevölkerung. Um Wale ohne Einsatz moderner Technologie zu finden, dient hauptsächlich ihre Fontäne als Spur. Man müsste also nach den «Fontänen» Ausschau halten, die Schachinteressenten hinterlassen haben. Dazu bietet es sich an, regionale Internetforen nach Einträgen zum Thema Schach zu durchforsten. Ebenso könnte man versuchen, alte Vereinslisten aufzutreiben.

Nun mag es wie ein Glückstreffer erscheinen, dass dieser Versuch so ergiebig war. Tatsächlich zeigt aber die Erfahrung, dass ein zufällig gewählter Begriff erstaunlich oft interessante Anregungen für ein festgefahrenes Problem liefert. Angelehnt an eine plastische Metapher Edward de Bonos, kann man sich die Funktionsweise des Zufallswortes so erklären: Stellen Sie sich die Lösung eines Problems als Ihren Heimweg vor. Um von Ihrem Arbeitsplatz nach Hause zu gelangen, benutzen Sie stets den gleichen Weg. Werden Sie an einem völlig anderen Ort der Stadt abgesetzt, müssen Sie einen neuen Weg zum selben Ziel finden. Analog erschließt das Zufallswort neue Denkbahnen zu einem Ziel.

Damit haben wir die Darstellung der Kreativitätsinstrumente des *Königsplans* abgeschlossen. Als grundlegende, übergreifende Methode bei der Suche nach neuen Ideen und tragfähigen Lösungsansätzen steht uns der Kreative Kreislauf zur Verfügung. Darüber hinaus haben wir verschiedene Möglichkeiten kennengelernt, um langfristig oder auch ganz akut unsere Intuition beziehungsweise Kreativität anzuregen.

Für viele komplexe Probleme ist jedoch auch eine präzise Planung erforderlich. In den nächsten Kapiteln werden wir mit dem aus großmeisterlichem Denken abgeleiteten Planungssystem das eigentliche Herzstück des *Königsplans* vorstellen. Für die Effizienz und den Erfolg dieses Systems stellt der Kreative Kreislauf eine wichtige Voraussetzung dar. Wir werden sehen, wie sich die hier gewonnenen Ansätze nahtlos in die weitere Planung fügen.

DER KREATIVE KREISLAUF IM ÜBERBLICK

Der Träumer (Visionär)

- Seine innere Grundhaltung ist Begeisterung, Neugier und Experimentierfreude.

Fokusfragen für den Träumer

- Was ist mein Traum?
- Was wäre das bestmögliche Ergebnis?
- Wie kann ich alle bisherigen Erwartungen übertreffen?
- Was ist neu, was wurde noch nicht versucht?
- Wie sieht die Lage aus verschiedenen Perspektiven aus?
- Welche unmittelbaren Folgeideen kommen mir zu meinem Vorschlag?

Der Träumer ist emotional-intuitiv.

Der Kritiker (Controller, Pessimist)

- Er weist auf die mit den Vorschlägen des Träumers verbundenen Probleme hin. Dabei sollte er aber nicht grundsätzlich negativ sein, sondern vernünftige Bedenken äußern. Dennoch, der Fokus liegt auf der Frage: Was kann schiefgehen?

Fokusfragen für den Kritiker:

- Wo könnte der Haken sein?
- Was sind die Risiken?
- Was ist der Preis für die geplante Aktion?
- Was wurde übersehen?
- Was wäre das Horrorszenario beziehungsweise der «worst possible outcome»?

Der Kritiker ist konservativ, vorsichtig und risikoavers.

Der Realist (der Bewerter)

- Er steht in der Schachmetapher für den konkreten nächsten Zug, also die tatsächliche Aktion, die Sinn macht. Er prüft die Argumente von Träumer und Kritiker und schafft die notwendige Synthese.

Fokusfragen für den Realisten:

- Was haben die Ideen des Träumers für sich?
- Wo sind die Bedenken des Kritikers berechtigt?
- Wie können wir das umsetzen?
- Was brauchen wir dafür konkret?
- Wie sind die Chancen?
- Gibt es verworfene Ideen, die wir zumindest teilweise in einem anderen Kontext nützen können?
- Können wir das Risiko eingehen oder es minimieren?
- Kann die Grundidee noch verbessert werden?

Der Realist ist objektiv, hat positive Energie, ist aber fest am Boden verwurzelt.

KAPITEL 4

Sinnvolle Suche

«Ein vernünftiger Plan macht uns alle zu Helden,
das Fehlen eines Plans zu kleinherzigen Dummköpfen.»
EMANUEL LASKER, Schachweltmeister 1894–1921

«Ja mach nur einen Plan
sei nur ein großes Licht
und mach dann noch 'nen zweiten Plan
gehn tun sie beide nicht»
BERTOLT BRECHT, Dreigroschenoper

Der Morgen des 16. Oktober 1962 beginnt für US-Präsident John F. Kennedy mit einem Schock. Im Zuge einer «militärischen Bestandsaufnahme» ist das damals hypermoderne U2-Aufklärungsflugzeug der US-Luftwaffe mit eindeutigen fotografischen Beweisen für die Existenz sowjetischer Mittelstreckenraketen auf Kuba zurückgekehrt. Diese Raketen sind atomar bestückt und haben die erforderliche Reichweite, um von Kuba aus verschiedene Ziele innerhalb der USA zu treffen. Inmitten des Kalten Krieges muss der US-Präsident auf solch eine Provokation reagieren. Auch innenpolitisch ist er durch markige Ankündigungen zur Lage auf Kuba gebunden. Grundlegende Entscheidungen von gewaltiger Tragweite sind jetzt zu treffen. Die Konsequenzen jedes Zuges in dieser politischen Partie werden erst ein ganzes Stück weit in der Zukunft offenbar. Bei jeder angedachten Aktion muss nicht nur die voraussichtliche Reaktion der sowjetischen Seite eingeplant werden. Auch das Verhalten anderer Nationen sowie das politischer Kräfte innerhalb der USA spielen eine wichtige Rolle. Klar ist nur, dass jeder Fehler eine unvorstellbare Katastrophe auslösen kann. Viele Historiker glauben, dass die nun folgenden legendären «13 Tage» die bisher gefährlichste

Phase in der Geschichte der Menschheit darstellen. Ein Fehltritt in Form einer falschen Entscheidung hätte damals den atomaren Weltkrieg bedeuten können.

Natürlich existiert zur Kubakrise eine längere und komplexe Vorgeschichte, in der die USA nicht gerade eine rühmliche Rolle spielten. Für den eigentlichen Auslöser war jedoch die Sowjetunion mit Premierminister Nikita Chruschtschow verantwortlich. Die Sowjetunion hatte gewaltige Anstrengungen unternommen, um die entgegen allen öffentlichen Versicherungen und Versprechen erfolgte Stationierung der Atomraketen auf Kuba geheim zu halten. Diese Tarnung war mit dem 16. Oktober 1962 aufgeflogen. Jetzt ist Kennedy am Zug. Schnell wird sein enger Beraterstab versammelt, dem unter anderem Vertreter des State Department, des Pentagons, der CIA sowie auch Kennedys Bruder Robert als Justizminister angehören. Hitzige Debatten beginnen, in deren Verlauf sich mit relativ friedfertigen «Tauben» und militanten «Falken» zwei etwa gleich große Lager bilden.

Aus *Königsplan*-Sicht ist das planerische Vorgehen zunächst gut. Die Bestandsaufnahme ist geschafft, die verfügbaren Fakten liegen auf dem Tisch. Nun werden im Sinne des Kreativen Kreislaufs verschiedene Ideen gesammelt und konkrete Vorschläge geäußert. Die Vielfalt der anwesenden Berater garantiert unterschiedliche Perspektiven. John F. Kennedy selbst übernimmt dabei die Rolle des Realisten, der Pro- und Kontra-Argumente beurteilt und unter ihnen eine Vorauswahl trifft. Welche Aktionsmöglichkeiten können in die engere Wahl gezogen werden? Einigkeit herrscht zunächst nur in dem Punkt, dass gehandelt werden muss. Die Nuklearraketen auf Kuba zu belassen kommt nicht in Frage. Würde man nicht reagieren, hätte das eine ständige Bedrohung Amerikas zur Folge. Vor allem würde sich die gesamte politische Balance zugunsten der Sowjetunion verschieben. Dem nächsten provokativen Akt, beispielsweise im umstrittenen Westberlin, wäre Tür und Tor geöffnet.

Am Rande des Abgrunds

Nach der ersten Krisensitzung, in der verschiedenste Ideen und Meinungen vorgestellt wurden, fasst Kennedy die Alternativen so zusammen:

1. Ein begrenzter Luftangriff auf die Raketenstellungen.
2. Ein allgemeiner Luftangriff auf alle militärischen Anlagen.
3. Ein allgemeiner Luftangriff, gefolgt von einer Invasion Kubas innerhalb von 5 bis 7 Tagen.

Die Variante «Nichthandeln und Abwarten» wird aus schon genannten Gründen ausgeschlossen.

Das erste Resümee des Präsidenten lautet: «Nummer 1 ist das Mindeste, was wir tun werden. Also sollten wir uns nicht mehr allzu lange aufhalten. Wir sollten mit den Vorbereitungen beginnen.»

Es ist der Kennedy-Regierung hoch anzurechnen, dass dies nicht das Ende des Kreativen Kreislaufs war. Rückblickend wissen wir heute, dass jede der drei zunächst angedachten Varianten mit hoher Wahrscheinlichkeit zu einer Eskalation des Konflikts und zumindest an den äußersten Rand des Atomkriegs geführt hätte. Kennedy selbst schätzte damals die Wahrscheinlichkeit einer solchen globalen Katastrophe auf «zwischen eins zu drei und eins zu zwei».

Vor der endgültigen Entscheidung kam zum Glück ein breites Spektrum weiterer Varianten ins Spiel, das von besonders friedfertig bis hyperaggressiv reichte:

4. Verschiedene diplomatische Initiativen, die eine Resolution der UNO gegen die Raketen anstreben und einen Keil zwischen Kubas Fidel Castro und Chruschtschow treiben sollten.
5. Ein direktes Verhandlungsangebot, bei dem ein Abzug der in der Türkei stationierten amerikanischen Raketen als Gegenleistung für den Abbau der kubanischen Raketen offeriert werden sollte.
6. Ein präventiver Nuklearschlag gegen die Sowjetunion.
7. Und als mittlerer Weg eine Seeblockade vor Kuba, um weitere Materiallieferungen für den Raketenausbau zu unterbinden.

Damit lag ein umfangreicher Fundus verschiedenster Ansätze vor, die von ihren jeweiligen Verfechtern mit ausführlichen Argumenten untermauert wurden.

Wie verlief der weitere Planungs- und Entscheidungsprozess? Welche Faktoren waren dabei ausschlaggebend? Wie sieht die ideale Struktur aus Sicht des *Königsplans* aus?

Auf Stufe 3, dem Kreativen Kreislauf, werden sinnvolle Aktionsmöglichkeiten gesucht und, falls erforderlich, neue und gehaltvolle Ideen entworfen. Bei der Sinnvollen Suche auf Stufe 4 geht es darum, die aufgespürten Ansätze genauer auszuarbeiten und die jeweiligen Konsequenzen zu prüfen. Wir versuchen also, uns mögliche Zukunftsszenarien vorzustellen, um unter ihnen eine Auswahl zu treffen. Hier gleichen wir einem Wanderer an einer Wegkreuzung, der über die Fortsetzung seiner Reise entscheiden muss. Dem Wanderer ist klar, dass am Ende jedes Weges ein ganz unterschiedliches Ziel auf ihn wartet, sei es bei der ganz linken Abzweigung ein Goldschatz oder hinter der ganz rechten eine mörderische Räuberbande. Nun gilt es unbedingt, Kenntnis oder zumindest eine zuverlässige Ahnung über die weiteren Verläufe der Wege zu erlangen. Nicht anders ergeht es uns bei einer kritischen Entscheidung zwischen mehreren Alternativen.

Als Hilfsmittel nutzen wir unsere auf Wissen und praktische Erfahrung gestützte Vorstellungskraft. Im Vergleich bedeutet das für den Wanderer die erstaunliche Fähigkeit, sein «inneres Auge» als Späher vorauszuschicken, um so Kunde von der weiteren Beschaffenheit der Wege zu erlangen. Erst durch den Vergleich der Endpunkte kann eine gute und fundierte Entscheidung über die Fortsetzung der Reise getroffen werden. Dieses Prinzip wird in der Spieltheorie knapp und klar beschrieben: «Vorausschauen, um von dort zurückzuschließen.» Wenn wir das Hier und Jetzt als Ausgangspunkt betrachten und uns einen in die Zukunft gerichteten Zeitstrahl vorstellen, so handelt es sich um ein vorwärtsgerichtetes Denken in Varianten.

Die dargestellte Abfolge von Kreativem Kreislauf mit Ideenfindung sowie der anschließenden Analyse der jeweiligen Konsequenzen macht dann Sinn, wenn noch kein eindeutiges Ziel auszumachen ist. So ging es zu Anfang der Kubakrise für Kennedys Regierung darum, das relativ Beste aus der explosiven Lage zu machen. Zwar hätte man ein ideales Ziel formulieren können, wie etwa die Vermeidung des Atomkriegs + den Abzug der Raketen + die politische Vormachtstellung der USA, doch wäre dies einem Schachspieler vergleichbar gewesen, der bei der Entscheidung über seinen ersten Zug schon über das spätere Matt grübelt. Natürlich haben die meisten von uns als übergeordnetes Ziel ein langes und glückliches Leben vor Augen, bei praktischen Entscheidungen in Beruf und Alltag wird uns dies jedoch wenig helfen. Anders verhält es sich, wenn ein sinnvolles und konkretes Ziel auszumachen ist. Der Ausgestaltung solcher Ziele ist das fünfte Kapitel gewidmet, dem planerischen Einsatz von Zielen das sechste.

Das skizzierte Vorausdenken in Varianten ist ein grundlegendes Werkzeug jedes guten Schachspielers. Wenn er auf das Schachbrett blickt, sieht er nur zu geringen Anteilen das momentan Vorhandene. Vor allem laufen vor seinem inneren Auge Filme von möglichen Zukunftsverläufen ab. So muss er sich vorstellen, wie die Position aussehen würde, wenn er den Springer schlägt, der Gegner darauf seinen König bedroht, dieser zur Seite zieht und so weiter. Die tatsächliche Stellung auf dem Brett dient ihm bei allen Zukunftsspekulationen als fester Anker, um aus dem Labyrinth der Möglichkeiten wieder zum Ausgangspunkt zurückzukehren. Es ist offensichtlich, dass hier das visuelle Vorstellungsvermögen eine große Rolle spielt, doch ebenso wichtig sind andere Elemente des Denkens, auf die wir noch eingehen werden.

Im Spiegel des Schachmodells

Auch auf Stufe 4 ist das Schachmodell sehr gut geeignet, um die optimale Planungsstruktur im Sinne des *Königsplans* darzustellen und zu begreifen. Bevor wir den weiteren Verlauf der Kubakrise betrachten, wenden wir uns daher wiederum dem schwarz-weißen Mikrokosmos zu. Zwar können im Schach nicht alle Elemente einer komplexen Situation wie der Kubakrise abgebildet werden, einige wichtige Prinzipien treten jedoch klar hervor. Dabei werden wir auch grundlegende Ansätze der Spieltheorie streifen, die ebenfalls Entscheidungsmodelle für derartige Probleme liefert.

Verzweigungen prüfen

HENRI RINCK 1905

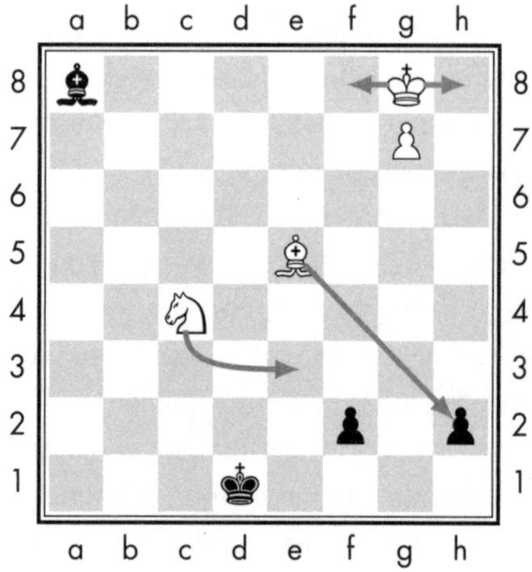

Weiß am Zug

Bei dieser relativ komplexen und taktisch angespannten Stellung handelt es sich um eine Komposition des berühmten Studienkomponisten Henri Rinck aus dem Jahr 1905. Der folgende gedankliche Weg zur Lösung demonstriert das grundlegende Vorgehen nach *Königsplan*-Systematik auf Stufe 4.

Wie wir sehen werden, lassen sich mit ein wenig Phantasie sogar Übertragungsmöglichkeiten zur Kubakrise finden.

Nachdem wir uns über Stufe 1 in einen wachen, entspannten und zuversichtlichen Zustand versetzt haben, schreiten wir zur gründlichen Bestandsaufnahme. Zwar fällt die Materialbilanz deutlich zugunsten des

Weißen aus, der einen Springer gegenüber einem schwarzen Bauern in die Waagschale werfen kann. Doch von den schwarzen «Atomraketen» auf f2 und h2 geht schreckliche Gefahr aus. Beide schwarzen Bauern sind nur einen Schritt von der Verwandlung in eine Königin entfernt, was vom weißen Standpunkt aus eine Katastrophe bedeuten würde. Es leuchtet unmittelbar ein, dass diese Monsterbauern entschärft werden müssen. Immerhin verfügt der Weiße in Form seines Bauern auf g7 ebenfalls über einen vergleichbaren Trumpf. Allerdings ist die Position des weißen Königs hinderlich. Dieser müsste zunächst zur Seite ziehen, um dem Bauern auf g7 den Weg zur Verwandlung zu ebnen.

Hier geht die Bestandsaufnahme nahtlos in den Kreativen Kreislauf mit Ideensuche über. Denn bei der Betrachtung der Wirkungskraft und Funktion der Figuren erkennen wir schnell, dass der weiße Läufer den schwarzen Bauern auf h2 im ersten Zug schlagen könnte. Ebenso wären dem Springer Schachgebote auf b2 oder e3 möglich. Als weitere wesentliche Ideen sind Züge des weißen Königs nach f8 oder h8 möglich, um die schon erwähnte Verwandlung des Bauern zu ermöglichen.

Zu beachten ist, dass ganz zu Anfang unserer Überlegungen kein eindeutiges Ziel auszumachen ist: Wir wissen noch nicht, ob es realistisch ist, auf einen Sieg zu hoffen, oder ob hier ein Unentschieden das höchste der Gefühle wäre. Immerhin ist im vorliegenden Beispiel unsere Aufgabe durch das Wissen erleichtert, dass es sich um eine Komposition handelt. Das bedeutet, dass eine eindeutige Lösung existiert. Im Falle einer praktischen Partie ist dies zumeist nicht so, und wir müssen verschiedene, weniger scharf definierte Zukunftsszenarien bewerten und miteinander vergleichen. Dies entspricht auch vielen praktischen Planungsszenarien. Diesem Thema werden wir uns ein wenig später noch ausführlich widmen.

Betrachten wir nun nacheinander die Konsequenzen der angesprochenen weißen Möglichkeiten.

Die beiden Königszüge nach h8 oder f8 werden wir sehr schnell abhaken, da sich jeweils einer der beiden schwarzen Bauern mit Schachgebot in eine Dame verwandeln würde. Diese Erkenntnis verbessert sofort die Übersicht, da wir diese Züge durch negative Selektion an dieser Stelle eliminieren können. Diese Methode ist sehr wichtig, da wir uns so schnell auf die verbleibenden Möglichkeiten konzentrieren können. Dabei gilt es jedoch, einen im Schach wie bei allgemeinen Planungsprozessen häufigen Denkfehler zu vermeiden. Zu oft wird eine grundlegende Idee – wie hier das Konzept, den eigenen Freibauern mobil zu machen – in Bausch und Bogen verdammt und verworfen, da sie momentan nicht funktioniert. Zu einem späteren Zeitpunkt und in einem anderen Kontext jedoch könnte eben dies die optimale Lösung darstellen. Die beim Kreativen Kreislauf oder auch im späteren Verlauf gefundenen grundlegenden Ideen sollten wir also sorgfältig aufbewahren, um sie gegebenenfalls wieder hervorholen zu können.

Damit kommen wir zur nächsten Variante, die durch den Zug 1. Lxh2 eingeleitet wird. Immerhin würde so unmittelbar eine schwarze Atomrakete zerstört. Nun hängt alles an der Frage, ob es zur «Explosion» der zweiten Rakete auf f2 kommt. Wie wird der Schwarze reagieren? Dazu müssen wir uns in die Entscheidungssituation des Schwarzen nach dem Zug 1. Lxh2 versetzen. Welche Optionen hat er? Naheliegend wäre die sofortige Verwandlung des Bauern in eine Dame, also einfach 1. … f1D. Darauf jedoch greift eine unserer schon entdeckten Ideen: 2. Se3+ mit Doppelangriff auf den schwarzen König und die neuentstandene Dame. Schwarz müsste den König ziehen, und im dritten Zug würde die zweite Atomrakete entschärft beziehungsweise die neugeborene Dame geschlagen. Also z. B. 2. … Ke2 3. S×f1 K×f1. In der Endabrechnung würde Weiß sogar mit einem Mehrbauern verbleiben, wenngleich dies nicht zum Sieg, wohl aber zum Unentschieden genügen würde. Es wäre allerdings ebenso naiv wie gefährlich, den Schwarzen zu unterschätzen. Wir müssen davon ausgehen, dass er dieses Problem erkennen und seinerseits im Zuge eines Kreativen Kreislaufs nach besseren Möglichkeiten suchen wird.

Im Schach müssen wir die optimale Reaktion des Gegners voraussetzen, um tragfähige Zukunftsszenarien zu entwickeln. Dies entspricht auch dem grundlegenden Ansatz in der Spieltheorie, wo man von streng rationalem Verhalten aller Beteiligten ausgeht und annimmt, dass Gewinnmaximierung stets das oberste Ziel darstellt. Tatsächlich verhalten sich Menschen aber häufig nicht gerade streng rational, und zum Glück spielt auch der rein materielle Gewinn nicht immer die Hauptrolle. Daher werden wir im fünften Kapitel einen allgemeineren Ansatz entwickeln, der auch «weiche» psychologische und soziale Faktoren mit einbezieht.

Bei der Prüfung der weiteren Verzweigung von 1. L×h2 stoßen wir schnell auf eine weit bessere schwarze Alternative. Denn auch Schwarz kann das häufige und effektive Muster des Doppelangriffs einsetzen und so zwei Fliegen mit einer Klappe schlagen: 1. … Ld5+ erzwingt einen weißen Königszug, erobert so den weißen Springer und kontrolliert gleichzeitig das Umwandlungsfeld des weißen Bauern auf g8. Also beispielsweise 2. Kh8 L×c4, und nun wird klar, dass der Freibauer auf f2 den schwarzen Sieg garantiert, während die weiße Verwandlung 3. g8D durch 3. … L×g8 beantwortet wird. Nach 4. K×g8 f1 Dame verbleibt

Abb. 6: Eine Baumstruktur

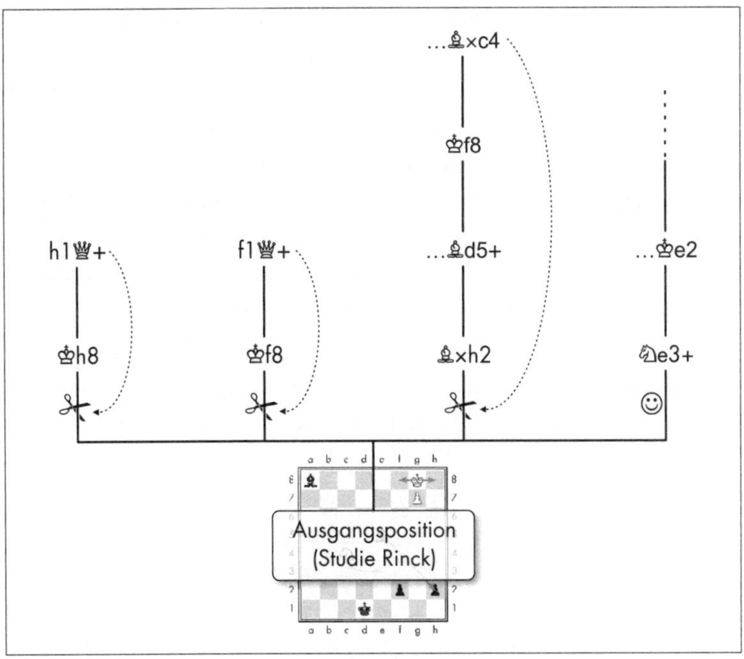

Schwarz mit dem spielentscheidenden Übergewicht von Dame gegen Läufer. Damit können wir auch den mit 1. L×h2 beginnenden Ast nach negativer Selektion stutzen, da er eindeutig zum weißen Verlust führt. Ebenso zeigt sich schnell, dass das Schachgebot auf b2 im ersten Zug nach 1. Sb2+ Ke2 die weiße Lage nur verschlechtert, da sich der weiße Springer vom Zentrum des Geschehens entfernt.

Nun konzentrieren wir uns auf die Konsequenzen der verbliebenen Möglichkeit, nämlich **1. Se3+**. Hier können und müssen wir tief schürfen, da es sich um die einzig verbliebene weiße Chance handelt.

Wie aber sollen wir vorgehen, wenn bei mehreren vorhandenen Alternativen schon die erste oder zweite untersuchte Möglichkeit spontan vielversprechend erscheint? Auch dann gilt es, eine typische Denkfalle zu vermeiden. Stefan Kindermann war in früheren Stadien seiner Schachkarriere dazu in der Lage, die Konsequenzen eines möglichen Zuges sehr weit zu untersuchen und manchmal bis in Tiefen von bis zu zehn oder fünfzehn Zügen oder genauer formuliert «Zugpaaren» vorzudringen. Dies entspricht der Fähigkeit, eine von mehreren möglichen Projektideen weit und akribisch genau auszuarbeiten. Die Folge waren in seiner Schachpraxis vor allem — schwere taktische Fehler! Denn nicht selten erwies sich der mit großem Zeit- und Energieaufwand untersuchte Zug als Beginn eines Irrwegs.

Ein nach *Königsplan* strukturierter Denkansatz hätte oft schnell gezeigt, dass schon ganz zu Anfang der Analyse ein anderer als der tiefgründig untersuchte Zug weit besser gewesen wäre. Geht unser Denken bei mehreren Alternativen zu schnell in die Tiefe, so wird häufig viel wertvolle Zeit und Energie vergeudet. Wenn wir am Ende der Prüfung einer Alternative zum Resultat kommen, dass dieser Weg unbefriedigend ist, fällt es aus psychologischen Gründen oft schwer, sich zu lösen. Denn damit müssten wir allen bereits betriebenen Aufwand abschreiben. Hat ein Schachmeister 30 von insgesamt 40 verbliebenen Minuten über einem bestimmten Zug gegrübelt, wird er nur sehr ungern und unter ungünstigen Vorzeichen zu einer noch gar nicht geprüften Alternative wechseln. Ebenso ergeht es einem Firmenchef, der einer intuitiven Eingebung folgend viel Geld und Zeit in die Entwicklung eines spezifischen Marketingkonzepts investiert hat, um erst bei der Präsentation durch sein Team die Überlegenheit anderer Ansätze zu erkennen. Wird er bereit sein zu wechseln? Wie hoch ist der Preis?

Das grundlegende psychologische Problem lässt sich gut über die «asiatische Affenfalle» begreifen: In manchen Gegenden Asiens werden Affen mittels einer einfachen Konstruktion gefangen. Dazu genügt ein Holzkasten mit Gitterstangen und einer Öffnung, die es einem ausgewachsenen Affen erlaubt, seine Pfote hineinzustecken. Ins Innere des von außen gut einsichtigen Käfigs werden Nüsse oder sonstige bei Affen beliebte Leckerbissen gelegt. Erblickt ein Affe den Köder, wird er die Pfote durch die Öffnung stecken und eine Handvoll Nüsse greifen. Mit geschlossener Faust jedoch gelingt es ihm nicht mehr, die Pfote zurückzuziehen. Erfahrungsgemäß kommt der Affe nicht auf die Idee, die Pfote zu öffnen, auf den Raub zu verzichten und so die Freiheit zurückzuerlangen.

In eben diese Falle tappen wir, wenn wir uns vorschnell auf eine Idee versteifen und zu viel in sie investieren. Es wird uns ebenfalls sehr schwerfallen, wieder loszulassen. Selbst wenn die erste geprüfte Idee ein gutes Resultat verspricht, sollten wir bei ausreichenden Zeitressourcen weiter forschen. So lautet ein berühmter Ausspruch von Emanuel Lasker: «Wenn du einen guten Zug siehst, spiele ihn nicht. Vielleicht gibt es noch einen besseren!» Beim schachlichen wie auch beim allgemein planerischen Ansatz sollte daher die Regel zunächst lauten: Breite vor Tiefe. Einen Teil dieser Arbeit leisten wir schon im Zuge des Kreativen Kreislaufs. Aber auch bei der vorwärtsgerichteten Planung auf Stufe 4 sollten wir fürs Erste allen generierten Ideen eine Chance geben und sie ein dem gegebenen Zeitbudget angemessenes Stück weit in die Zukunft verfolgen, bevor wir uns einer von ihnen ausschließlich widmen.

Kehren wir zum verbliebenen weißen Kandidatenzug zurück.*

* Der Begriff Kandidatenzug für vielversprechende Zugalternativen wurde vom russischen Schachgroßmeister Alexander Kotov geprägt, der ein Pionier in der Erforschung schachlicher Denkprozesse war.

Wie kann Schwarz auf den Zug 1. Se3+ reagieren? Hier stellen verschiedene schwarze Königszüge die Verzweigungen am verbliebenen weißen Ast dar. Schnell können wir die Züge 1. … Kc1 und 1. … Ke1 nach negativer Selektion abhaken, da Weiß daraufhin einfach den Bauern auf h2 mittels 2. L×h2 schlagen könnte, während sein Springer weiterhin das Umwandlungsfeld des zweiten Bauern kontrolliert. Das bisher gewonnene Datenmaterial legt zumindest den Verdacht nahe, dass Weiß heilfroh sein kann, in diesem Kampf mit einem Unentschieden davonzukommen. Schwarz wird umgekehrt stets den Zug wählen, der dem Weißen die maximalen Probleme bereitet und so die schwarzen Gewinnchancen maximiert. Im schwarzen Gewinnsinn macht aber auch 1. … Kd2 keinen guten Eindruck, da Weiß wieder das Mittel des Doppelangriffs einsetzt und nach 2. Sf1+ im nächsten Zug den Bauern auf h2 mit dem Springer schlagen wird. Also verbleibt aus schwarzer Sicht noch **1. … Ke2**, was einen sehr starken Eindruck macht. Nun hat Weiß mit zwei riesigen Problemen zu kämpfen. Zum einen droht sich der schwarze h-Bauer auf h1 gewinnbringend zu verwandeln, zum anderen ist der wichtige Springer auf e3 angegriffen.

Mittels negativer Selektion kann hier der Varianten-Urwald schnell gerodet werden. So kommt beispielsweise ein weißer Königszug auf die h-Linie gar nicht in Betracht, da sich der Schwarze daraufhin auf h1 eine neue Dame mit gleichzeitigem Schachgebot holen würde. Wegen des Angriffs auf seinen König hätte Weiß dann keine Zeit, den eigenen Plan der Verwandlung zu realisieren.

Wir sehen immer wieder, von welch großer Bedeutung ein präzises Timing ist. Jede Zeiteinheit, in der Schachterminologie als Tempo bezeichnet, kann den Ausschlag geben. Das trifft nicht minder auf vielfältige Entscheidungsprozesse in unserer modernen, extrem beschleunigten Welt zu.

Dem Weißen verbleiben also nur zwei sinnvoll anmutende Ideen: Er könnte entweder mittels 2. Kf8 beziehungsweise 2. Kf7 seine eigene «Rakete» startklar machen oder aber durch 2. L×h2 einen der beiden schwarzen Freibauern vernichten. In beiden Fällen scheinen wir bei der weiteren Verfolgung der Varianten in einer Sackgasse zu landen:

Auf 2. Kf8 folgt 2. … h1D 3. g8D, und nun verfügt Schwarz über die einfache Möglichkeit 3. … Df3+ 4. Ke7 K×e3, und die Verwandlung des zweiten Bauern auf f1 ist nur noch kurz aufzuschieben, zum Beispiel 5. Dg5+ Ke2. Diese zweite schwarze Königin jedoch wird allem Anschein nach einen spielentscheidenden Vorteil für Schwarz bedeuten. Wir müssen also den Endpunkt dieser Verzweigung als aus weißer Sicht unbefriedigend bewerten.

Nach dem alternativen **2. L×h2** folgt natürlich **2. … K×e3**. Da Weiß nun über kein Mittel verfügt, um die schwarze Verwandlung aufzuhalten, muss er versuchen, seinerseits mitzuhalten und den eigenen Bauern freizumachen, also **3. Kh8**. Jetzt gilt es wiederum die Perspektive zu wechseln und einen Blick auf die Stellung aus Sicht des Schwarzen zu werfen. Welche sinnvollen Optionen besitzt er an dieser Verzweigung?

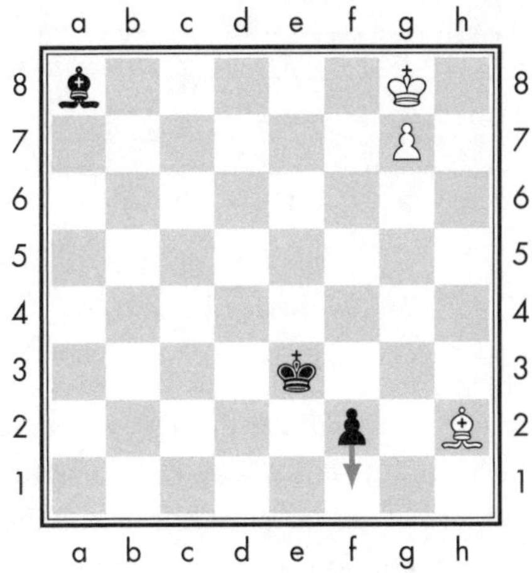

Weiß am Zug
Position nach 2. … ♔×e3

Falls er voreilig seinen Bauern vorzieht, würde lediglich eine ausgeglichene Stellung entstehen: 3. f1D 4. g8 Dame, und Schwarz kann den Umstand, dass er am Zug ist, nicht zu einem entscheidenden Angriff nutzen. Viel stärker erscheint jedoch **3. … Ld5**. Das schwarze Konzept ist einfach. Der schwarze Läufer opfert sich für die neuentstehende weiße Königin, also 4. g8D L×g8 und nach 5. K×g8 fi Dame besäße er das Übergewicht einer Dame gegen einen Läufer, was bei gutem Spiel einen leichten schwarzen Sieg bedeutet. Was kann der Weiße noch tun? Ist seine Lage nicht einfach hoffnungslos?

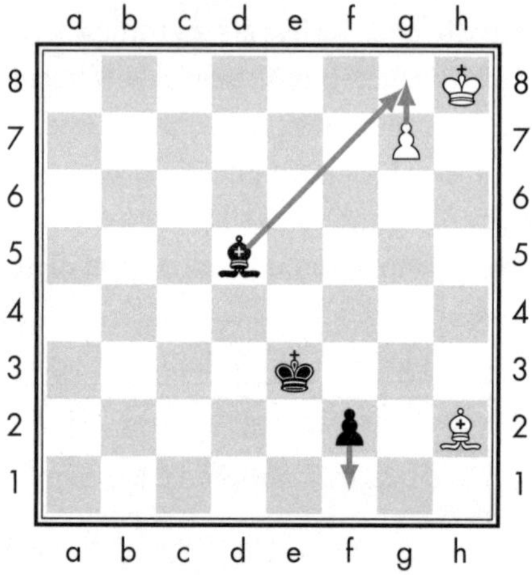

Weiß am Zug
Position nach 3. … ♗d5

Wie immer, wenn wir im Verlauf der Planung auf ein schwieriges Problem stoßen, sollten wir erneut den Kreativen Kreislauf einsetzen. Unsere rationale Struktur hat uns an einen kritischen Punkt geführt, jetzt ist wieder die Hilfe der Intuition gefragt. Wir müssen eine überzeugende Vision finden, die uns den Ausweg aus dieser scheinbar verzweifelten Lage weist. Dem Thema der Vision im Sinne eines überzeugenden Zielbildes werden wir uns im nächsten Kapitel noch ausführlich widmen.

Da wir schon alle anderen Optionen durch negative Selektion ausgeschlossen haben, lohnt es nun, alle Kräfte auf die nach dem Zug 3. … Ld5 entstandene Stellung zu konzentrieren. Um diese Kräfte bestmöglich zu mobilisieren, ist es absolut entscheidend, dass wir von der Existenz einer Lösung überzeugt sind. Natürlich kann es Situationen geben, in denen keine guten Lösungen existieren. In diesem Falle würden wir zwar unsere Kräfte vergeuden, hätten aber zumindest die Gewissheit, alles Menschenmögliche versucht zu haben. Falls aber doch eine versteckte Rettungsidee existiert, treibt uns der Glaube an deren Existenz entscheidend an. Geben wir innerlich die Hoffnung auf, so verschlechtern sich unsere Chancen erheblich.

Zurück zum Kreativen Kreislauf nach 3. … Ld5. Offenbar sind alle «normalen» Versuche, das Verhängnis in Form der schwarzen Damenumwandlung aufzuhalten, zum Scheitern verurteilt. Was folgt daraus? Wenn wir uns retten wollen, müssen wir ein Szenario finden, das trotz der schwarzen Damenverwandlung ein Unentschieden ermöglicht. Gibt es einen Ansatz, der die Kraft der kommenden schwarzen Dame für unsere Zwecke nutzt? Dies würde ganz im Geiste weicher Kampfkünste wie Judo, Aikido oder Wing Tsun die Energie des Aggressors gegen ihn selbst wenden.

Wenn wir eine sorgfältige Bestandsaufname der Position nach **3. … Ld5 4. g8D L×g8** durchführen, könnte die eingeengte Lage des weißen Königs auf h8 ins Auge stechen. Damit unsere Intuition hier anspringen kann, ist allerdings ein guter Musterkoffer voll typischer Wendungen im Endspiel erforderlich. Bei stark reduziertem Material winkt nicht selten ein Patt, was ein Unentschieden bedeuten würde, als letzter Rettungsanker. Dazu müsste der weiße König sich allerdings selbst völlig immobilisieren. Da wir stets vom bestmöglichen schwarzen Spiel ausgehen, darf der Schwarze auch über keine sinnvolle Möglichkeit verfügen, unseren Plan zu vereiteln. Welche Vision entsteht? Wie müsste die Stellung aussehen, um ein Patt zu ermöglichen?

Wenn der schwarze Läufer auf g8 von einer schwarzen Dame auf g1 geschützt und der weiße Läufer nicht mehr existent wäre, so hätten wir ein hübsches Pattbild geschafft! Dies führt zur verblüffenden Rettung **5. Lg1**. Entscheidend dabei ist, dass dieser Läuferzug den schwarzen Bauern fesselt. Schlägt dieser nicht den todesmutigen Läufer, würde der Läufer seinerseits im nächsten Zug den Bauern nehmen. Da am Ende dem Schwarzen in diesem Szenario nur ein einsamer Läufer verbliebe, wäre das Unentschieden offensichtlich. Führt Schwarz aber den selbstverständlichen Zug aus und schlägt den Läufer auf g1 mit gleichzeitiger Verwandlung in eine Dame, so ist das metaphorische atomare Patt geschafft, und der Weiße hat sich auf wunderbare Weise ins Unentschieden gerettet. Verwandelt der Schwarze auf g1 in einen Turm, so ändert sich nichts am Sachbestand. Die grundsätzlich mögliche Verwandlung in einen Läufer oder Springer erlaubt es dem weißen König, nunmehr den schwarzen Läufer auf g8 zu schlagen, wonach das verbleibende Material dem Schwarzen wiederum nicht zum Sieg genügt.

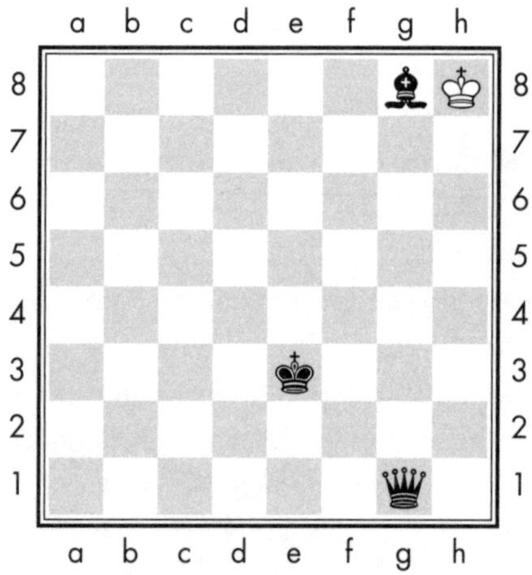

Position nach 5. ... f×g1♛ Patt

Dieses elegante Beispiel zeigt recht schön die typische vorwärtsgerichtete Baumstruktur bei mehreren plausibel erscheinenden Möglichkeiten. Als wichtiges Hilfsmittel konnten wir uns mittels der negativen Selektion eine rasche Übersicht verschaffen und uns auf die verbleibenden Möglichkeiten konzentrieren. Auch mussten wir immer wieder das Verhalten des schwarzen Gegenspielers und dessen beste Optionen in Rechnung stellen. Sowohl in der schachlichen als auch in der allgemeinen planerischen Praxis sind jedoch die Resultate unserer Operationen zumeist weniger eindeutig. Hier müssen verschiedene Zukunftsszenarien miteinander verglichen werden.

Kritische Entscheidungen

Kehren wir mit den gefundenen Erkenntnissen zur Kubakrise und Kennedys kritischer Entscheidung zurück. Der Präsident und sein Beraterstab standen also vor der Aufgabe, die Konsequenzen der plausiblen Handlungsvarianten möglichst genau zu ergründen, ohne sich verfrüht auf ein bestimmtes Vorgehen festzulegen. Aus dem relativen Vergleich der verschiedenen Konsequenzen würde sich dann der beste erste Schritt ergeben. Mit anderen Worten: Welche Aktion würde die relativ besten Folgen nach sich ziehen? Ebenso wie der Schachmeister vielfältige Stellungselemente in seine Gesamtbewertung einfließen lässt, müssen auch bei der Planung innerhalb eines komplexen Systems ganz unterschiedliche Faktoren zueinander in Bezug gesetzt werden. In Kennedys Fall waren das unter anderem:

- Die militärische Sicherheit der USA.
- Die politischen Beziehungen zwischen den USA und der Sowjetunion.
- Das weltweite Ansehen der USA und die politischen Beziehungen zwischen den USA und der UNO.
- Kennedys eigene Machtposition innerhalb der USA.
- Natürlich spielten auch allgemeine ethische Aspekte wie der weltweite Schutz von Menschenleben eine beträchtliche Rolle.
- Wirtschaftliche Folgen eines militärischen Konflikts für die USA.

Damit stoßen wir auf ein grundlegendes Problem bei der Vorausplanung und der damit eng verbundenen Zielbestimmung. Um die relativ beste Variante zu ermitteln, müssen ganz unterschiedliche Faktoren gegeneinander abgewogen werden. Wiegt die militärische Sicherheit der USA oder der allgemeine Schutz von Menschenleben schwerer? Ist der eigene, innenpolitische Machterhalt oder aber die weltweite Reputation der USA bedeutsamer? Jedes Zukunftsszenario hat auf einer oder mehreren Ebenen Vorteile zu bieten, vernachlässigt aber dafür andere Aspekte. Bei geschäftlichen Entscheidungen eines Unternehmenschefs fließen Faktoren wie Gewinnmaximierung, aber auch soziale Verantwortung für Mitarbeiter und Umwelt, der eigene Komfort oder eventuell auch politische Rücksichten mit ein.

Falls ausreichende Zeitressourcen vorhanden sind, sollte der Entscheidungsträger zunächst die eigenen Prioritäten ordnen. Damit gelangt der rationale Prozess allerdings an seine Grenzen. Ein System, das aus so unterschiedlichen Faktoren ein zuverlässiges Gesamtbild erzeugt, ist kaum denkbar. Dennoch sind wir überzeugt, dass die Intuition bessere Resultate liefert, wenn wir ihr die auf rationalem Weg gefundenen und geordneten Daten vorlegen, um ihr erst jetzt unser Vertrauen auszusprechen und ihr die letzte Entscheidung zu überlassen.

In der alltäglichen Entscheidungspraxis und auch grundsätzlich bei Entscheidungen unter Zeitdruck sowie unter Unsicherheit ist ein stark vereinfachtes Verfahren üblich, das den Vorteil hoher Ökonomie hat. Dabei werden ein oder maximal zwei dominante Kriterien bestimmt, die bei der Wahl zwischen verschiedenen Alternativen den Ausschlag geben. Statt also bei der Wohnungssuche die Parameter «Größe», «Miethöhe», «Lage», «Verkehrsanbindung», «Bodenbelag», «Küche» etc. zu analysieren und dann miteinander abzugleichen, würden wir, falls wir schnell eine Bleibe benötigen und über keine üppige finanzielle Ausstattung verfügen, nur die Relation Größe / Kosten betrachten und bei einer vorgegebenen Mindestgröße und einem Preismaximum hier die relativ günstigste Variante wählen. Setzt man zeitlichen Aufwand und Ertrag in Relation, ist ein solches Vorgehen oft sehr ökonomisch. Wir sollten uns allerdings darüber im Klaren sein, dass wir dabei auf den Versuch verzichten, die optimale Lösung zu finden, und uns mit einem ganz guten Resultat zufrieden geben.

Dieser Ansatz stellt gedanklich das Gegenstück zur negativen Selektion dar. Benennen wir es also als «Positive Selektion». Statt ein Knockout-Kriterium zu bestimmen, das uns Alternativen verwerfen lässt, wie beispielsweise «Auf keinen Fall darf die Wohnung laut sein», setzen wir hier ein positives, dominantes Kriterium ein, das den Ausschlag für eine Variante gibt.*

Schachmeister wenden diesen Ansatz beispielsweise in komplexen Endspielen an, wenn die möglichen Varianten nicht genau berechnet werden können, sei es, weil die Bedenkzeit knapp geworden ist, sei es, weil die Varianten zu lang und verzweigt sind. In einem solchen Fall stützt sich der Schachmeister auf seine Intuition, die sich ja wiederum aus Erfahrungswerten in ähnlichen Stellungen speist. So könnte in einem Turmendspiel ein typisches, dominantes Kriterium in der Aktivität der Figuren liegen. Im Zweifelsfall wird also, buchstäblich ohne Rücksicht auf Verluste, die Fortsetzung gewählt, die maximale Aktivität verspricht. Oft ist diese intuitive Wahl genau richtig, keineswegs aber immer …

Welcher Ansatz jeweils vorzuziehen ist, also der «kleine» oder der «große», kann zwar kaum eindeutig bestimmt werden. Doch eine Analyse der Ausgangssituation und des Problemtyps liefert zumindest einen Hinweis. Der in diesem Kapitel hauptsächlich vorgestellte «große Ansatz», bei dem viele Faktoren in die endgültige Entscheidung einfließen, macht Sinn, wenn ausreichende Zeitressourcen zur Prüfung vorhanden sind und wir zuverlässiges Informationsmaterial zur Auswertung besitzen.

Nicht selten werden wir auch in der Wirtschaftspraxis mit der Frage konfrontiert, wie hoch der Aufwand zur Beschaffung der relevanten Daten ist. Falls wir bei der anfänglichen Bestandsaufnahme erkennen, dass eine genaue Marktanalyse mit Kundenbefragungen in Relation zum möglichen Ertrag viel zu teuer wäre, so werden wir uns lieber auf wenige, schon vorhandene Daten stützen. Hier, wie überhaupt bei der Datenbeschaffung, müssen wir das «Dagobert-Duck-Syndrom» vermeiden. Tatsächlich verhält sich die superkapitalistische Ente in vielen

* Dies entspricht von der Grundidee her dem von Gerd Gigerenzer in seinem Werk «Bauchentscheidungen» (2007) anschaulich dargestellten «effizienten Entscheidungsbaum», der bei schwer zu treffenden Entweder-oder-Entscheidungen mit einer Vielzahl von mehr oder minder bedeutsamen Faktoren wirksam eingesetzt werden kann.

ihrer Abenteuer völlig unvernünftig: Auf der Jagd nach einem verlorenen Kreuzer wird die ganze Welt umrundet und werden mörderische Gefahren in Kauf genommen …

Schachmeister haben eine sehr gut geschulte Intuition, um zu erkennen, wann eine tiefgründige Analysearbeit sich lohnt und wann der Aufwand an Zeit und Energie zu hoch wäre. Besonders wichtig ist in der täglichen Entscheidungsarbeit der Zeitfaktor. So verfügten Kennedy und sein Team über den wichtigen Vorteil, dass die geheimdienstliche Information zu den Kubaraketen noch nicht an die Öffentlichkeit gedrungen war. Damit besaßen sie ausreichend Zeit, um alle Varianten gründlich zu prüfen. Bevor wir uns also für eine großangelegte oder aber minimierte Planungsstruktur entscheiden, sollten die angesprochenen Faktoren «Zeitressourcen» sowie «Aufwand zur Beschaffung von Datenmaterial» genau bedacht werden.

Folgenden grundsätzlichen Punkt wollen wir hier noch betonen:

Eine Vielzahl an Informationen beziehungsweise Faktoren stellt für eine Entscheidung keinen zwingenden Nachteil dar, wie es in manchen aktuellen Publikationen nahegelegt wird. Egal, ob viele oder wenige Informationen vorliegen, es geht immer darum, die entscheidenden Kernelemente zu erkennen.

Wie schon angesprochen, ist eine Betrachtung des Problemtyps auch wichtig, um die optimale Reihenfolge der Stufen des *Königsplans* zu bestimmen. Dies wird auf den Seiten 326 ff. im Überblick dargestellt.

Der *Königsplan* bietet neben der allgemeinen Struktur einige wertvolle Instrumente, die den Entscheidungsprozess unterstützen. So stellt die uns schon bekannte Negative Selektion sehr oft ein nützliches Hilfsmittel dar. Falls wir vorab bestimmte Knock-out-Kriterien bestimmt haben, also Ereignisse, die auf keinen Fall eintreten dürfen, können wir manche Varianten ausschließen und uns auf die verbleibenden Möglichkeiten konzentrieren. Doch spätestens jetzt, nach der geleisteten rationalen Vorarbeit, muss wiederum die Intuition auf den Plan treten. Nur sie kann alle Elemente zusammenführen und ein übergeordnetes Urteil fällen. Sehr wichtig ist es also, für jedes erarbeitete Zukunftsszenario eine intuitive Gesamtbewertung zu treffen. Unterlassen wir dies, so haben wir am Ende eine Menge an Material gesammelt, das uns jedoch bei der Entscheidungsfindung gar nichts nützt.

Dies ist ein unter weniger erfahrenen Schachspielern häufiger Denkfehler, der zu Konfusion und Zeitnot führt. Verschiedene Varianten werden durchdacht, aber ohne klare Bewertung verlassen. Da eine Entscheidung erst aus dem Vergleich der Endpunkte und der damit verknüpften Bewertungen der Varianten entsteht, beginnen sich die Gedanken im Kreis zu drehen.

Der gute Spieler muss ebenso wie jeder gute Planer das untersuchte Zukunftsszenario mit einem «Bewertungsetikett» versehen, bevor er zur nächsten Variante schreitet. Diese Bewertung kann sich durchaus verändern, wenn im weiteren Verlauf neue Erkenntnisse gewonnen werden. Dennoch ist die vorläufige Bewertung der möglichen Entwicklungen für einen guten Planungsprozess unabdingbar. Der neue norwegische Superstar Magnus Carlsen, der mit 19 Jahren die Führung in der Weltrangliste des Weltschachbundes FIDE übernahm, bringt es in einem Interview mit der «New York Times» im Januar 2010 erfrischend knapp auf den Punkt. Auf die beliebte Laienfrage «Wie viele Züge kannst du auf dem Schachbrett vorausberechnen?» antwortet er: «Manchmal 15 bis 20 Züge. Aber der kritische Punkt ist die Stellungsbewertung am Ende dieser Berechnungen.»

Die im weiteren Verlauf dargestellte Systematik kann auf verschiedenste Planungs- und Entscheidungsprobleme angewandt werden, bei denen noch kein eindeutiges Zielbild existiert. Dies gilt ebenso für die Neuausrichtung eines Unternehmens wie etwa für die Entscheidung über den nächsten Familienurlaub. Als Unternehmen mit bedrohlichen Umsatzeinbußen könnten wir im Kreativen Kreislauf Grundideen entwickelt haben, wie beispielsweise «neue Produktentwicklung», «neue Marketingkampagne», «diverse Einsparungsideen» sowie «Kooperation mit einem neuen Partner». Im «Familienrat» könnte sich eine hitzige Diskussion zwischen den Alternativen «Pauschalurlaub auf Kreta», «einsames Blockhaus in Finnland» und «Wander- und Badeurlaub» in Oberösterreich» entwickeln. Die grundlegenden Planungs- und Entscheidungsprinzipien sind in allen Fällen die gleichen.

Im Zuge des weiteren Vorgehens werden wir auf Probleme stoßen, die sich einer präzisen Zukunftsplanung entgegenstellen – Entscheiden unter Unsicherheit (beziehungsweise unter Risiko) wird zum zentralen Thema. Für jedes dieser Probleme können wir jedoch ein aus dem Denken der Schachmeister generiertes Hilfsmittel aufzeigen. Diese Instrumente werden wir am Ende des Kapitels auch nochmals in einem Gesamtüberblick zusammenfassen.

Die typischen Fragen zu den Fallvarianten im vorwärtsgerichteten Suchbaum lauten also:

- Wie ist die Lage nach der geplanten Aktion zu bewerten?
- Welche Faktoren spielen eine Rolle?
- Wie sieht die Lage dann aus Sicht der Gegner / Konkurrenten beziehungsweise auch der Kunden / Mitarbeiter aus? Was sind deren entscheidende Motive? Wie werden sie sich (voraussichtlich) verhalten?
- Was wird auf diese Aktion hin voraussichtlich weiter geschehen? Gibt es verschiedene plausible Möglichkeiten?
- Können die jeweiligen Wahrscheinlichkeiten bestimmt werden?
- Wie sind die jeweiligen Konsequenzen nach rationalen Kriterien zu bewerten? Was daran ist positiv, was negativ, was neutral / unklar?
- Wie lautet die intuitive Gesamtbewertung der jeweiligen Aktion und ihrer Folgen?

Wie wir sehen, sind es bei komplexen Entscheidungen zwischen unterschiedlichen Handlungsalternativen zwei grundlegende Bereiche, die zusammengeführt werden müssen: zum einen die Wahrscheinlichkeit, mit der ein Ereignis als Konsequenz unseres Handelns eintritt, und zum anderen muss das jeweilige Ereignis selbst mit einer Gesamtbewertung versehen werden. Erst diese kombinierte Erkenntnis schützt vor der Verwirrung, die bei vielen Entscheidungen droht.

Wer kann beispielsweise von sich behaupten, dass er eine wohlbegründete Entscheidung pro oder kontra Grippeimpfung getroffen hat? «Eigentlich» handelt es sich vorwärtsgerichtet doch um einen sehr einfachen Entscheidungsbaum mit nur zwei Handlungsalternativen (impfen oder nicht impfen), aus denen als Verzweigungen wiederum jeweils zwei Resultate entspringen können.

Wo liegt das Problem? Oder positiv formuliert: Welche Informationen würden wir benötigen, um eine gute Entscheidung treffen zu können?

Zum einen sollten wir informiert werden, mit welcher Wahrscheinlichkeit wir ohne Impfung Grippe bekommen können. Dies wäre durch Zuordnung zu verschiedenen Bevölkerungsgruppen weiter zu präzisieren. So steigt sicherlich die Wahrscheinlichkeit für Personen, die beruflich besonders vielen Menschen begegnen. Ebenso benötigen wir die Wahrscheinlichkeit, als Impffolge zu erkranken. Auch hier ist eine Zuordnung zu unterschiedlichen Gruppen (zum Beispiel Erwachsene, Kinder, Alte, chronisch Kranke …) sinnvoll. Es ist klar, dass diese Daten nur aus der Analyse früherer Jahre erhoben werden können und niemals ganz zuverlässig sind, da die Art des Virus sich ändert. Dennoch wäre das ein sehr wichtiger Anhaltspunkt für unsere Entscheidung. Mindestens ebenso bedeutsam ist jedoch die Bewertung der jeweiligen Endpunkte unseres erweiterten Entscheidungsbaums: Mit welchem Krankheitsverlauf haben unterschiedliche Bevölkerungsgruppen (chronisch Kranke, Kinder, Senioren, Erwachsene) zumeist zu rechnen? Wie lange werden wir jeweils arbeitsunfähig sein? Wie hoch ist das Risiko einer dauerhaften Schädigung oder gar eines tödlichen Verlaufs? Erst mit diesen Daten vor Augen haben wir die Chance, eine vernünftige Entscheidung zu treffen.

Kehren wir nun mit allen bisher gewonnenen Erkenntnissen zu Kennedys globaler Partie um das Überleben der Menschheit zurück. Sehen wir uns zunächst an, wie die Alternativen nach dem *Königsplan* strukturiert werden können. Zu beachten ist, dass hier die Wahrscheinlichkeiten möglicher Verläufe nur sehr grob abgeschätzt werden können.

1. Ein begrenzter Luftangriff auf die Raketenstellungen

Wenn dies gelingt, wären der Stein des Anstoßes und vor allem die direkte Bedrohung der USA beseitigt. Mit hoher Wahrscheinlichkeit könnte relativ schnell ein Großteil der Raketen vernichtet werden, nicht aber alle. Der Verlust an Menschenleben wäre auf beiden Seiten zunächst minimal. Das weltweite Ansehen der USA würde möglicherweise nur relativ geringen Schaden nehmen. Versetzen wir uns jedoch in die Lage der Sowjetunion, so wäre eine aggressive Reaktion sehr wahrscheinlich. Die auf Kuba stationierten Streitkräfte könnten sofort zu einem Gegenschlag ausholen. Die Küste Floridas wäre gegen eindringende sowjetische Flugzeuge kaum zu verteidigen. Auch könnten die nicht zerstörten Raketen auf die USA abgefeuert werden. Wegen des hohen Risikos eines solchen Gegenschlags von Kuba aus wurde diese Variante vonseiten der militärischen Berater als nicht empfehlenswert eingestuft.

2. Ein allgemeiner Luftangriff auf alle militärischen Anlagen Kubas
Diese Option wurde von den «Falken» mit General Maxwell Taylor an der Spitze vehement vertreten. Taylor argumentierte, dass so «in einem einzigen heftigen Knall» alles vernichtet würde, was die USA von Kuba aus bedrohen könnte. Bei einer genaueren Befragung zum Zeitrahmen musste der Haudegen jedoch zugeben, dass der mit säbelrasselnder Begeisterung vertretene «heftige Knall» etwa fünf Tage dauern würde. Abgesehen davon, dass diese Zeitspanne der Sowjetunion viel Zeit zu gezielten Gegenaktionen mit Vergeltungsschlägen lassen würde, wäre der durch ein fünftägiges amerikanisches Bombardement der Weltöffentlichkeit vermittelte Eindruck katastrophal.

3. Ein allgemeiner Luftangriff, gefolgt von einer Invasion Kubas innerhalb von 5 bis 7 Tagen
Hier gelten alle Vor- und Nachteile der vorigen Variante. Zusätzlich würde eine Eroberung Kubas den wenig geliebten Fidel Castro und seine moskaufreundliche Regierung beseitigen, ein Ziel, das Kennedy schon lange verfolgt hatte. Negativ wäre der direkte militärische Kampf gegen die auf Kuba stationierten sowjetischen Streitkräfte. Dennoch neigten Kennedy und die Mehrzahl seiner Berater geraume Zeit zu dieser Lösung. Mit dem heutigen Wissen verspürt man rückblickend einen Schauder, wenn man sieht, dass diese Variante letztlich aus den

falschen Gründen verworfen wurde. Kennedy hatte in erster Linie eine Vergeltungsaktion in Westberlin befürchtet und war auf der anderen Seite von einem leichten militärischen Sieg auf Kuba ausgegangen. Diese Einschätzung beruhte jedoch auf einer mangelhaften Bestandsaufnahme. Tatsächlich befanden sich nicht 10 000, sondern etwa 40 000 sowjetische Soldaten auf Kuba, die im Kriegsfall auch taktische Atomwaffen eingesetzt hätten …

4. Verschiedene diplomatische Initiativen, die eine Resolution der UNO gegen die Raketen anstreben und einen Keil zwischen Kubas Führer Fidel Castro und Chruschtschow treiben sollten
Hier wiesen Erfahrungen der Vergangenheit sowie eine Analyse der sowjetischen und kubanischen Initiative darauf hin, dass auf diese Weise kaum Wirkung zu erzielen wäre und voraussichtlich die Raketen auf unabsehbare Zeit auf Kuba verbleiben würden.

5. Ein direktes Verhandlungsangebot, bei dem ein Abzug der in der Türkei stationierten amerikanischen Raketen als Gegenleistung für den Abbau der kubanischen Raketen offeriert werden sollte
Dies würde aus politischer Sicht die sowjetische Aktion belohnen und nicht gerade Stärke demonstrieren. Die sowjetische Regierung würde zu weiteren Provokationen ermutigt, und das Image Kennedys als mutiger und entschlossener Präsident würde leiden.

6. Ein präventiver Nuklearschlag gegen die Sowjetunion
Ja, auch dieser Vorschlag wurde ernsthaft unterbreitet …

7. Und als «mittlerer Weg» eine Seeblockade vor Kuba, um weitere Materiallieferungen für den Raketenausbau zu unterbinden.
Als hauptsächliches Gegenargument wurde hier natürlich ins Feld geführt, dass so die bereits stationierten Raketen auf Kuba verbleiben würden. Auch würde der Überraschungseffekt für einen kommenden Angriff entfallen. Andererseits würden die USA ein klares, völkerrechtlich vertretbares Stoppsignal aussenden. Sowohl der amerikanischen als

auch der Weltöffentlichkeit wäre ein solcher Schritt gut zu vermitteln. Doch wie würde die sowjetische Reaktion ausfallen? Hier waren zwei Basisvarianten zu bedenken, deren jeweilige Wahrscheinlichkeit als fast gleich eingeschätzt wurde:

A. Sollten sowjetische Schiffe mit militärischem Material die Blockade durchbrechen, so wäre eine militärische Konfrontation unvermeidlich. In diesem Fall wäre aber zumindest der Schwarze Peter der Kriegsentscheidung Chruschtschow zugeschoben. Vor einem solchen Schritt müsste er die Möglichkeit eines eventuellen Atomkriegs einkalkulieren. Damit erreichen wir das Thema gegenseitiger Drohungen, das bei verschiedenen Verhandlungen eine große Rolle spielt. Dazu später mehr.
B. Für etwas wahrscheinlicher hielt das amerikanische Beraterteam, dass die Sowjets die Blockade respektieren würden. In diesem Fall hätten die USA einen ersten Erfolg erzielt und würden sich vor allem alle weiteren Optionen offenhalten, ohne sich zu sehr zu kompromittieren.

Damit haben wir in groben Zügen die möglichen Varianten aufgelistet, deren jeweiliges Pro und Kontra betrachtet und uns gewisse Gedanken über die jeweiligen Wahrscheinlichkeiten der möglichen Konsequenzen gemacht. Immer wieder geht es um die zentrale Frage: Was wird voraussichtlich geschehen, wenn ich auf bestimmte Art handele, und wie ist das zu bewerten?

Hier stellen sich uns zwei ganz unterschiedliche Probleme: Zum einen müssen wir, wie schon anhand des Grippebeispiels angesprochen, verschiedene Wahrscheinlichkeiten bestimmen und die darauf bezogenen Ereignisse bewerten. Basis einer rationalen Entscheidung bilden dann die resultierenden Erwartungswerte. Eine Arbeit mit Wahrscheinlichkeiten fällt vielen Menschen freilich schwer, da hier unsere alltägliche Intuition nicht immer greift – es sei denn, sie hätten sich mit diesem Thema in der Vergangenheit ausführlich beschäftigt. Schon im dritten Kapitel haben wir gesehen, wie tückisch die richtige Einschätzung von Wahrscheinlichkeiten sein kann.

Zur Einschätzung von Wahrscheinlichkeiten im Rahmen einer Planung

Wenden wir uns zunächst der Wahrscheinlichkeitsproblematik zu. Natürlich können wir in diesem Rahmen ein solch komplexes Thema nur streifen. Im *Königsplan* interessiert uns jedoch ganz konkret, wie wir die Qualität kritischer Entscheidungen auch ohne ein tieferes Studium der Wahrscheinlichkeitstheorie verbessern können.

Ganz generell kann man zwischen der sogenannten «objektiven» und der «subjektiven» Wahrscheinlichkeit unterscheiden.

Ersterer liegt die Häufigkeitsinterpretation zugrunde. Ausgangspunkt dieser Sichtweise ist die Forderung, dass die Wahrscheinlichkeit eines Ereignisses als Prognosewert für die relative Häufigkeit des Auftretens bei zukünftiger oftmaliger Wiederholung des Zufallsversuchs unter gleichen Bedingungen dienen soll. Mit Hilfe einer daraus abgeleiteten Messvorschrift kann dann näherungsweise die Wahrscheinlichkeit eines bestimmten Ereignisses berechnet werden. So beträgt beispielsweise die Wahrscheinlichkeit dafür, dass man beim Würfeln mit einem idealen Würfel eine Sechs wirft, 1:6. Mit anderen Worten: Würfelt man einhundertmal, so müsste etwa 16 bis 17 Mal (genauer: in 16,67 Prozent aller Fälle) ein Sechserwurf gelingen.

Die subjektive Wahrscheinlichkeit ist in Relation dazu unscharf und steht für eine persönliche Einschätzung der Wahrscheinlichkeit eines Ereignisses. Es gibt ja Situationen, in denen nicht vorausschauend über den Ausgang eines Zufallsexperiments geurteilt werden kann oder soll (wie etwa beim Würfelwurf oder beim Roulettespiel), sondern über feststehende, aber unbekannte Tatsachen. Die Häufigkeitsinterpretation ist dann von vornerein unanwendbar. Gleichwohl will man auch in solchen Situationen nicht auf Wahrscheinlichkeitsaussagen verzichten.

Ein Beispiel dazu (vgl. Ferschl, 1974, S. 4–8). Der Ausgang eines Strafprozesses sei bekannt: Der Angeklagte wurde aufgrund von Indizien schuldig gesprochen. Einige Zuschauer diskutieren über das Urteil: «Ich bin fast sicher, dass der Schuldspruch zu Recht erfolgte»; «Ich halte es für unwahrscheinlich, dass der Angeklagte im Sinne der Anklage schuldig ist»; «Ich halte die Schuld für ziemlich wahrscheinlich, jedoch würde ich nicht die nötige Sicherheit haben, den Mann tatsächlich zu verurteilen.» Hier wurden Grade der persönlichen Überzeugung geäußert. Es ist offensichtlich, dass in diesem Kontext zahlenmäßige Bewertungen nicht ohne weiteres sinnvoll erscheinen.

Grob gesprochen könnten wir die Häufigkeitsinterpretation der Wahrscheinlichkeit der Ratio und die subjektive Wahrscheinlichkeit der Intuition zuordnen. Sobald wir den rein mathematischen Raum verlassen und ein Ereignis in der alltäglichen Welt vorhersagen wollen, haben beide Interpretationen sowohl spezifische als auch gemeinsame Schwächen. Die Häufigkeitsinterpretation trifft keine Aussage über einen Einzelfall. Selbst nach hundertmal Rot am Roulettetisch muss der 101. Wurf keineswegs Schwarz sein. Sie bestimmt nur die Häufigkeitsverteilung bei einer großen Anzahl von Wiederholungen. Die Trefferquote der subjektiven Methode dagegen hängt offenbar von der Effizienz der jeweiligen Intuition ab.

Gelegentlich kommt es jedoch zu Ereignissen, die von großer Bedeutung, aufgrund des vorliegenden Datenmaterials der Vergangenheit aber extrem unwahrscheinlich oder sogar scheinbar unmöglich sind. Diesem Grundthema ist das Werk «Der schwarze Schwan» von Nassim Nicholas Taleb gewidmet. Der Titel bezieht sich auf ein Beispiel von Karl Popper, der darlegt, dass über viele Jahrhunderte hinweg das gesamte Datenmaterial der westlichen Wissenschaft darauf hindeutete, dass ausschließlich weiße Schwäne existieren können – bis Australien und damit auch eine schwarze Art entdeckt wurde. Dies vorherzusehen wäre jedoch aus Sicht der westlichen Wissenschaft praktisch unmöglich gewesen.

Als schwarzer Schwan im übertragenen Sinn wären dann beispielsweise der davor unvorstellbare Boom des Internets, die Blase der «New Economy» oder aber Ereignisse wie der 11. September zu betrachten. Diese Entwicklungen wurden nicht vorhergesehen, und es existiert auch kein Instrumentarium, das dies ermöglicht hätte. Dennoch waren die Auswirkungen auf unsere Welt ganz erheblich. Das bedeutet in der Konsequenz nicht, dass wir Wahrscheinlichkeiten, die Instrumente der Wahrscheinlichkeitstheorie und die mathematische Statistik außer Acht lassen sollten; günstig ist es jedoch, die Möglichkeit «schwarzer Schwäne» im Kopf zu behalten und uns, falls möglich, abzusichern, statt das sehr Unwahrscheinliche einfach auszuklammern.

Für den Schachmeister spielen Wahrscheinlichkeiten nur in spezifischen Situationen eine Rolle, versucht er doch grundsätzlich, sich in seiner Planung an den besten Fortsetzungen beider Seiten zu orientieren. In Stellungen jedoch, die bei objektiv korrektem Spiel entweder Unentschieden enden oder aber verloren sind, gilt es, dem Gegner die größtmöglichen praktischen Probleme zu stellen. Um die entsprechenden Züge zu finden, muss eine Abschätzung des Fehlverhaltens des Gegners angesetzt werden, zum Beispiel: «Im taktischen Bereich hat mein Gegner Schwächen, und dieser Zug stellt eine so giftige Falle auf, dass er mit einiger Wahrscheinlichkeit fehlgreifen wird.»

Bei Entscheidungen wie der Kubakrise oder anderen Ausgangssituationen mit verschiedenen möglichen Verläufen, bei denen Vergleichswerte aus der Vergangenheit mit ähnlichen Szenarien vorliegen, sollten wir zunächst versuchen, die Häufigkeitsinterpretation der Wahrscheinlichkeit und damit die Ratio zu bemühen. Damit das möglich wird, muss natürlich Datenmaterial der Vergangenheit vorliegen, das der neuen Situation zumindest stark entspricht. Parallel sollten wir unbedingt auch unsere Intuition befragen. Denn wie wir schon wissen, erbringt die richtige Kombination von Ratio und Intuition die besten Lösungen.

Ratio, Intuition und Zeit

Wie wir gesehen haben, erfordern kritische Entscheidungskonstellationen nicht nur einen kühlen Kopf, sondern auch ein Gefühl für die Situation. Während Ersteres durch die menschliche Ratio gestützt wird, verbindet man Letzteres häufig mit dem Begriff der Intuition.

Frühere Deutungen wiesen der Intuition lediglich eine Restfunktion zu, die sich an den bewussten, rationalen Denkprozess anschloss.

Die nicht zuletzt durch Herbert Simon angestoßenen Untersuchungen haben jedoch ergeben, dass es sich bei der Intuition nicht um ein Anhängsel im Sinne eines sechsten Sinnes, eines Bauchgefühls oder gar einer mystischen Kraft handelt. Intuition muss vielmehr als ein Prozess verstanden werden, der nicht unabhängig von der rationalen Analyse vonstattengeht. Ratio und Intuition können danach als sich gegenseitig ergänzende Komponenten eines effektiven Entscheidungssystems verstanden werden. Wie aber kann die Beziehung zwischen Ratio und Intuition konkret ausgedrückt und dargestellt werden?

Eine mögliche Dimension des Wechselspiels zwischen Ratio und Intuition ist die Zeit. Je geringer etwa die Zeitressourcen in einer äußerst komplexen Entscheidungssituation, desto größer wird die Bedeutung der Intuition. Hat man mehr Zeit zur Verfügung, erhält die Ratio ein höheres Entscheidungsgewicht. Erst im ganz langfristigen Kontext, wenn Situationen in der weiten Zukunft zu beurteilen sind, kommt typischerweise wieder die Intuition ins Spiel. Daraus ergibt sich ein stilisiert u-förmiger Zusammenhang zwischen der Entscheidungsrolle der Intuition einerseits und der Zeit andererseits. Genau umgekehrt verhält es sich mit der Ratio. In der kurzen Frist ist ihr Einfluss auf die Entscheidungsfindung eher gering, da man dann nicht in der Lage ist, die nötigen Informationen zusammenzutragen und diese auf logische und konsistente Weise auszuwerten. Mit zunehmenden Zeitressourcen wird das jedoch eher möglich, sodass dann die Ratio eine immer größere Rolle spielt, bis sie dann im ganz langfristigen Kontext wieder ihre analytische Basis verliert.

Vor dem Hintergrund dieser Zusammenhänge soll im Folgenden mit Hilfe einer graphischen Analyse untersucht werden, welche praktischen Erkenntnisse aus dem Wechselspiel zwischen Ratio, Intuition und Zeit gewonnen werden könnten. Dabei wird realistischerweise unterstellt, dass es einen positiven Zusammenhang zwischen Ratio und Intuition gibt. Die oben beschriebene Fähigkeit zur Mustererkennung ist folglich umso ausgeprägter, je größer die analytische Kapazität ist. So wie die Fähigkeit des logischen Schließens ist auch die Intuition ein Ausdruck von Intelligenz. Diese Sichtweise ist übrigens kompatibel mit neueren Theorien der beschränkten Rationalität (Bounded Rationality).

Im Folgenden werden drei Fälle unterschieden: Im ersten Fall wird keine Korrelation zwischen Ratio und Intuition unterstellt, im zweiten eine geringe und im dritten eine hohe. Die Darstellung der Interdependenz von Ratio, Intuition und Zeit bei gleichzeitiger Berücksichtigung eines positiven Zusammenhangs zwischen Ratio und Intuition bedingt eine dreidimensionale Graphik. Auf der vertikalen Achse (der y-Achse) ist der jeweilige Einfluss der Intuition und der Ratio in Abhängigkeit von der Zeit abgetragen. Die horizontale Achse (x-Achse) markiert die Zeit bzw. den Planungshorizont. Und die dritte Dimension (die z-Achse) bildet die unterstellte positive Beziehung zwischen Ratio und Intuition ab, wobei r(t) die Höhe des Einflusses der Ratio auf die Intuition angibt.

Sehr aufschlussreich sind nun die Zeitpunkte t_1, t_2 und t^*. t_1 bezeichnet den ersten Schnittpunkt der Flächen. Bis zu diesem Zeitpunkt überwiegt aufgrund der äußerst knappen Zeitressourcen die Intuition bei der Entscheidungsfindung. Zwischen t_1 und t_2 dominiert die Ratio, bevor ab dem zweiten Schnittpunkt der Flächen erneut die Intuition die dominierende Rolle bei der Entscheidungsfindung erlangt.

Zwischen 0 und t_1 muss blitzschnell entschieden werden. Hier lohnt es sich also nicht, in zusätzliche Informationen zu investieren, die die Entscheidungsgrundlage sicherlich verbessert hätten. Erst ab t_1 erweisen sich Ausgaben für eine Erweiterung der Entscheidungsbasis als lohnend. Das ist so lange der Fall, bis der Zeitpunkt t_2 erreicht wird. Das relative Maß für den konkreten Nutzen einer zusätzlichen Daten- und Informationsbeschaffung wird durch den vertikalen Abstand d_v zwischen den beiden Flächen dargestellt. Je größer dieser Abstand ist, desto größer ist auch der Nutzen, der aus einer Investition in zusätzliche Informationen zurückfließt, desto eher lohnen sich hier gesonderte Ausgaben.

t^* markiert jeweils den Zeitpunkt, zu dem der Nutzen einer Informationsinvestition maximal ist. Wie man aus der Linsenform, die sich zwischen den Flächen bildet, erkennt, nimmt dieser Nutzen mit längerfristigem Planungshorizont ab, bis schließlich der Zeitpunkt t_2 erreicht ist, ab dem die Intuition wieder wichtiger wird, da mit einer Bewertung von Umweltzuständen, die sehr weit in der Zukunft liegen, größere Unsicherheiten, eine unüberschaubare Anzahl von Einflussfaktoren sowie eine das rein logische Schließen überfordernde Anzahl an Entscheidungsvarianten verknüpft sind.

Ein Vergleich der Abbildungen 1 bis 3 fördert nun das interessante Ergebnis zutage, dass sich mit zunehmender Korrelation zwischen Ratio und Intuition das Zeitfenster, in dem sich eine Investition in zusätzliche Informationen zum Ausbau der Entscheidungsgrundlage lohnt, ausdehnt. Gleichzeitig geht der relative Nutzenvorteil – gemessen an einem vertikalen Abstandspunkt in der Mitte der Flächen – zurück. Positiv ausgedrückt muss weniger Geld zur Datenbeschaffung in die Hand genommen werden. Es ergibt sich folglich eine nicht erwartete Wechselbeziehung zwischen dem maximal erzielbaren Nutzen einer Mehrinvestition und dem Zeitfenster, in dem diese Investition profitabel ist.

Die hier nur in stilisierter Form dargestellte Interaktion zwischen Ratio und Intuition erweist sich folglich als umso produktiver – oder im Kontext der vorangegangenen Überlegungen als umso kostensenkender –, je stärker die Korrelation zwischen Ratio und Intuition ist. Für einen jeweiligen Entscheidungsträger, aber auch für ein etwaiges Team, das eine bestimmte Entscheidung zu treffen hat, ist dieser Korrelationsgrad und damit auch der spezifische Punkt, der in unserem dreidimensionalen Raum zur Anwendung gelangt, eine gegebene Größe.

Jüngere empirische Studien, die im Schnittgebiet zwischen Linguistik, Psychologie, Neurophysiologie sowie Informatik angesiedelt sind, haben gezeigt, dass drei Faktoren einen signifikanten Einfluss auf die Beziehung zwischen Ratio und Intuition ausüben: die kognitive Leistungsfähigkeit (die sogenannte Intelligenz), die generelle Bildung sowie die spezifische Erfahrung. Gerade der letztgenannte Faktor kann damit zu einem äußerst wirkungsvollen und im bewussten Teil unseres Denkens möglicherweise auch unerwarteten Zusammenspiel zwischen Verstandeslenkung und ahnender Eingebung beitragen.

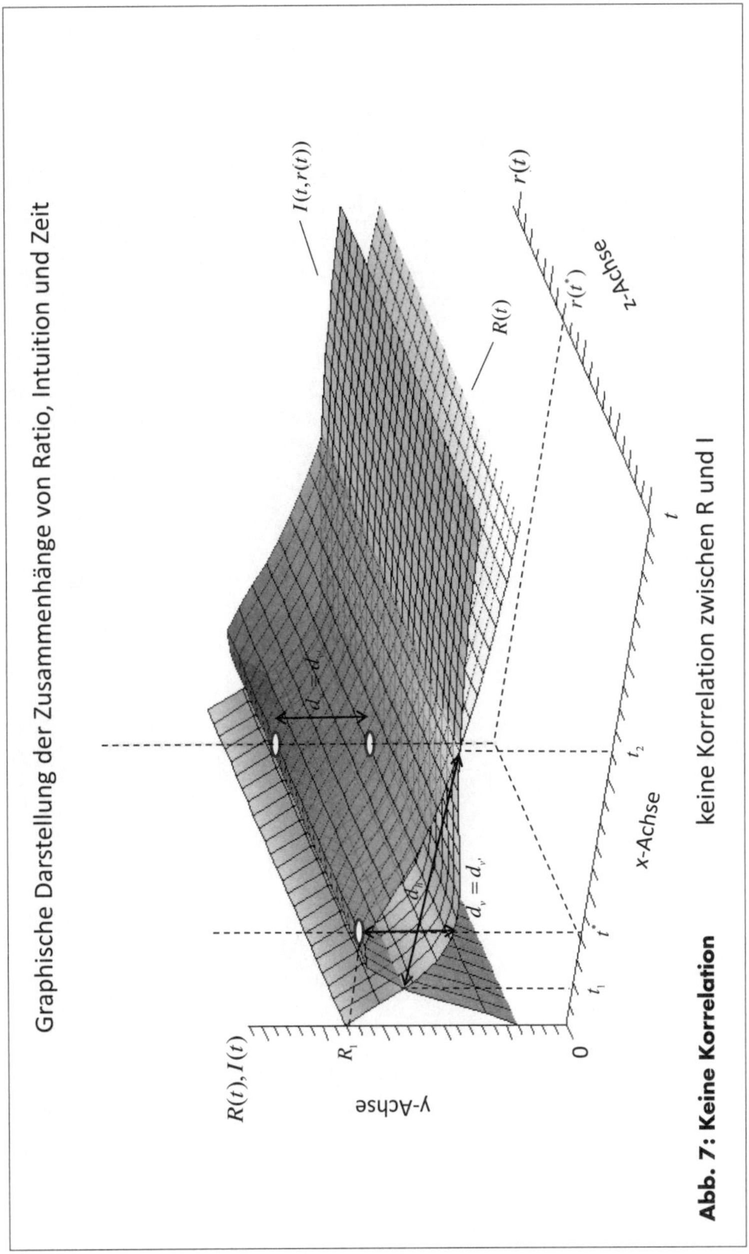

Abb. 7: Keine Korrelation

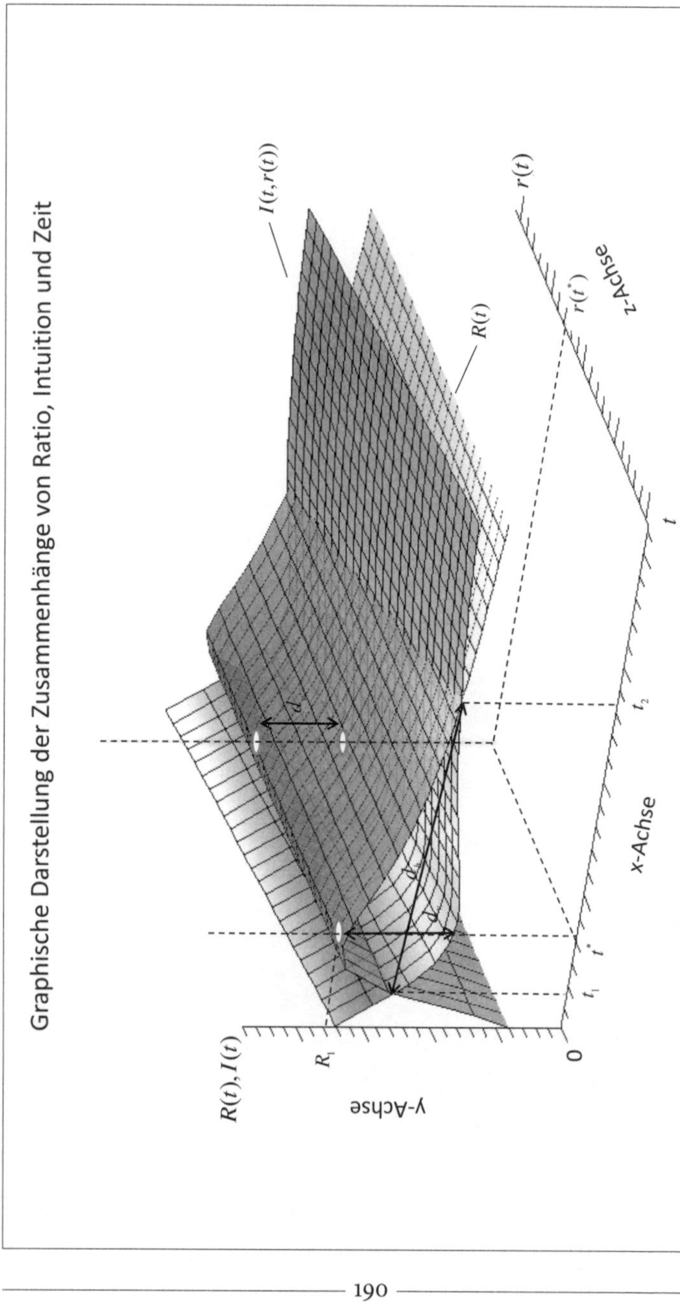

Abb. 8: Geringe Korrelation geringe Korrelation zwischen R und I

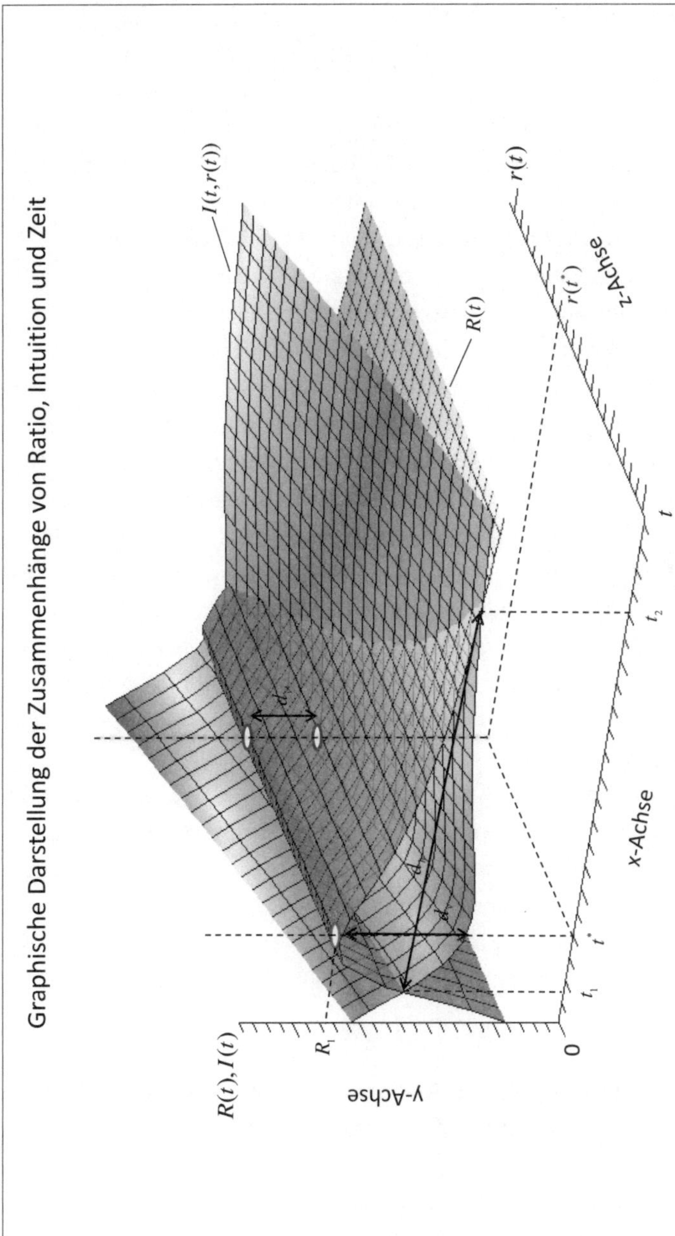

Abb. 9: Hohe Korrelation

Wichtig bleibt in der Praxis, sich vor typischen psychologischen Fallen bei der Bewertung von Wahrscheinlichkeitsaussagen zu hüten. Bei relativ abstrakten Problemen, Bereichen ohne Erfahrungswerten, aber auch Situationen, in denen das mögliche Ereignis starke Emotionen auslöst – wie dies beispielsweise bei einem «Zocker» in der Spielbank der Fall ist –, sollten wir Vorsicht walten lassen. Häufig verzerrt auch Angst, die durch drastische Bilder oder Berichte genährt wird, unsere Einschätzung. Viele fürchten heute, einem Terroranschlag zum Opfer zu fallen, obwohl es vieltausendfach wahrscheinlicher ist, bei einem Verkehrsunfall oder durch eine Herz-Kreislauf-Erkrankung zu sterben. Eine Reihe wissenschaftlicher Studien belegt, wie die unterschiedliche Präsentation ein und desselben Sachverhalts unser Urteil beeinflusst. Bei der Frage, ob wir uns zu einer kritischen Operation entschließen, macht es nachweislich einen gewaltigen Unterschied, ob der Arzt uns in zuversichtlichem Ton berichtet, dass 90 Prozent der Patienten diesen Eingriff überleben, oder ob er mit besorgter Miene davor warnt, dass 10 Prozent an den Folgen sterben. Schon im dritten Kapitel haben wir gesehen, dass sich unsere Einschätzungen unwillkürlich an einem Bezugspunkt orientieren und uns daher die von einem Luxuspreis herabgesetzte Ware plötzlich günstig erscheint, obwohl wir davor nicht bereit gewesen wären, so viel Geld zu investieren.

Auch wenn es kein Patentrezept gegen all diese Täuschungen gibt, so erhöht es doch unsere Chancen, mit typischen Szenarien vertraut zu sein, in denen uns unser psychologisches Urteil häufig trügt. In jedem Fall lohnt es sich, bei ähnlichen Szenarien unser erstes Urteil rational und in Kenntnis der typischen Fallen zu überprüfen und so wieder die Ratio als Kontrollinstanz auch unserer Intuition einzusetzen.

Durch die Augen des Anderen sehen – die Perspektive anderer Menschen verstehen

Das ist ein weiterer wichtiger Faktor im Rahmen einer sinnvollen Suche nach einem Zielbild für unsere Planung. Schon bei Kennedys Fallvarianten haben wir ja gesehen, dass immer wieder das «voraussichtliche Verhalten» der sowjetischen Seite als wichtige Entscheidungsgrundlage angesetzt wurde. In vielen Bereichen des täglichen Lebens wie auch bei unseren beruflichen Aktivitäten ist es außerordentlich wichtig, das Verhalten anderer Menschen vorherzusehen. Je besser uns das gelingt, desto erfolgreicher werden wir in vielen Fällen sein. So lautet ein Satz des amerikanischen Großindustriellen Henry Ford: «Ein Geheimnis des Erfolgs: den Standpunkt des Anderen verstehen.»

Doch wie bewerkstelligen wir das eigentlich? Woher wissen oder genauer gesagt ahnen wir, was in einem anderen Menschen vorgeht und was er tun wird? Zumeist handelt es sich um einen rein intuitiven Vorgang, der ohne bewusstes Nachdenken geschieht. Auch hier gilt jedoch: Oft gelingt uns das gut, manchmal aber auch kaum oder gar nicht. Zudem ist die Gabe der «Einfühlung» in andere Menschen sehr ungleich verteilt. Was können wir tun, um unsere Fähigkeiten in diesem Bereich zu steigern? Offenbar handelt es sich auch dabei um ein großes Thema, das wir im Rahmen dieses Buches nicht erschöpfend behandeln können. Doch wollen wir wiederum einige konkrete Ansatzpunkte bieten, die sich positiv auf unseren gesamten Planungsprozess auswirken.

Der Begriff «einfühlen» nimmt im Grunde schon aktuelle Erkenntnisse der Gehirnforschung vorweg. Vor etwa einem Jahrzehnt wurden von Giacomo Rizzolatti die «Spiegelneuronen» in der Großhirnrinde von Rhesusaffen entdeckt. Auch in unseren Gehirnen stellen diese Nervenzellen ein wichtiges Areal dar, das die erstaunliche Fähigkeit besitzt, das Erleben eines anderen Menschen in uns nachzubilden. Das erklärt zum Beispiel, warum uns das Wasser im Munde zusammenläuft, wenn wir einen anderen Menschen beim Verzehr einer köstlichen Speise beobachten. Sehen wir einen tragischen Liebesfilm, so kämpfen wir mit den Tränen, weil wir selbst das Leid der treuen Geliebten erleben. Und die Produzenten pornographischen Materials verdanken diesem Mechanismus ihren Lebensunterhalt. Ein anderes wissenschaftliches Lager glaubt daran, dass es vorrangig Vorwissen und äußere Anhaltspunkte sind, die es uns ermöglichen, eine «Theory of Mind» zu bilden und die inneren Vorgänge anderer Menschen zu verstehen. Die Wissenschaft ist noch im Fluss. Wir glauben, dass es auch hier um eine Kombination emotional-intuitiver Fähigkeiten mit rationaler Einsicht geht.

Viele Schachprofis erahnen den Zustand ihres Gegners nicht nur aufgrund der Qualität seiner Züge, sondern auch durch dessen gesamte Körpersprache und orientieren sich bei kritischen Entscheidungen nicht zuletzt daran. Wirkt der Gegner ängstlich und mutlos, so wird sein Remisgebot mit höherer Wahrscheinlichkeit abgelehnt als bei einem Spieler mit ruhiger und selbstbewusster Ausstrahlung.

Umgekehrt wird vermutet, dass bei Autisten die Funktionsfähigkeit der Spiegelneuronen eingeschränkt ist. Daher können sie die «Gefühlssprache» anderer Menschen nicht verstehen.

Wie sollen wir nun vorgehen, wenn wir im Zuge unserer Planung das Verhalten von Konkurrenten / Kooperationspartnern / Kunden oder auch Mitarbeitern möglichst gut vorhersehen müssen? Welche rationalen Maßnahmen können uns helfen? Wie fördern wir unsere diesbezügliche Intuition? Sobald wir anfangen, bewusst über das Innenleben eines anderen Menschen und seine Reaktionen nachzudenken, lauert ein häufiger Fallstrick. Zwar ist die Frage «Was würde ich an seiner / ihrer Stelle tun / denken / fühlen?» naheliegend, wir dürfen hier aber nicht stehenbleiben. Nur ein schlechter Lehrer geht von seinem eigenen Wissensstand aus und setzt Dinge als «selbstverständlich» voraus, die es für seine Schüler keineswegs sind. Die besten und tiefsten Ideen haben für den Anderen keinen Wert, wenn ihm die Voraussetzungen fehlen, sie zu verstehen. Nur ein schlechter Verkäufer schließt von seinen eigenen Vorlieben auf die Wünsche der Kunden. Erst wenn wir die spezifische Situation des anderen Menschen mit bedenken, bewegen wir uns auf ein sinnvolles Ergebnis zu. Beim Einfühlen beziehungsweise «Eindenken» in einen anderen Menschen geht es wiederum um einen Perspektivwechsel, dessen große Bedeutung wir schon im dritten Kapitel betrachtet haben. Die richtigen Fragen lauten also: «Wie sieht die Welt aus den Augen des Anderen aus? Was mögen seine entscheidenden Motive sein? Wie würde ich denken und empfinden, wenn ich in der Situation des Anderen mit dessen Erfahrungen und Voraussetzungen wäre?» Und schließlich: «Wie würde ich dann handeln?» Bei zunächst völlig unverständlichem Handeln eines anderen Menschen lautet eine wertvolle Frage: «Was müsste ich erlebt haben, um ebenso zu handeln?»

So schreibt Robert F. Kennedy in seinem berühmten Werk «Thirteen Days»: «Die entscheidende Lektion der Kubakrise ist die Wichtigkeit, sich in die Lage des anderen Landes zu versetzen.» Während der Krise wandte Präsident Kennedy mehr Zeit dazu auf, den Effekt seiner Handlungen auf Chruschtschow und die Russen zu bestimmen, als auf irgendeinen anderen Planungsbereich. Alle seine Überlegungen waren darauf gerichtet, weder Chruschtschow zu entwürdigen noch die Sowjetunion zu demütigen, noch ihnen das Gefühl zu geben, dass sie mit ihrer Antwort die Eskalation vorantreiben müssten, weil ihre nationale Sicherheit beziehungsweise ihre nationalen Interessen sie dazu verpflichten würden.

Das führt uns nahtlos zum nächsten Punkt: Wie kann ich das erforderliche Wissen über die andere Person erlangen? Ist das überhaupt möglich? Wiederum ergibt sich der beste Ansatz aus einer Kombination von Ratio und Intuition. Die Ratio kann zum einen Informationen über den Hintergrund und das bisherige Verhalten eines Menschen sammeln und ordnen. Sie kann dessen Aussagen analysieren und nach dem eigentlichen Sinn darin suchen. Sie kann auch im Sinne der Spieltheorie darüber spekulieren, durch welche Strategie der Andere in Interaktion mit mir seinen «Gewinn» maximieren kann.

Besonders wichtig ist es, sich Gedanken über die grundlegenden Handlungsmotive zu machen. Was ist für den Anderen von vorrangiger Bedeutung? Sucht er beispielsweise Sicherheit, geht es ihm um Ruhm, oder liebt er das Risiko, wenn dafür hoher Gewinn winkt? Wird er sich im Zweifelsfall ethisch einwandfrei und korrekt verhalten, oder freut er sich über den Erfolg einer kleinen Gaunerei? Hier erreichen wir den zentralen Bereich der Prioritäten, den wir im nächsten Kapitel ausführlich behandeln.

Bei persönlichem Kontakt ist es unsere Intuition, die aus verschiedensten körpersprachlichen Hinweisen wie der Körperhaltung, dem Gesichtsausdruck und der Stimmlage ein Gesamtbild über Zustand und Wesen eines anderen Menschen schafft. Auch hat nur sie die Fähigkeit, alle durch die rationale Analyse gefundenen Teile zusammenzusetzen und ein stichhaltiges Gesamturteil zu fällen.

Damit der Intuition all dies gelingt, sind eine gute Beobachtungsgabe und ein durch eigene und fremde Erfahrungen gespeister Erfahrungsschatz von Bedeutung. Echtes Interesse an und tiefgründige Gespräche mit anderen Menschen sind dazu unersetzlich. Eine einfache, aber wirkungsvolle Übung besteht darin, schriftliche Prognosen über das Verhalten bekannter Menschen in Entscheidungssituationen zu verfassen und diese im Anschluss mit den tatsächlichen Ereignissen zu vergleichen. Die Niederschrift ist wichtig, da wir leicht zum Selbstbetrug neigen. Zahlreiche Untersuchungen belegen, dass wir im Nachhinein oft zu Unrecht davon überzeugt sind, alles schon vorher gewusst zu haben ...

Eine ganz eigene Klasse von Interaktionen stellen Kampf- oder Konkurrenzsituationen dar, in denen gegensätzliche Interessen aufeinanderprallen. Hier geht es genau wie im Schach darum, das rationale Denken des Anderen zu verstehen und sich bestmöglich darauf einzustellen. Ein typisches Beispiel bietet Chruschtschows «Erklärung» zum Wesen der Politik, die er in einer 1961, also kurz vor der Kubakrise, vor Atomwissenschaftlern gehaltenen Rede in Form eines antisemitisch angehauchten Witzes zum Besten gab:

«Politik ist wie der alte Witz über die beiden Juden, die in einem Zug fuhren. Der eine fragt den anderen: ‹Nun, wohin fährst du?› – ‹Ich fahre nach Sitomir.› Was für ein schlauer Fuchs, denkt sich der erste Jude, ich weiß, dass er wirklich nach Sitomir fährt, aber er sagt Sitomir, damit ich denken soll, er fährt nach Smerinka!»

Wenn wir den dahinterstehenden Gedanken ernst nehmen, bewegen wir uns logisch betrachtet in einer endlosen Schleife, denn der Zweite in diesem «Spiel» könnte wiederum erwarten, dass der Erste nach Überwindung der ersten Täuschungsebene zum «Sitomir-Schluss» gelangen wird, und tatsächlich doch nach Smerinka fahren ... In einem solchen Fall könnte man also nur darüber spekulieren, wie viele Täuschungsebenen tief der Andere plant. Diese Art zu denken spielt bei

Interaktionen mit anderen Menschen dann eine große Rolle, wenn kein gegenseitiges Vertrauen herrscht und kein Kontrollmechanismus existiert. Diese wichtige Thematik wird in der nichtkooperativen Spieltheorie ausführlich untersucht. Glasklar tritt die typische Problematik einer Kooperation unter solchen Bedingungen im berühmten «Gefangenendilemma» hervor.*

Gefangenendilemma und Nash-Gleichgewicht

Dabei geht es immer darum, dass zwei oder mehrere Parteien interagieren und ihr Profit (der «Pay-Off») jeweils vom Verhalten des Anderen abhängt.

Um uns das Grundprinzip klar vor Augen zu führen, können wir uns zwei skrupellose, illegale Goldhändler vorstellen. Goldhändler Nr. 1 will mit einer Summe von 100 000 Euro das Gold von Nr. 2 kaufen. Gelingt das Geschäft, hätten beide in unserem Gedankenspiel mit einem Gewinn von 10 000 Euro zu rechnen. Problematisch sind nur die Übergabemodalitäten: Um der Verfolgung durch den Zoll zu entgehen, muss die Sache sehr schnell gehen, und beide überreichen sich verschlossene Koffer, deren Inhalt erst im Nachhinein inspiziert werden kann. Wenn beide Händler zu logischem Denken sowie Perspektivwechsel imstande sind, werden sie vor der Transaktion die möglichen (vorwärtsgerichteten) Varianten durchspielen und ihr Handeln darauf abstimmen.

So wird sich Nr. 1 in die Perspektive von Nr. 2 versetzen und überlegen: Nr. 2 hat genau zwei Handlungsvarianten: V1 Er packt das vereinbarte Gold in den Koffer. V2 Er füllt den Koffer mit Ziegelsteinen, um seinen Gewinn zu maximieren. Wie muss ich mich jeweils verhalten, um meine eigenen Interessen optimal zu wahren? In V1 könnte ich meinen Gewinn beträchtlich steigern, wenn ich anstelle des Geldes Zeitungspapier in meinen Koffer packe. Hier wäre es also vorteilhaft, die

* Das ursprüngliche Gedankenexperiment wurde anhand zweier Gefangener dargestellt, daher der Name.

Vereinbarung nicht einzuhalten. Und in V2 gibt es erst recht keinerlei Anlass, mein gutes Geld für Ziegelsteine zu verschleudern. Kurzum, in jeder Variante bin ich bessergestellt, wenn ich Papier in meinen Koffer lege. Leider wird unsere Nr. 2, der Inhaber des Goldes, zum analogen Schluss kommen und Ziegelsteine in den Koffer legen, um seine Interessen zu wahren.

Abb. 10: Gefangenendilemma

		Nr. 2	
		Gold	*Ziegelsteine*
Nr. 1	*Geld*	10000 / 10000	-100000 / 100000
	Papier	110000 / -90000	0 / 0

«Netto-Tabelle»
(Änderung des Vermögens)

Im Endeffekt kommt kein Geschäft zustande, wodurch beiden Händlern Einnahmen in Höhe von 10000 Euro entgehen. Setzt man auf beiden Seiten rationales, rein gewinnorientiertes Denken voraus, so ist dieses Problem tatsächlich nicht lösbar, es sei denn, es käme zu mehr als einer Transaktion. Würden die beiden Goldhändler in der Zukunft wieder miteinander Geschäfte machen wollen, könnte es in Hinsicht auf weitere Profite sinnvoll sein, durch korrektes Geschäftsgebaren Vertrauen aufzubauen.

Dennoch gibt es bestimmte Konstellationen, in denen wir uns trotz mangelndem Vertrauen und purem Egoismus auf beiden Seiten auf einen rational handelnden Geschäftspartner verlassen können. Das war eine grundlegende Entdeckung von John Nash, der das später berühmte Nash-Gleichgewicht beschrieb und für seine Forschungen mit dem Nobelpreis ausgezeichnet wurde.

Stellen wir uns zwei Firmen mit identischem Produkt und identischem Produktionsaufwand in einem gnadenlosen Konkurrenzkampf vor. Wir wissen, dass die Kunden mit Sicherheit zum billigeren Produkt greifen werden. Beide Firmen müssen also ihren Preis nach unten orientieren, um nicht vom Konkurrenten unterboten zu werden. Doch wie weit können sie dabei gehen? Offenbar muss ein gewisser Mindestgewinn erzielt werden, um die Firma profitabel zu halten. Tiefer kann keine der Firmen gehen. Höher aber auch nicht, denn dann würde nur noch das billigere Produkt der Konkurrenz gekauft werden. Beide Seiten fahren also eine optimale Strategie, von der sie ohne erhebliche Nachteile nicht abweichen können.

Auch im Schach kann ein solches Gleichgewicht einfach und elegant dargestellt werden:

Weiß sieht sich hier mit einer schrecklichen und unparierbaren Mattdrohung auf b2 konfrontiert (*Diagramm S. 200 oben*). Weiß darf dem Schwarzen also auf keinen Fall die Zeit geben, das drohende Fallbeil herabsausen zu lassen. Offenbar muss er dazu unbedingt den schwarzen König bedrohen. Ihm sind nur wenige sinnvolle Handlungsoptionen verblieben: Züge wie 1. Td8+ Ke7 oder 1. Tf7+ K×f7 können wir sehr schnell nach negativer Selektion abhaken. Es verbleibt also nur **1. Sh7+**. Wendet sich der schwarze König mittels **1. … Ke8** nach links, so folgt **2. Sf6+**, und Schwarz hat keine andere Option, als wieder **2. … Kf8** zu spielen. Der Schwarze kann sich jetzt aus den zuvor besprochenen Gründen ganz sicher sein, dass Weiß wiederum **3. Sh7+** ziehen wird. Nun kann er **3. … Kg8** versuchen. Wieder muss Weiß **4. Sf6+** spielen. Was nun? Ein rational und damit gut spielender Schwarzer wird keinesfalls 4. … Kh8 wählen, da dann 5. Th7 Matt folgt. Weiß kann sich also darauf verlassen, dass sein Gegner **4. … Kf8** ziehen wird. Aber auch für Schwarz ist klar, dass Weiß wiederum mit **5. Sh7+** fortsetzen wird, da er sonst eindeutig verliert. Es handelt sich also um eine wechselseitig

Ein Nash-Gleichgewicht

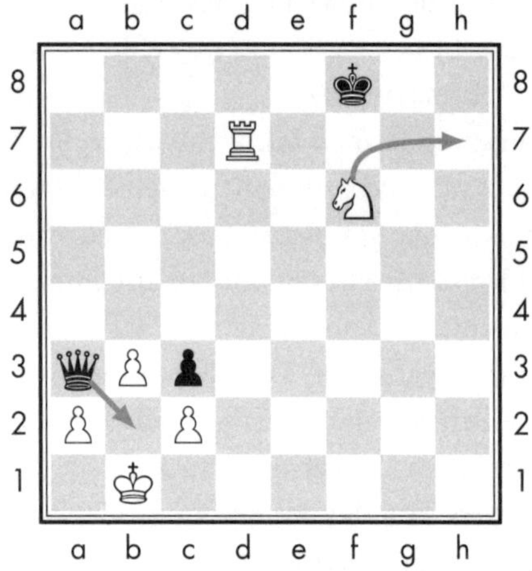

Weiß am Zug

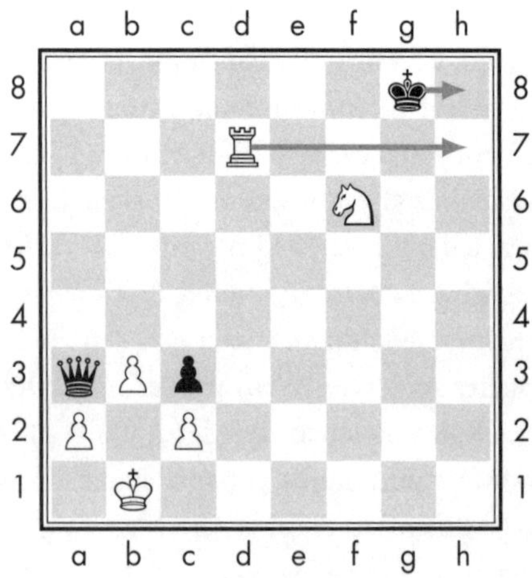

Schwarz am Zug
Position nach 4. ♘f6+

erzwungene Zugwiederholung, die zum Remis führt. Dies entspricht der Grundidee des Nash-Gleichgewichts, bei dem sich jede Seite auf die Strategie des Anderen verlassen kann, da eine Abweichung davon diesem nur Nachteile bringen würde.

Glücklicherweise treffen wir im alltäglichen Wirtschaftsleben durchaus auch auf faire Verhandlungspartner, deren moralische Werte intakt sind und die nicht brutale Gewinnmaximierung auf Kosten Anderer als einziges Ziel haben. Hier geht es um Win-win-Situationen, bei denen wir die zentralen Motive des Partners verstehen sollten. Offenbar spielt die richtige Einschätzung des Anderen eine große Rolle, wollen wir reibungslos Geschäfte machen und uns dennoch vor unliebsamen Überraschungen schützen.

Ein weiterer Aspekt ist dabei recht interessant. Im Prinzip könnte das Gefangenendilemma auf einer ganz anderen, ethischen Ebene durchaus aufgelöst werden. Nimmt man den Grundsatz der Nächstenliebe einmal wörtlich und stellt die Interessen des Anderen über die eigenen, wäre plötzlich der gordische Knoten durchschlagen, und beide Seiten könnten sich über einen schönen Gewinn freuen.

Vom Wesen der Drohung

Spezielle Gesetze gelten bei Konflikten mit gegensätzlichen Interessen. Ein entscheidendes Mittel, um hier die eigenen Wünsche durchzusetzen, ist die Drohung. Gerade bei politischen Auseinandersetzungen wie der Kubakrise und der atomaren Abschreckung im Allgemeinen spielen Drohungen eine große Rolle. Hinter einer Drohung steht immer eine Wenn-dann- beziehungsweise eine Wenn-nicht-dann-Konstruktion. Dadurch soll der Andere zu einem bestimmten Verhalten gezwungen werden, da er anderenfalls mit unangenehmen Konsequenzen zu rechnen hätte. «Wenn Sie nicht sofort zahlen, schalte ich meinen Anwalt ein.» Oder: «Wenn du nicht deine Hausaufgaben machst, darfst du heute Abend nicht fernsehen.» Für die Wirksamkeit einer Drohung sind drei Faktoren von Bedeutung: 1. Wie unangenehm wäre die Ausführung der Drohung für den Anderen? 2. Welche Nachteile hätte die Ausführung der Drohung für mich selbst? 3. Und wie glaubwürdig ist es für den Anderen, dass ich die Drohung tatsächlich wahr machen werde?

Im ersten Beispiel wären die entsprechenden Fragen: Fürchtet mein Schuldner eine juristische Auseinandersetzung? Wie hoch wären mein Aufwand und die Kosten? Und glaubt mein Schuldner, dass ich tatsächlich den Anwalt einschalten werde, oder hält er das für eine «leere Drohung»? Punkt 1 und 2 sind zumeist relativ leicht auszuloten, schwieriger und besonders wichtig ist jedoch die Glaubwürdigkeit einer Drohung. Nur wenn der Andere daran glaubt, dass ich die Drohung wirklich wahr machen werde, wird er darauf reagieren. Eine typische Problematik lässt sich anhand einer mit Erpressung verbundenen Entführung darstellen. Der Entführer droht zwar damit, seine Geisel zu töten, tatsächlich möchte er dies aber keineswegs tun, da er ja damit jegliches Druckmittel verlieren würde.

Im Schach sieht sich ein Spieler nicht selten durch eine ihm gefährlich erscheinende gegnerische Idee zu einem Zugeständnis genötigt. Fürchtet er einen Angriff auf seinen König, wird er beispielsweise eine im Zentrum gut postierte Figur zu dessen Schutz abziehen, was dem Gegner sehr gelegen kommt. Tatsächlich hätte dieser den Königsangriff vielleicht gar nicht eingeleitet, da er mit beträchtlichen Risiken verbunden wäre.

Sowohl diese als auch die Erpressungsthematik wird durch den folgenden «Schach-Aphorismus» gut auf den Punkt gebracht: «Die Drohung ist stärker als die Ausführung!» Oft ist die Ausführung einer Drohung, wie zum Beispiel der Gang zum Anwalt, mit Unannehmlichkeiten verbunden, die wir scheuen. Ebenso ergeht es dem Erpresser, der seine eigene Situation dramatisch verschlechtert, wenn er seine Drohung ausführt und die Geisel tötet. Es ist aber absolut ausreichend, wenn der Andere daran glaubt, dass wir es wirklich tun könnten! Die praktischen Folgerungen führen also zu den Kernfragen:

1. Wie können wir unsere eigenen Drohungen möglichst glaubwürdig erscheinen lassen?

2. Wie können wir die gegnerischen Drohungen auf ihren tatsächlichen Gehalt, also auf die Wahrscheinlichkeit ihrer Ausführung, hin prüfen?

Nun sind wir mit einigen Überlegungen und praktischen Ansätzen gerüstet, die uns bei komplexen Planungen und damit verbundenen kritischen Entscheidungen von Nutzen sind. Der Analyse von Prioritäten, die unsere Ziele und somit auch Handlungsmotive bestimmen, wenden wir uns im nächsten Kapitel zu.

Damit ist es höchste Zeit, zu Kennedys großer Krise und seiner Partie am Rande des Abgrunds zurückzukehren. Rufen wir uns nochmals seine Handlungsoptionen von Seite 179 ff. ins Gedächtnis. Bei jeder Variante wurde zum einen das voraussichtliche Verhalten der sowjetischen Seite, in einigen Fällen auch der Weltöffentlichkeit oder des amerikanischen Senats bedacht. Ebenso wurden die jeweiligen Wahrscheinlichkeiten grob geschätzt und politische Bewertungen der möglichen Zukunftsszenarien getroffen. Wenn in solch einem Fall das intuitiv-rationale Pendel eindeutig zugunsten einer Variante ausschlägt, so ist zumindest die Vorentscheidung gefallen. Bei knappen Zeitressourcen werden wir diese Variante jetzt wählen. Sind noch Zeitreserven vorhanden, so können wir den Endpunkt unseres «Favoriten» mittels der Zieldefinition aus Kapitel 5 noch weiter ausgestalten, was unter Umständen Verbesserungen im Ablaufplan ermöglicht. Zudem können wir danach auch noch den rückwärtsgerichteten Ansatz aus Kapitel 6 für weitere Einsichten nutzen.

Das Flexibilitätsprinzip

Doch was ist zu tun, wenn die Sache weniger klar und die richtige Entscheidung immer noch nicht eindeutig ist? Und wie können wir uns überhaupt bestmöglich gegen die Unwägbarkeiten der Zukunft wappnen? Als positives Mittel dient unsere Planungsstruktur mit Werkzeugen wie der negativen Selektion, der rational-intuitiven Einschätzung von Wahrscheinlichkeiten oder dem «Eindenken» beziehungsweise Einfühlen in andere Menschen. Optimal gerüstet sind wir jedoch erst, wenn wir auch die typischen Hindernisse kennen, die sich einer «perfekten Planung» entgegenstemmen.

Auf einen großen Nenner gebracht wurde die Problematik schon vom preußischen Offizier und Militärtheoretiker Carl von Clausewitz zu Anfang des 19. Jahrhunderts. In seinem Werk «Vom Kriege» prägt er den der Mechanik entlehnten Begriff der «Friktion», was ursprünglich für «Reibungswiderstand» steht. Dieser macht auf physikalischer Ebene unter anderem ein Perpetuum mobile unmöglich, da die Überwindung jeglichen Reibungswiderstands Energie verschlingt. Übertragen auf die militärische oder auch allgemeine Planung steht die «Friktion» für das Auftreten verschiedenster kleinerer und größerer Schwierigkeiten, die einen «reibungslosen» Ablauf verhindern. Als Beispiele aus dem Bereich der Kriegsführung nennt Clausewitz unter anderem das unberechenbare und nicht plangemäße Verhalten einzelner Soldaten, das wiederum auf die gesamte Armee wirken kann. Ebenso kann ein plötzlicher Wetterumschwung zu schlammigen und unpassierbaren Straßen führen oder eine Krankheit unter den Soldaten wüten. Jede noch so sorgfältig ausgefeilte Firmenplanung kann sich nach einem Umschwung der Marktlage als ungenügend erweisen. Dabei steigt der Grad der Ungewissheit, je weiter sich die Planung in die Zukunft bewegt. Auf einen prägnanten Nenner brachte diesen Umstand der legendäre dänische Großmeister Bent Larsen, ein ehemaliger Hauptkonkurrent von Bobby Fischer: «Eine lange Variante ist immer falsch.» Und vom Schweizer Schriftsteller Friedrich Dürenmatt stammt der gedanklich verwandte Satz: «Je planmäßiger die Menschen vorgehen, desto wirksamer trifft sie der Zufall.»

Beides ist natürlich überspitzt formuliert, und selbstverständlich existieren sowohl lange, korrekte Varianten im Schach als auch langfristige, erfolgreiche Planungen im praktischen Leben. Doch wie können wir uns auf die Friktion im Sinne kleinerer, unwägbarer Schwierigkeiten oder auch die schon besprochenen «Schwarzen Schwäne» als große umwälzende und unvorhersehbare Ereignisse einrichten? Und inwieweit hatte Kennedy diese Problematik auf seiner überlebenswichtigen Rechnung?

Um dies zu verstehen, lohnt ein neuerlicher Blick auf das schachliche Denken und Planen. Weit verbreitet und von vielen Meistern auch emsig gepflegt ist der Mythos des einen großen «Masterplans», der sich als roter Faden durch die ganze Partie zieht. Die Wirklichkeit sieht zumeist ganz anders aus. Zwar existiert durchaus nicht selten ein langangelegter, übergeordneter «Maxiplan». Doch ist dieser bewusst recht allgemein und unscharf gehalten, zum Beispiel: «Ich sollte am Königsflügel aktiv werden und Schwächen in der Bauernstellung des gegnerischen Königs erzeugen.» Dies wäre dem allgemeinen Gedanken «Mein Unternehmen soll mehr Marktanteile erobern und sich von der Konkurrenz deutlich abheben» vergleichbar. Im nächsten Schritt entwirft der Schachmeister nun im Konkreten mittels der uns schon bekannten Werkzeuge einen «Mini-Plan», der sich über einen realistischen und überschaubaren Bereich von 3 bis 4 Zügen erstreckt. Dabei ist die wichtigste Zielvorgabe, dass sich die Gesamtbewertung der Lage nach dieser Operation zumindest ein wenig verbessert hat. In einer kritischen, bedrängten Situation kann es auch darum gehen, zumindest den Status quo zu halten. Ist der «Mini-Plan» abgeschlossen, wird die neuentstandene Lage unvoreingenommen geprüft und ein neuer Mini-Plan anhand der jetzt vorhandenen Gegebenheiten entworfen. Diese Vorgehensweise des praktischen Schachmeisterdenkens findet ihre Entsprechung in vielen anderen Lebensbereichen – so etwa auch im Bereich der praktischen Politik. Das Stichwort einer solchen Strategie lautet dort «Piecemeal Engineering».

Betrachten wir dazu die folgende, scheinbar gänzlich harmlose Stellung aus einer ruhigen Eröffnungsvariante, dem schon seit dem 17. Jahrhundert bekannten «Giuoco Piano» der Italienischen Partie (*Diagramm S. 206*): Hier ist der Weiße am Zug, wir versetzen uns jedoch in die planerische Perspektive des Schwarzen. Erst wenige Züge sind geschehen, noch gibt es keinen Feindkontakt zwischen den beiden Lagern. Jeder dazu befragte Schachmeister würde als Schwarzer seinen weiteren Plan in etwa so formulieren: «Die Entwicklung der Figuren muss in den nächsten Zügen abgeschlossen werden, es sollte bald die kurze Rochade folgen, um den König zu sichern und die Türme zu verbinden. Der weißfeldrige Läufer sollte wohl nach e6 ziehen. Die Position des Damenspringers auf c6 könnte verbessert werden, indem er über e7 nach g6 überführt wird. Schön wäre es, den Zentralstoß...d5 unter günstigen Vorzeichen durchzusetzen.» Weiß verfügt über einige an dieser Stelle gebräuchliche Züge, wie 8. Te1 oder auch 8. Sbd2. Doch in unserem Beispiel spielt er den Sicherungszug **8. h3**. Natürlich könnte Schwarz seinen zuvor skizzierten Plan jetzt ohne Nachteile durchführen. Aber – der absolut unscheinbare letzte Zug hat die Gesamtlage in einem wichtigen Aspekt grundlegend verändert! Jetzt, und erst jetzt, existiert ein wesentlich nachhaltigerer Plan. Der keineswegs erzwungene und somit unvorhersehbare letzte Zug des Weißen hat uns einen Ansatzpunkt für einen direkten Königsangriff geliefert, in der Schachterminologie spricht man von einer Angriffsmarke.

Flexibel handeln

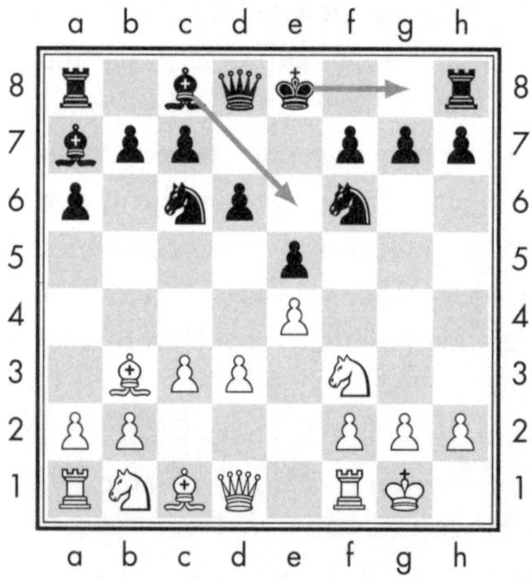

Weiß am Zug
Position nach 7. ... ♝a7

8. … h6. Dieser unter anderen Umständen belanglose Zug passt sich sofort den neuentstandenen Gegebenheiten an und stellt die Einleitung zu einer gefährlichen Attacke dar. Statt automatisch den skizzierten Entwicklungsplan fortzusetzen, will Schwarz den gegnerischen Königsflügel mittels … g5–g4 aufreißen. Sicherlich kann man noch nicht von schwarzem Vorteil sprechen, aber der Weiße steht vor beträchtlichen praktischen Problemen, die nicht leicht zu lösen sind, z. B. **9. Te1 g5**.

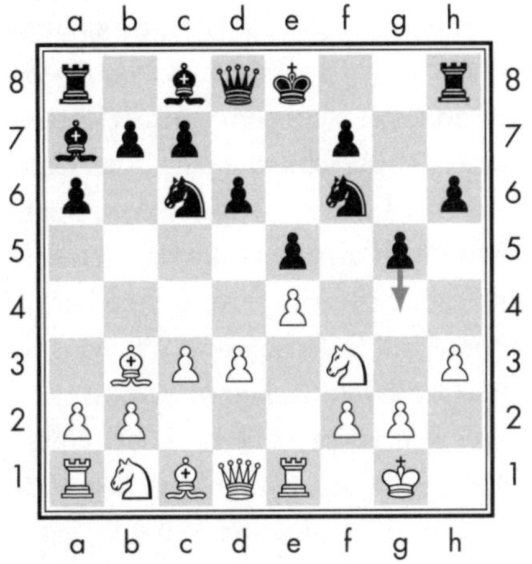

Weiß am Zug
Position nach 9. … g5

Im nächsten Zug wird Schwarz mit … g4 fortsetzen, was mit einem weißen Bauern auf h2 einfach durch einen Wegzug des Springers beantwortet würde. Nun jedoch wird ein Bauernpaar getauscht, wonach sich Zugangswege zum weißen König öffnen, z. B. **10. Sh2 g4 11. h×g4 Tg8** oder **10. Le3 g4 11. h×g4 L×g4** nebst späterer langer Rochade des Schwarzen, wonach die geöffnete g-Linie dem Schwarzen gute Angriffsaussichten verspricht.

Welche allgemeine Lehre können wir daraus ziehen? Bei längerfristigen Planungen ist es oft günstiger, den übergeordneten Langzeitplan bewusst noch ein wenig unscharf zu belassen.

Möglichst präzise ausarbeiten sollten wir jedoch das vor uns liegende Teilstück als Mini-Plan auf dem Weg zu unserem übergeordneten Maxi-Plan. Bei der Bewertung des Mini-Plans ist genau darauf zu achten, inwieweit er uns ein Stück in Richtung des Maxi-Plans befördert. Nach Abschluss jedes Mini-Plans ist unbedingt ein frischer Blick auf die neuentstandene Lage zu werfen. Hier lauten die entscheidenden Fokusfragen:

Welche neuen Fakten liegen vor? Haben sich die Umstände so verändert, dass eine Anpassung des Maxi-Plans anzuraten ist? Welcher nächste Mini-Plan entspricht am besten den neuen Gegebenheiten?

Für jeden Schachmeister ist es zum lebenswichtigen Automatismus geworden, die Lage nach Abschluss einer Operation, besonders aber auch nach einer überraschenden Wendung der Ereignisse unvoreingenommen zu prüfen. Stellt sich heraus, dass der so vielversprechend anmutende Angriff gescheitert und der scheinbare Vorteil gar nicht existent ist, wird sofort auf Defensive und Schadensbegrenzung umgeschaltet. Das mag selbstverständlich anmuten, ist es in der alltäglichen Planungspraxis aber keineswegs. Oft ist es bei einer groß und langfristig angelegten Planung aus psychologischen Gründen schwierig, von der eingeschlagenen Linie abzuweichen oder gar das ganze Projekt abzublasen, obwohl dies in Anbetracht der veränderten Marktlage die beste Lösung wäre. Zu sehr schreckt der damit verbundene Image- und Gesichtsverlust.

Wie kann dieses Problem entschärft werden? Analog zur an der Börse völlig normalen «Stop-loss-Order», die einen Verkauf des Wertpapiers bei Unterschreitung einer gewissen Marke bestimmt, sollten zu Anfang einer längerfristigen Planung Warnsignale etabliert werden. Diese Warnsignale müssen je nach Kontext definiert werden, sie könnten sich ebenso an Kundenzahlen wie den Preisen der Konkurrenz, neuen technologischen Entwicklungen oder aber veränderten gesellschaftlichen Tendenzen orientieren. Sobald im Verlauf eines fortschreitenden Projekts ein Warnsignal akut wird, muss der bisherige Plan erneut überprüft werden. Sehr viele Planungsfehler resultieren aus einem Mangel an Flexibilität und starrer Fortführung des bisher Dagewesenen.

Auf bildungspolitischer Ebene ist ein gutes, inhaltlich jedoch trauriges Beispiel die immer noch auf vier Jahre angelegte Grundschule und ihr starres Bewertungssystem. Es ist offensichtlich, dass die Entwicklung von Kindern in ganz unterschiedlichem Tempo verläuft und zum Ende der Grundschulzeit keineswegs eine endgültige Ausprägung erreicht hat. Wie Manfred Spitzer in seinem Werk «Lernen – Gehirnforschung und die Schule des Lebens» darlegt, sind im Kindesalter die Gehirnstrukturen noch in der Entwicklung begriffen. Zu komplexe Inhalte können noch nicht verstanden und verarbeitet werden, bevor das entsprechende Stadium erreicht ist. Daher ist eine verfrühte Aufteilung der Kinder auf unterschiedliche Schultypen nach nur vier Schuljahren untauglich und widerspricht unter anderem dem gerade betrachteten Flexibilitätsprinzip. Besonders die resultierende Ausgrenzung und Stigmatisierung der möglicherweise in ihrer Entwicklung nur etwas langsameren Hauptschüler sorgt zunehmend für sozialen Zündstoff. Hier wäre eine flexible Anpassung des Schulsystems an die individuellen Entwicklungsphasen der Kinder erforderlich. Schon die Ausdehnung der gemeinsamen Grundschulzeit auf sechs Jahre, um erst dann die Weichen für den weiteren Bildungsweg zu stellen, würde einen Fortschritt bedeuten.

Kennedys Lösung

Doch lüften wir nun endlich für alle nicht mit der Kubakrise vertrauten Leser das Rätsel um Kennedys kritische Entscheidung. Dabei werden wir auch einem letzten wichtigen Hilfsmittel bei schwierigen Entscheidungen begegnen. Drei Tage lang, also bis zum 19. Oktober, wogten die hitzigen Debatten im Cabinet Room des Weißen Hauses. Trotz des vehementen Widerstands der militaristischen Falken rückte Kennedy in dieser Zeit immer mehr von der Idee eines unmittelbaren Luftschlags ab. Seine tatsächliche Wahl der Variante «Seeblockade» erwies sich als Glücksfall für die Welt.

Was waren die zentralen Motive für diese extrem schwierige Ent-

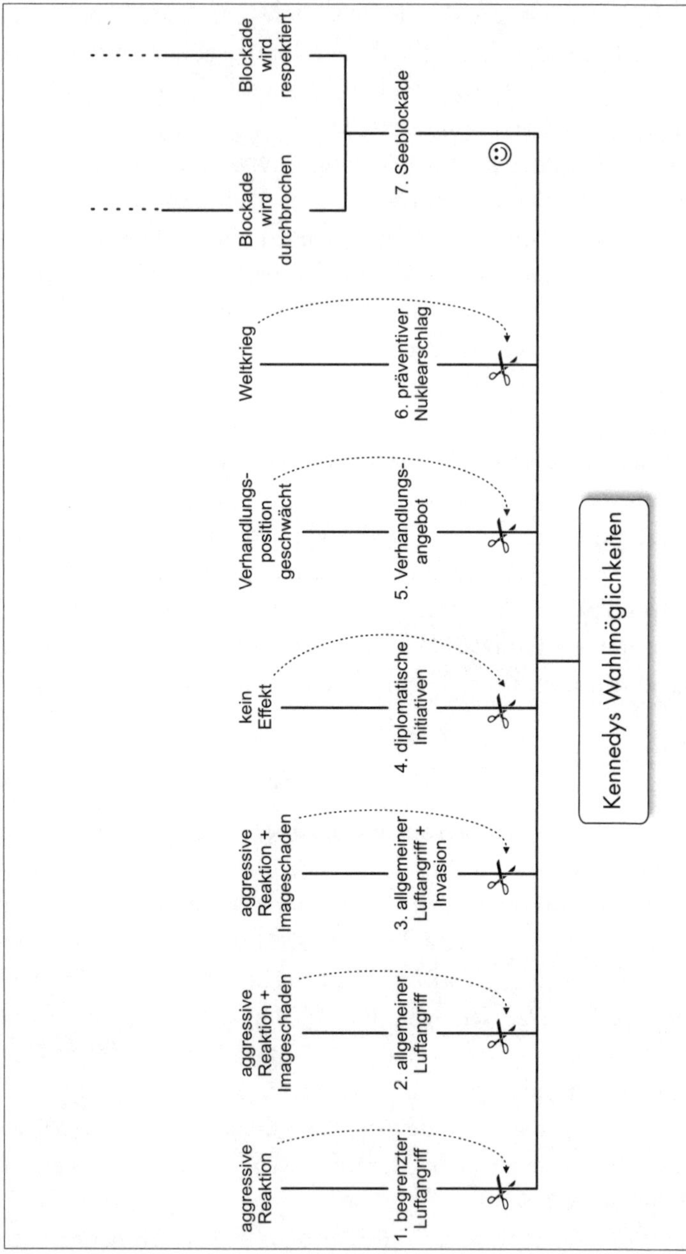

Abb. 11: Der Kennedy-Baum

scheidung im Licht des Ungewissen? Die Seeblockade erfüllte gerade die sowohl innen- als auch außenpolitisch vorgegebenen Mindestkriterien an Härte und Entschlossenheit. Andererseits wurde so aber auch kein aktiver kriegerischer Akt ausgeführt. Je nach Reaktion der Sowjetunion wäre immer noch eine diplomatische Lösung möglich; sollte aber eine militärische Auseinandersetzung entbrennen, würde die Sowjetunion den Part des Aggressors übernehmen müssen, indem sie die Blockade durchbrach. Vor allem aber hielt Kennedy sich so die größtmögliche Zahl von Optionen zwischen Krieg und Frieden offen.

Damit kommen wir zum springenden Punkt. Nach dem Flexibilitätsprinzip oder auch Optionsprinzip (Hans Berliner) ist im Zweifelsfall diejenige Variante zu wählen, die uns im weiteren Verlauf die meisten Handlungsmöglichkeiten belässt. Umgekehrt müssen wir bei jeder verpflichtenden Entscheidung doppelt vorsichtig sein. Schon jeder Schacheinsteiger lernt, dass Bauernzüge besonders genau zu prüfen sind, da der Bauer als einzige Figur niemals rückwärts ziehen darf. Im sechsten Kapitel werden wir auch anhand zweier Case Studies sehen, wie sich Handlungsflexibilität formal darstellen lässt und wie die Wahrung unterschiedlicher Optionen die Bewertung einer Investition positiv beeinflussen kann.

Natürlich existieren auch Entscheidungsszenarien, in denen keine Flexibilität möglich ist, wie beispielsweise bei der Entscheidung «Grippeimpfung – ja oder nein». Alle Fälle aber, in denen eine spätere Anpassung an die tatsächliche Entwicklung offengehalten wird, sollten in unserer Bewertung einen besonderen Bonus erhalten.

Sehen wir uns noch ein weiteres Schachbeispiel an, das die Bedeutung des Flexibilitätsprinzips unterstreicht:

In dieser Komposition von Prokop aus dem Jahr 1925 ist die Bestandsaufnahme schnell geschafft: Zwar befindet sich der Schwarze formal gesehen im materiellen Vorteil, doch wird sofort einsichtig, dass hier nur der Weiße gewinnen kann. Alles wird sich um die Frage drehen, ob es Schwarz gelingt, seinen Springer gegen den weißen Freibauern zu opfern, was ihm ein Remis sichern würde, oder ob es Weiß gelingt, sich eine neue Dame zu holen, die nicht sofort dem schwarzen Springer zum Opfer fällt. Im letzteren Fall wäre Weiß der Sieg gewiss. Somit ist das übergeordnete weiße Ziel, nämlich die Verwandlung des Bauern in eine Königin, scharf definiert. Auch das grundsätzlich erforderliche Vorgehen ist wenig geheimnisvoll: Der König muss seinem Bauern den Weg frei räumen, und der Bauer selbst muss vorrücken.

Optionen maximieren

FRANTIŠEK JOSEF PROKOP 1925

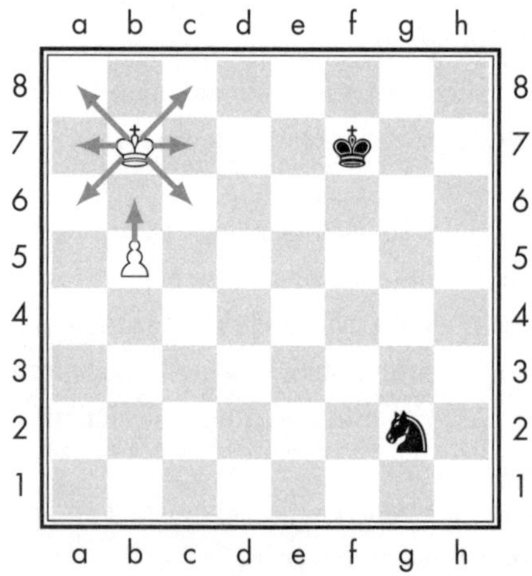

Weiß am Zug

Weniger einfach ist die präzise Ausarbeitung der Varianten, da uns im ersten Zug immerhin acht Königszüge sowie ein Bauernzug zur Verfügung stehen. Zwar können wir zwei Königszüge, nämlich die nach b6 und b8, streichen, da sie nicht der Forderung nach Ebnung des

Freibauern-Pfades genügen. Doch auch die verbleibenden sieben Varianten sind nicht leicht zu bearbeiten, da der tückische Springer über eine erstaunliche Wendigkeit verfügt. Betrachten wir dazu zwei Beispielvarianten, die nur zum Remis führen: 1. Kc6 Se3 2. b6 Sc4 3. b7 Sa5+, und der Bauer auf b7 fällt. 1. Kc8 Se3 2. b6 Sc4 3. b7 Sd6+, wieder mit dem gleichen Resultat.

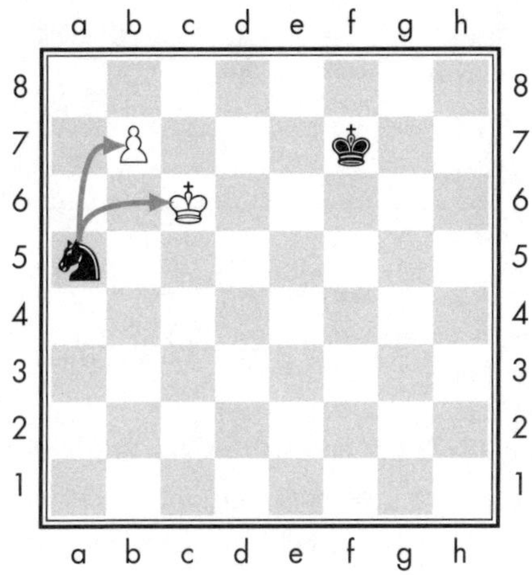

Weiß am Zug
Variante mit 1. ♔c6 ♘e3 2. b6 ♘c4 3. b7 ♘a5+

Natürlich könnten wir, ausreichende Zeitressourcen vorausgesetzt, alle Varianten mittels unseres Suchbaums abarbeiten. Viel schneller kommen wir jedoch ans Ziel, wenn wir das Flexibilitätsprinzip anwenden. «Welcher Zug muss auf jeden Fall geschehen und lässt somit im Anschluss die meisten Optionen offen?», lautet die kritische Fokusfrage dazu. Dies führt uns sofort zu **1. b6**. Der Freibauer muss auf jeden Fall vorrücken. Der Witz liegt nun darin, dass sich der weiße König erst *nach* dem folgenden Springerzug flexibel entscheidet. So folgt nach **1. b6 Se3** als einzig gewinnbringender Zug (bitte ausprobieren!) (*Diagramm S. 214*) **2. Ka6 Sd5 3. b7 Sb4+ 4. Kb5**. Verfehlt wäre dagegen beispielsweise 2. Ka7 Sc4 3. b7 Sa5 4. b8D Sc6+, und die neugeborene

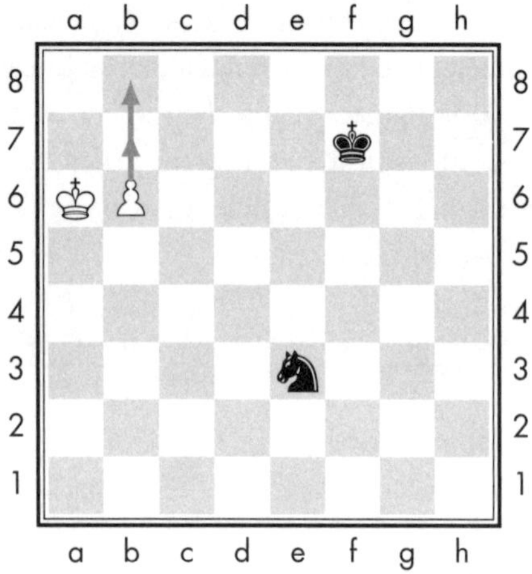

Schwarz am Zug
Position nach 2. ♔a6

Dame fällt. Wendet sich der Springer jedoch auf 1. b6 nach f4, so wäre 2. Ka6 verfehlt: 2. … Se6 3. b7 Sc5+ mit Remis. Doch der weiße König passt sich den Umständen perfekt an und zieht auf 1. … Sf4 2. Kc8, was tatsächlich den einzigen Gewinnzug darstellt: 2. … Sd5 3. b7 Sb6+ Kd8 und gewinnt.

Wir sehen an diesem Beispiel gut, welch entscheidende Rolle eine flexible Anpassungsfähigkeit an veränderliche Umstände spielt.

Von diesem Flexibilitätsprinzip bei ansonsten etwa gleichwertigen Alternativen gibt es zwei Ausnahmen. In manchen Situationen kann es psychologisch vorteilhaft sein, die Brücken hinter sich zu verbrennen und sich selbst einen Rückzug unmöglich zu machen. Militärisch gesehen werden so alle Kräfte für den Angriff mobilisiert, während kein Gedanke an die Flucht mehr schwächen kann. Ein zweites Szenario, in dem statt Flexibilität eine eindeutige Festlegung vorzuziehen wäre, ergibt sich, wenn man die schon angesprochene glaubwürdige Drohung schaffen will. So wirkt die tatsächliche und dokumentierte Übergabe der Forderung an ein Inkassounternehmen stärker auf einen säumigen Schuldner als deren wiederholte Ankündigung, während ich mich selbst nicht zu diesem verpflichtenden Schritt durchringen kann. Allerdings ist jede Festlegung mit entsprechenden Nachteilen verbunden, sodass Pro und Kontra hier besonders genau abzuwägen sind.

Am Abend des 22. Oktobers 1962 hält Kennedy seine legendäre Fernsehansprache, in der er die Seeblockade vor Kuba ankündigt. Gleichzeitig werden die amerikanischen Streitkräfte in höchste Alarmbereitschaft versetzt. Weltweit breitet sich Furcht vor einem Atomkrieg aus. Am 24. Oktober bewegen sich sechs sowjetische Schiffe und ein U-Boot auf die amerikanische Sperrlinie zu. Die Welt hält den Atem an. Doch im letzten Moment drehen die Schiffe ab und nehmen Gegenkurs. Kennedys Strategie hat den ersten Erfolg erzielt.

Doch noch ist das Drama keineswegs ausgestanden, und weiterhin wird auf amerikanischer Seite eine Invasion Kubas vorbereitet. Die Eskalation droht, als ein amerikanisches Aufklärungsflugzeug über Kuba abgeschossen wird. Die amerikanische Luftwaffe erhält Einsatzpläne für den Extremfall in Form eines breitgefächerten atomaren Angriffs auf die Sowjetunion. Umgekehrt drängt Fidel Castro die Sowjetunion zu einem atomaren Präventivschlag gegen die USA. Die Verwirrung steigert sich, als innerhalb eines Tages zwei widersprüchliche Botschaften von Chruschtschow eintreffen. Wer hat wirklich die Macht im Kreml?

Im letzten Moment bringt ein geschickter diplomatischer Vorstoß von Bobby Kennedy den Durchbruch. Im Auftrag seines Bruders überzeugt er den sowjetischen Botschafter Dobrinin von der unbeugsamen Entschlossenheit der USA, die Raketen aus Kuba zu entfernen. Gleichzeitig bietet er auf inoffizieller Ebene an, im Gegenzug die amerikanischen Raketen aus der Türkei abzuziehen. Chruschtschow kann so intern sein Gesicht wahren, er kündigt den Abzug der Raketen an, und die Kubakrise nimmt einen glücklichen Ausgang …

Glücklicherweise steht bei Entscheidungen nur selten so viel auf dem Spiel wie im Fall der Kubakrise. Dieses extreme Beispiel zeigt jedoch, welche Vorteile ein gutstrukturiertes Planungsmodell mit den zugehörigen Werkzeugen hat.

DIE STRUKTUR DER VORWÄRTSGERICHTETEN PLANUNG IM KÖNIGSPLAN

Fassen wir zusammen. Bei einem so komplexen und bedeutsamen Entscheidungsszenario wie der Kubakrise sieht das optimale Vorgehen so aus:

1. Bestandsaufnahme in gutem Zustand.
2. Ideensuche mittels des Kreativen Kreislaufs.
3. Soweit zu diesem Zeitpunkt schon möglich, sollten wir den Problemtyp sowie die für die Planung verfügbaren Zeitressourcen bestimmen.
4. Nach dieser Vorarbeit haben wir die vorliegende vierte Stufe erreicht. Jetzt werden die besten bisher gefundenen Varianten aufgelistet und deren Folgen zunächst ein wenig tiefer untersucht, ohne sich schon auf ein bestimmtes Vorgehen festzulegen. Hier sollten wir auch versuchen, «Killerkriterien» zu definieren, also Szenarien, die auf gar keinen Fall eintreten dürfen. Existieren in unserem Suchbaum solche Varianten, die nach negativer Selektion ausgeschlossen werden können? Gibt es bei knappen Zeitressourcen umgekehrt Kriterien, die im Sinne einer positiven Selektion dominieren?
5. Wenn ein bestimmtes Vorgehen unterschiedliche Konsequenzen haben kann, sollten die jeweiligen Wahrscheinlichkeiten zumindest grob bestimmt werden. Die Genauigkeit hängt dabei in erster Linie vom vorliegenden Datenmaterial ab. Wichtig ist es, auf typische psychologische Fallen bei der Beurteilung von Wahrscheinlichkeiten zu achten.
6. Eine sehr wichtige Rolle spielt in vielen Fällen die richtige Einschätzung anderer Menschen und ihres voraussichtlichen Verhaltens.

7. Dann müssen die jeweiligen Endpunkte der Verzweigungen bewertet werden.
8. Die Bewertungen der Endpunkte werden miteinander verglichen, und das relativ beste Szenario wird als vorläufiges Ziel genauer analysiert – das geschieht im fünften Kapitel.
9. Falls möglich, werden vor Beginn der Operation Warnsignale definiert, die in jedem Fall eine neuerliche Prüfung der Planung, eventuell deren Änderung oder auch deren Abbruch zur Folge haben können.

Bei längerfristigen Planungen und damit verbundenen Entscheidungen besteht der beste Schutz vor den Unwägbarkeiten der Zukunft im «Mini-Plan»-Vorgehen, der Etablierung von Warnsignalen und der strikten Beachtung des Flexibilitätsprinzips.

Hilfsmittel zur vorwärtsgerichteten Planung:

1. Problemtyp definieren: Welche Abfolge der *Königsplan*-Stufen ist optimal, welches Entscheidungsmodell ist zu bevorzugen? Schnell und ökonomisch oder Optimierung mit höherem Zeit- und Ressourcenaufwand? Befinde ich mich in einem Bereich, in dem ich tendenziell meiner Intuition vertrauen kann?
2. Negative Selektion
3. Positive Selektion mit ein bis zwei dominanten Kriterien speziell bei knappen Zeitressourcen
4. Bei der Analyse der Varianten zu Anfang offen und breit bleiben
5. Perspektive der Gegenspieler und Konkurrenten einnehmen
6. Bewertung der Endpunkte durch rationale Struktur und intuitives Urteil
7. Das Flexibilitätsprinzip; wir wählen also im Zweifelsfall diejenige Möglichkeit, die uns in der Folge die meisten Optionen offenhält.
8. Mini-Max-Ansatz bei Planungen, die weit in die Zukunft reichen. Wir entwerfen also Mini-Pläne über einen kurzen Zeitraum, die aufeinander aufbauen und zur Verwirklichung des übergeordneten

Maxi-Plans beitragen. Nach Abschluss jedes einzelnen Mini-Plans wird der darauffolgende Mini-Plan an die aktuellen Gegebenheiten angepasst.

9. Warnsignale für eine erforderliche Planänderung festlegen.

Um das Zusammenspiel von Ratio und Intuition anzuregen, können wir beim Planungs- und Entscheidungsprozess auf Stufe 4 auch eine Methode einsetzen, die analog zum Kreativen Kreislauf auf Stufe 3 funktioniert. Dazu werden wiederum drei Positionen definiert:

1. *Position «Intuition»*: Was ist mein erster Impuls, was sagt mein Bauchgefühl? Was würde ich tun, wenn ich mich sofort entscheiden müsste?
2. *Position «Ratio»*: Welche Fakten liegen vor? Lässt sich etwas aus vorangegangenen ähnlichen Erfahrungen herauslesen? Lassen sich Wahrscheinlichkeiten der möglichen Verläufe bestimmen? Welche Argumente sprechen für welche Entscheidung?
3. *Position «Kombination»*: Wie sind Problemtyp und Zeitrahmen? Passt die Art der Entscheidung zu einer eher intuitiven oder eher rationalen Entscheidung? Liegen typische Bewertungsfallen vor? Handelt es sich um eine Situation, in der «Schwarze Schwäne» möglich wären?
4. Verändert sich die intuitive Einschätzung, nachdem die beiden anderen Positionen durchlaufen worden sind?
5. Verändert sich die rationale Bewertung nach den neugewonnenen Erkenntnissen?
6. Endgültige Entscheidung durch «Kombination».

Damit haben wir den Bereich der vorwärtsgerichteten Planung abgeschlossen. Nun ist es Zeit, sich mit deren Endpunkt zu beschäftigen: Im fünften Kapitel werden wir die Zieldefinition genau betrachten.

KAPITEL 5

Zündende Ziele

«Sobald der Geist auf ein Ziel gerichtet ist,
kommt ihm vieles entgegen.»
JOHANN WOLFGANG VON GOETHE

«Und als sie das Ziel aus den Augen verloren hatten,
verdoppelten sich ihre Anstrengungen.»
MARK TWAIN

In den sechziger Jahren des 20. Jahrhunderts wurde dringlich nach Ideen gesucht, um die wirtschaftliche Lage in Tansania als einem der ärmsten Länder der Welt möglichst rasch zu verbessern. Was war zu tun? Als plausibler Grundgedanke schien eine Belebung der wichtigen Fischindustrie an den Ufern des Viktoriasees besonders chancenreich. Der an Tansania, Uganda und Kenia angrenzende Viktoriasee ist mit einer Fläche von fast 70 000 Quadratkilometern der drittgrößte See der Erde. Von einer starken Belebung des dortigen Fischfangs würden zahlreiche Fischer, verarbeitende Fabriken und der gesamte Export Tansanias profitieren. Doch wie ist das mit geringen Mitteln zu bewerkstelligen? Bei der Ideensuche stieß man auf ein einfaches, aber vielversprechendes Konzept: Die Einführung einer neuen, sehr ergiebigen Fischart in den Viktoriasee sollte den Durchbruch bringen. Dabei hatte man mit dem Nilbarsch, heute als Viktoriabarsch bezeichnet, einen riesigen Räuber im Auge, der bis zu zwei Meter lang wird, sich schnell vermehrt und über ein festes, schmackhaftes Fleisch verfügt. Das klingt nach einem klaren Plan mit einem klaren Ziel …

Tatsächlich ist heute der Fischexport mit etwa 200 000 Tonnen pro Jahr nach dem Tourismus und dem Goldhandel zur wichtigsten Devisenquelle für Tansania geworden. Eine traumhafte Erfolgsgeschichte also? Die tatsächlichen Folgen wollen wir ein wenig später und im Licht einiger Erkenntnisse zur Zielanalyse betrachten.

Leider kommt es manchmal vor, dass ein erreichtes Ziel sich als Albtraum entpuppt. Dieses Thema ist sehr wichtig, denn Mängel bei der Ausarbeitung des Ziels gehören zu den häufigsten Planungsfehlern. Im schlimmsten Fall wären bei einem grundlegend falsch beurteilten Ziel nicht nur Zeit und Energie auf dem Weg dorthin vergeudet, sie könnten sich sogar mit aller Macht gegen uns wenden. Wer musste noch nicht mit den Folgen einer unglücklichen Partner- / Wohnungs- / Berufswahl kämpfen, die davor mit großer Anstrengung betrieben wurde …?

Im weiteren Verlauf des Kapitels werden wir zunächst die verschiedenen Elemente und auch Fallstricke einer Zielbestimmung betrachten, bevor wir am Ende das konkrete Vorgehen mit den wichtigsten Instrumenten im Überblick zeigen.

Wege zum Ziel

Was ist eigentlich ein Ziel? Offenbar handelt es sich dabei um einen zukünftigen, von uns angestrebten Zustand. Neben dem Inhalt des Ziels spielt also auch der Zeitrahmen eine beträchtliche Rolle. Aus der Perspektive des gesamten Planungsprozesses stellt sich zunächst die Frage, auf welchen Wegen wir eigentlich zu einem Zielbild gelangen können.

Bei der Abfolge der bisher betrachteten Stufen in den Kapiteln 1 bis 4 waren wir von Szenarien ausgegangen, in denen anfangs nur ein recht vages Ziel vorhanden war. Erst auf Stufe 4 hatten wir uns über den relativen Vergleich unterschiedlicher Planungsstränge zum Ziel vorgearbeitet. Am Ende fiel die Wahl auf diejenige Variante, deren Endpunkt die beste Bewertung erhielt. Dieser Endpunkt wurde somit zum Ziel.

Doch nicht nur eine solch deduktive und rational strukturierte Methode führt zum Zielbild. Neben dem Vergleich der Resultate verschiedener Vorgehensweisen existieren noch zwei weitere Wege zu einem Zielentwurf. Entweder wird uns ein Ziel von außen aufgenötigt, zum

Beispiel: «Ich erwarte, dass Ihre Abteilung innerhalb eines Jahres den Umsatz verdoppelt!» Oder: «Sorge gefälligst dafür, dass unser Sohn in Mathe auf eine 2 kommt!» Auf ähnlich dominante Weise könnten uns plötzlich auftretende heftige Rückenschmerzen das Zielbild «schneller Arztbesuch» aufzwingen.

Oder aber das Ziel entsteht aus einer intuitiven Eingebung. In diesem Fall überspringen wir den Planungsprozess und gelangen zu einem unmittelbaren Endpunkt oder zumindest zu einer Ahnung des Zielbilds. Statt also systematisch verschiedene Berufsideen durchzugehen und zu vergleichen, könnte in uns spontan der Wunsch entstehen: «Ich will ein Restaurant eröffnen.» Oder wir werden von einer Vision überwältigt wie: «Diese Frau möchte ich heiraten.»

Damit existieren also drei grundlegende Wege zum Zielbild, von denen derjenige einer zwingenden äußeren Vorgabe natürlich fremdbestimmt ist. Im zweiten Fall, also dem vergleichenden Weg über die Stufen 3 und 4, liegt unsere Freiheit in der Wahl und Ausgestaltung der Verfahren, während das Zielbild selbst sich am Ende aus dem gewählten Weg ableitet. Es leuchtet unmittelbar ein, dass besonders im dritten Fall einer intuitiven Betrachtung eine möglichst genaue Analyse des Ziels von großer Bedeutung ist. Aber auch bei äußeren Vorgaben oder einem durch relativen Vergleich erreichten Zielbild werden oft noch Verbesserungen des Ablaufplans gefunden, wenn man das angestrebte Ziel genau unter die Lupe nimmt.

Die Zielanalyse schützt vor den angesprochenen bösen Überraschungen, die einem nur oberflächlich bestimmten Ziel entspringen können. Im Extremfall könnte eine genaue Zielanalyse auch die völlige Aufgabe eines Plans als das geringere Übel nahelegen. Mit welch politischer Energie wurde beispielsweise das achtjährige Gymnasium «G 8» als leuchtendes und bildungspolitisch heilbringendes Ziel betrieben und durchgesetzt. Hätten die Verantwortlichen die plausiblen Konsequenzen mit extremer Überlastung von Schülern, Lehrern und Eltern, gestörtem Familienleben und den resultierenden Proteststurm mit Polemiken wie «Diebstahl der Kindheit» vorhergesehen, wäre wohl ihr schulpolitisches Zielbild ein wenig anders ausgefallen.

Um die *Königsplan*-Instrumente optimal einzusetzen, ist es wichtig, die Abfolge der Stufen auf flexible Weise dem jeweiligen Problem anzupassen. Falls ein Ziel also schon zu Beginn der Planung vorliegt, kann und sollte die fünfte Stufe im Ablaufplan nach vorne gezogen werden und schon auf die zweite Stufe folgen. Es ist zu beachten, dass sowohl der vergleichende, deduktive Weg als auch der intuitive direkte Sprung zum Zielbild eigene Vor- und Nachteile mit sich bringen. Entsteht unser Ziel aus dem relativen Vergleich der Möglichkeiten, so fußt es fest in der Realität, verschafft dafür zu Anfang aber weniger Motivation und hat noch keine klare Ausrichtung – mehr dazu später.

Welche strukturellen Richtlinien sind nun bei der Zielanalyse zu beachten? Zuallererst ist aus *Königsplan*-Sicht zu bemerken, dass es sich bei der Zielanalyse um eine nach vorne projizierte Bestandsaufnahme handelt. So bewegt sich jede Planung zwischen den Polen der Bestandsaufnahme in der Gegenwart und der Zieldefinition in der Zukunft. Wie wir diese einfache Erkenntnis auch ganz konkret nutzen können, werden wir am Ende des sechsten Kapitels bei der Kombination von vorwärts- und rückwärtsgerichtetem Denken sehen.

Als weitere allgemeine Schlussfolgerung können wir die Fokusfragen und damit verbundenen Instrumente aus Stufe 2 auch bei der Zieldefinition einsetzen. Die grundsätzliche Einschränkung besteht natürlich in der wachsenden Unschärfe der Vorausschau, je weiter wir uns in die Zukunft bewegen. Wie wir schon wissen, wächst auch hier der Anteil der Intuition proportional zur Ungewissheit. Analog zur Idee des Mini-Max-Plans aus der vierten Stufe bieten kürzerfristig angelegte Zwischenziele mit der Möglichkeit einer flexiblen Planänderung den besten Schutz vor den Unwägbarkeiten der Zukunft.

Neben der Optimierung der eigenen Zielbestimmung wollen wir schließlich aber auch das Verständnis für die Ziele anderer Menschen verbessern. Wie schon auf der vierten Stufe angesprochen, stellt das die Voraussetzung dar, um das Verhalten anderer Menschen in unsere Planung mit einzubeziehen.

Zur Struktur der Zielbestimmung

Bevor wir uns wiederum dem modellhaften Denkansatz von Schachmeistern in diesem Bereich zuwenden und uns den besonders wichtigen Themen der Zieldynamik und den mit Zielen verknüpften Prioritäten ausführlicher widmen, wollen wir einen kurzen Blick auf die im Projektmanagement und auch anderen Bereichen empfohlene Zielmethodik werfen. Bekannt und durchaus vernünftig ist das besonders im Projektmanagement angewandte «SMART-Modell». Dabei findet eine Reduktion auf fünf grundlegende Kriterien zur Zielbestimmung statt:

S Die Ziele sollen **spezifisch**, eindeutig und positiv beschrieben werden.

M Die Zielerreichung sollte **messbar** sein.

A Für das Projektteam sollte es **attraktiv** sein, das Projektziel zu erreichen.

R Es soll **realistisch** sein, das Ziel zu erreichen.

T Das Ziel beziehungsweise auch Zwischenziele sollen klar **terminiert** sein.

Betrachten wir diese fünf Kriterien am Beispiel der Marketingplanung einer Zeitschrift:

S Statt «Wir wollen nicht mehr, dass so viele Kunden zur Konkurrenz abwandern» wäre vorzuziehen: «Wir wollen einen festen Kundenstamm von etwa 20 000 Abonnenten binden.» Über die allgemeinen Vorzüge einer positiven Formulierung hatten wir schon im ersten Kapitel gesprochen.

M Statt «Machen wir das mal, so gut es geht» wäre vorzuziehen: «Das Ziel ist erreicht, wenn das 20 000. Abonnement eingegangen ist. Zwischenzeitliche Abo-Kündigungen werden dabei gegengerechnet.»

A Statt das Projektteam ohne Anreiz arbeiten zu lassen, könnte beispielsweise ein Bonus bei Erreichen des Ziels in Aussicht gestellt werden.

R Statt eine völlig utopische Verzehnfachung des Kundenstamms anzustreben, wäre je nach Marktlage eine realistische Steigerung um beispielsweise 20 Prozent vernünftig.

T Statt das Ziel in eine unbestimmte Zukunft zu legen, könnte beispielsweise eine Steigerung um 10 Prozent nach einem halben, von 20 Prozent nach einem Jahr angepeilt werden.

Diese klassische Struktur ist für den einfachen Fall eines eindeutigen Ziels ausgelegt – mit komplexeren Fällen werden wir uns etwas später beschäftigen. Zunächst ein paar Anmerkungen zu diesen fünf Kriterien. Wie schon angesprochen, kann es bei einem weit in die Zukunft projizierten Ziel durchaus sinnvoll sein, statt einer messerscharfen, präzisen Vorgabe bewusste «Unschärfe» in Kauf zu nehmen. Ein schon zu Anfang attraktives und in unserer Vorstellung genau ausgestaltetes Ziel entfaltet dagegen große Zugkraft, die all unsere mentalen Kräfte mobilisiert und uns zu Höchstleistungen befähigt. Hier besteht die Gefahr darin, ohne realistische Grundlage das Unerreichbare anzustreben.

Für den Schachspieler ist diese Problematik planerischer Alltag. Der Anspruch an sein jeweiliges Ziel hängt von der korrekten Bewertung der Ausgangslage beziehungsweise ihres Potenzials ab. Hält ein Schachmeister seine Stellung für klar vorteilhaft, so wird sein Zielbild in einer eindeutigen Gewinnstellung bestehen, und er wird nach Varianten Ausschau halten, die genau dorthin führen. Hält er seine Stellung für gefährdet, so wird er Varianten suchen, die zu einer ausgeglichenen, remislichen Position führen. Die Gefahr liegt hier in einer falschen Einschätzung der Ausgangslage, was wiederum den Bogen zur zweiten Stufe des *Königsplans* schlägt. Denn überschätzt der Spieler seine Ausgangslage und ist ein Vorteil gar nicht wirklich vorhanden, wird seine Suche nach dem Gewinn im Sande verlaufen und nur Zeit und Energie verschlingen.

Wenn ich meinen künftigen Traumjob zu Beginn der Planung mit vielen Details wie genauem Gehalt, Art des Arbeitsumfelds, Entwicklungsperspektiven und so weiter ausgestalte, werden sich in der Regel meine Chancen erhöhen, genau diesen Job zu bekommen. Denn mit der plastisch und sinnesspezifisch ausgemalten Vorstellung meines Traumziels werde ich alle Hebel in Bewegung setzen, um genau dorthin zu gelangen. Als Nachteil der präzisen Zielvorgabe könnte sich jedoch herausstellen, dass ich Unerreichbares anstrebe und dieser Job gar nicht existiert. Zudem wäre es möglich, dass ich an anderen, vielleicht sogar attraktiveren Möglichkeiten vorbeigehe. Ich würde also an entschlossener Zielausrichtung gewinnen, dafür aber an Flexibilität einbüßen.

Gerade bei Langzeitzielen, die über mehrere Etappen in Form von Zwischenzielen führen, ist es analog zum Mini-Max-Plan aus Stufe 4 oft sinnvoller, nur das nächste Zwischenziel, im Projektjargon also den nächsten Meilenstein, scharf und genau auszugestalten, um nach dessen Erreichen eine Neujustierung des bewusst noch etwas vage gehaltenen Endziels vorzunehmen. Natürlich ist es bei der Zielbestimmung zudem sehr wichtig, möglichst schon zu Anfang alle Probleme und Widerstände zu bestimmen, die zwischen mir und meiner Vision stehen.

Zieldynamik und Bewertung

Nach diesen Vorüberlegungen wollen wir uns zwei Punkten zuwenden, die aus *Königsplan*-Sicht besonders bedeutsam sind. Dazu betrachten wir wiederum ein modellhaftes Schachbeispiel, um danach die gewonnenen Erkenntnisse in den allgemeinen Raum zu übertragen.

In einer Partie von Stefan Kindermann bei den Europäischen Mannschaftsmeisterschaften in Novi Sad 2009 war nach dem 10. weißen Zug die folgende ungewöhnliche Position entstanden, die im Diagramm S. 226 abgebildet ist.

Es ist durchaus verständlich, dass der rumänische Großmeister mit seinen letzten Zügen diese Stellung als lockendes Zielbild vor Augen hatte. Tatsächlich sprechen verschiedene klassische Bewertungskriterien eindeutig für einen beträchtlichen weißen Vorteil. Erstens: Weiß verfügt momentan über einen Mehrbauern. Zweitens: Weiß verfügt über die bessere Entwicklung, bei ihm nehmen schon drei Figuren am Kampfgeschehen teil, während es bei Schwarz nur zwei sind. Drittens:

Dynamisches Potenzial

CONSTANTIN LUPULESCU – STEFAN KINDERMANN

Novi Sad 2009

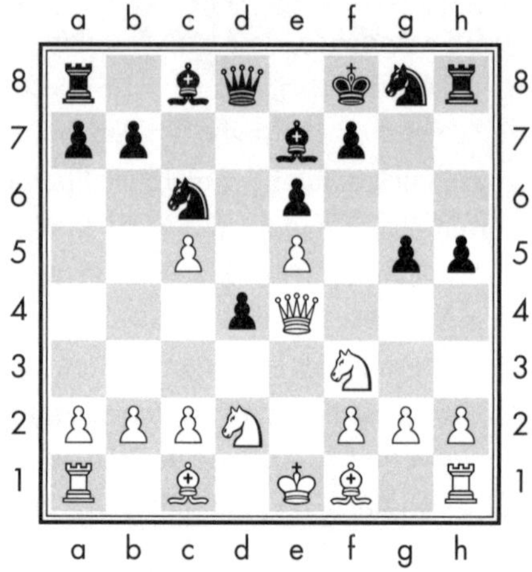

Schwarz am Zug

Position nach 10. ♕e4

Schwarz hat schon frühzeitig durch einen Königszug das Rochaderecht verloren. Viertens: Die schwarze Bauernstruktur macht optisch einen recht zerrütteten Eindruck. Sehen wir uns nun an, was tatsächlich weiter geschah. Dabei ist zu beachten, dass fast alle der folgenden weißen Züge erzwungen sind und der Weiße in der folgenden Phase jedenfalls keinen Fehler begeht:

10. … g4 11. Sg1 f5 12. e×f6 (12. De2 Dd5 wäre sehr schlecht für Weiß, der vollständig eingeschnürt und bewegungsunfähig wäre.) **12. … S×f6 13. De2 e5 14. h3** (Sonst gelingt es dem Weißen überhaupt nicht, seine Figuren zu entwickeln.) **14. … Da5 15. h×g4 L×g4 16. Dc4 D×c5 17. D×c5 L×c5**

Das nächste Diagramm nach nur sieben weiteren Zügen zeigt wie durch Zauberschlag eine völlig veränderte Szenerie. Plötzlich verfügt der Schwarze über einen riesigen Entwicklungsvorsprung, die deutlich aktiveren Figuren und ein mächtiges Bauernzentrum. Der schwarze

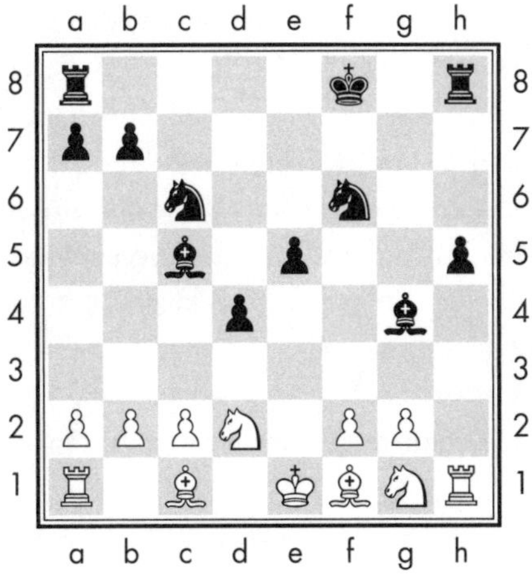

Weiß am Zug
Position nach 17. ... ♝×c5

Vorteil ist evident, stabil und durch Analysen ohne weiteres zu belegen. Wie ist das zu erklären, und wo lag die weiße Fehleinschätzung?

In der Schachterminologie wird zwischen statischen und dynamischen Faktoren unterschieden. Die statischen Faktoren beschreiben das momentan augenscheinlich Vorhandene – dies entspricht den vier aufgeführten, für die weiße Sache sprechenden Punkten. Die Dynamik steht dagegen für die Möglichkeit, grundlegende Veränderungen und Umwälzungen herbeizuführen. Sie bildet das Zukunftspotenzial einer Position ab.

Im Vergleich mit der praktischen Welt könnten wir uns die weiße Stellung nach dem 10. Zug als ein alteingesessenes Traditionsunternehmen mit solidem Kapitalpolster vorstellen, das jedoch auf einem stark veränderten Markt über keinerlei Anpassungsfähigkeit und Zukunftsperspektive verfügt. Die schwarze Stellung dagegen entspräche einem jungen und innovativen Start-up-Unternehmen, das weder über Namen noch Kapital, dafür aber über ein hochmotiviertes Team, große Überzeugungskraft und zukunftsweisende Ideen verfügt. In unserem Schachbeispiel wurde von beiden Seiten mit der Position nach dem

10. weißen Zug ein und dasselbe Zielszenario angestrebt, jedoch ganz unterschiedlich bewertet. Der Fehler der weißen Zielplanung lag darin begründet, dass der Weiße das dynamische Entwicklungspotenzial der schwarzen Steine nicht berücksichtigt hatte und sich nur auf statische Kriterien stützte. Absolut entscheidend für den Erfolg einer Planung ist jedoch die umfassende Bewertung des angestrebten Ziels, wobei sowohl statische als auch dynamische Faktoren berücksichtigt werden müssen.

Zwei grundlegende Fokusfragen bei der Analyse eines möglichen Ziels lauten also:

1. Welche Faktoren spielen hier eine Rolle? Habe ich wirklich alle Faktoren berücksichtigt?
2. Was kann nach Erreichen des Ziels weiter geschehen? Ist die Lage dann stabil oder noch im Umbruch begriffen?

Die Bedeutung des zweiten Punkts ist jedem Schachmeister wohl vertraut. Die für ihn relevante Frage beim Vorausdenken möglicher Varianten lautet immer: Ist die Variante an dieser Stelle schon zu Ende und kann mit einer festen Bewertung abgeschlossen werden, oder «geht es noch weiter»? Was hilft der mühsam errungene «Traumjob» in einem bedeutenden Unternehmen, wenn diese Firma ein halbes Jahr später Insolvenz anmelden oder Massenentlassungen vornehmen muss? Auch hier sollte unser Bauchgefühl zur weiteren Entwicklung Hand in Hand mit einer sorgfältigen rationalen Analyse gehen.

Kehren wir nun nach Tansania an den Viktoriasee zurück und betrachten die dortige Entwicklung im Licht der gerade angestellten Überlegungen. Sieht man die Vermehrung des Viktoriabarsches als isoliertes ökonomisches Ziel an, so war die Ansiedlung dieser Fischart wirklich ein voller Erfolg. Tatsächlich müssen wir aber in komplexen Systemen die dynamische weitere Entwicklung unter Einbeziehung aller wichtigen Faktoren berücksichtigen. Im Falle des Viktoriabarsches sind das in erster Linie die Auswirkungen auf das gesamte Ökosystem des Sees sowie die Folgen für die dortige Bevölkerung.

Der Titel des preisgekrönten Films des französischen Filmemachers Hubert Sauper zu diesem Thema gibt eine erste Ahnung der grässlichen Konsequenzen: «Darwins Nightmare» ist im doppelten Sinn ein bitterböser Verweis auf den Triumph des Stärkeren durch die gnadenlose Ausbeutung des Schwächeren. Zumindest die Auswirkungen auf den ursprünglichen Fischbestand können bei klarer Überlegung kaum überraschen und wurden von vereinzelten, erfolglos warnenden Wissenschaftlern schon zu Anfang befürchtet. Um sein eigenes Leben und seine Vermehrung zu ermöglichen, rottete der gefräßige Eindringling an die 400 der bisherigen 550 Fischarten aus. Da sich unter den verschwundenen Fischarten auch viele Pflanzenfresser befanden, wird der Viktoriasee nun von Algen überwuchert, die den Sauerstoffgehalt des Sees immer mehr reduzieren und ihn in nicht allzu ferner Zukunft zum toten Gewässer machen könnten. Einen weiteren zerstörerischen Beitrag liefern die fischverarbeitenden Fabriken, die ihre Abwässer in den See leiten. Zwar hält der Viktoriabarsch selbst sich auf kannibalische Weise am Leben, indem er neben Garnelen auch seine eigenen Nachkommen vertilgt. Doch auch seine Tage könnten im Falle eines endgültigen Kippens des Sees gezählt sein.

Schlimmer noch wurden auch die am See ansässigen sowie aufgrund des neuen Fischbooms zugewanderten Menschen zum Opfer mächtiger Profiteure, deren einzige Zielsetzung maximaler Gewinn ist. Um ihren Familien das Überleben zu ermöglichen, *muss* ein Großteil der männlichen Bevölkerung unter schlechten Bedingungen und zu Niedrigstlöhnen in den Fabriken arbeiten, während viele Frauen nur noch in der Prostitution ein Auskommen finden. Dieses Fallbeispiel zeigt, dass das Erreichen eines ungenügend geprüften Ziels schlimmste Folgen nach sich ziehen kann.

Auf ähnliche Probleme kann beispielsweise auch eine gutgemeinte, aber kurzfristig angelegte Entwicklungshilfe stoßen. So kann die Lieferung von kostenlosem Milchpulver in Notgebiete einheimische Molkereien zugrunde richten, die freie Lieferung von Mehl dortigen Bauern die Existenzgrundlage entziehen.

Bei diesen Überlegungen stoßen wir auf zwei wichtige Aspekte, die wir weiter verfolgen wollen. Zum einen sind das Konflikte zwischen Zielvorgaben, die häufig unterschiedliche Zeithorizonte aufweisen. So würde die gerade erwähnte Lieferung von Milchpulver das kurzfristige Ziel «Nothilfe für hungernde Menschen» erfüllen. Gleichzeitig würde es aber dem langfristigen Ziel einer autarken, selbstbestimmten Wirtschaft des betroffenen Landes entgegenarbeiten.

Zum anderen geht es ganz allgemein um die mit den angestrebten Zielen verbundenen Prioritäten und Bewertungen. Sind zwei oder mehr Akteure aktiv oder auch passiv an einer Zielplanung beteiligt beziehungsweise von ihr betroffen, sind häufig direkte Interessenkonflikte zwischen ihnen anzutreffen.

Bewertungskonflikte

Das Schachmodell hat in diesem Bereich spezifische Besonderheiten, doch kann neben der Zieldynamik besonders gut das Aufeinanderprallen unterschiedlicher Bewertungen eines angestrebten Zielbildes dargestellt werden. Streben beide Spieler ein und dieselbe Position an, so sehen sie häufig unterschiedliche Werte als vorrangig an. Im Unterschied zur praktischen Welt kann im Schach jedoch durch die Analyse bisweilen eine «absolute Wahrheit» gefunden werden. Einen auflockernden Einstieg in dieses Thema bietet die folgende, humoristisch angehauchte Komposition von Cyril Stanley Kiping aus dem Jahr 1936; wie bei Schachstudien und Problemen üblich, ist Weiß am Zug.

Wäre das eine reale Partie, so könnten wir uns den Führer der schwarzen Steine als raffgierigen Materialisten vorstellen. Ihm ist es gelungen, gewaltige Reichtümer anzuhäufen – oder, in einem anderen Bild, ein mächtiges und zahlenmäßig haushoch überlegenes Heer zu versammeln. Ebenso können wir leicht die Parallele zu einem riesigen und aufgeblähten Verwaltungsapparat ziehen. Der Weiße hingegen scheint «irdischen Gütern» gleichgültig gegenüberzustehen und hat alles auf die Karte Dynamik und Effizienz gesetzt. Mit dem einsamen Bauern auf d7 ist ihm ein letzter heldenhafter Kämpfer verblieben, der

Geist gegen Materie

CYRIL KIPPING 1936

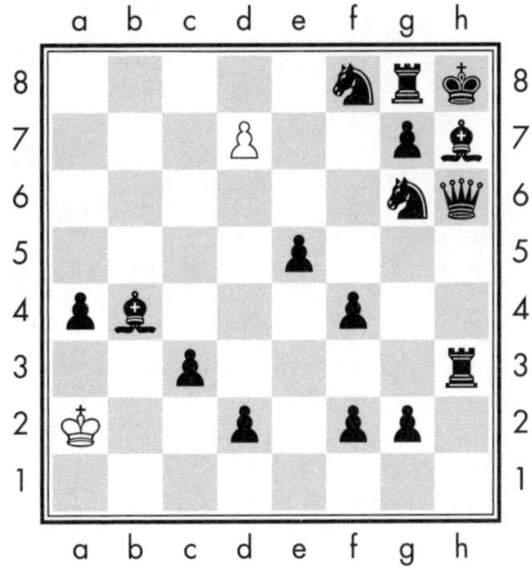

Weiß am Zug

im Sinne eines hochbeweglichen Ein-Mann-Unternehmens im Alleingang den Erfolg sichern soll.

Wessen Anschauung wird sich durchsetzen? Vollzieht Weiß den naheliegenden Zug und verwandelt seinen Bauern in eine Dame, so wird die schwarze Übermacht dem weißen König in wenigen Zügen den Garaus machen. Der Weiße hat jedoch den feindlichen Monarchen im Visier, der nur scheinbar unverletzlich von seiner Leibgarde umringt wird. Überraschend verwandelt Weiß den Bauern auf d8 in einen Springer, und plötzlich wird dem Schwarzen, dem legendären König Midas gleich, sein materieller Überfluss zum Fluch. Die eigenen Figuren verstellen dem schwarzen König so unglücklich die Flucht, dass die einfache Drohung 2. Sf7 Matt auf keine Weise abzuwenden ist und in dieser «Schachfabel» der Idealismus über das Material triumphiert.

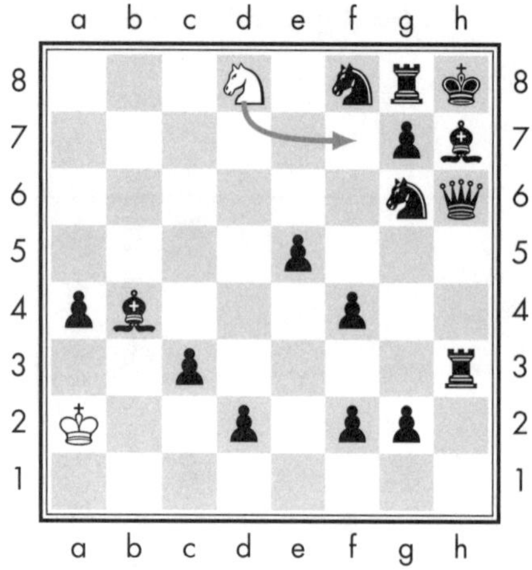

Schwarz am Zug
Position nach 1. d8♘

Ein weiteres, seriöseres Beispiel aus dem Schaffen des legendären kubanischen Exweltmeisters José Raúl Capablanca soll die Thematik vertiefen:

Gehen wir einmal davon aus, dass beide Kontrahenten bei ihren letzten Zügen diese Stellung als Zielbild vor Augen hatten. Bei momentan gleichem Material scheint die schwarze Rechnung zunächst glatt aufzugehen: Der schwarze Turm attackiert den weißen Bauern auf c3, nach dessen Fall würde auch der weiße König in Nöte geraten. Da dieser Bauer nicht zu verteidigen ist, wird der Schwarze in materiellen Vorteil kommen. Doch Capablanca hatte zum einen erkannt, dass die weiße Position über großes dynamisches Potenzial verfügt. Zum anderen hielt er anstelle des Materials das harmonische Zusammenspiel seiner Figuren für wichtiger. In der Firmenmetapher hätten hier also die Qualität und vor allem das harmonische Zusammenwirken aller Mitarbeiter Vorrang vor deren Zahl. Ebenso wie ein guter Chef muss auch der Schachmeister seine Figuren so führen, dass sich ihre besonderen Fähigkeiten optimal ergänzen. Sehen wir uns nun den weiteren Verlauf an:

Harmoniegefühl

JOSÉ RAÚL CAPABLANCA – SAVIELY TARTAKOWER

New York 1924

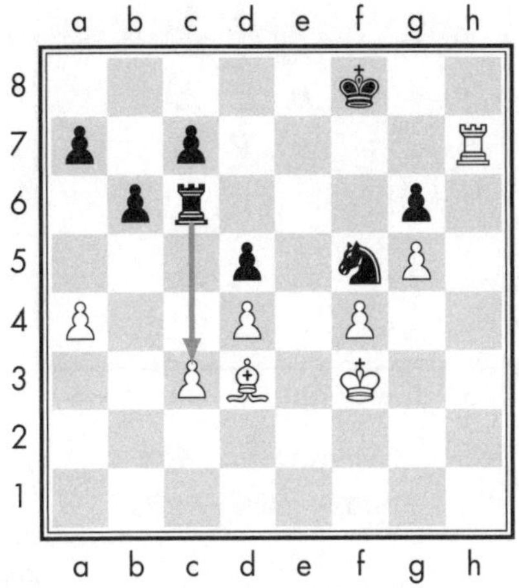

Weiß am Zug

Position nach 33. … ♘f5

34. L×f5 g×f5 35. Kg3 T×c3+ 36. Kh4 Tf3 (Triumphiert die materialistische schwarze Strategie? Bei schon stark reduziertem Material fällt ein weiterer weißer Bauer.) **37. g6 T×f4+ 38. Kg5 Te4 39. Kf6** (Siehe Diagramm S. 234.)

Erst jetzt zeigt sich die tiefgründige Idee. Capablanca hat aus König, Turm und Bauer ein perfektes Team geschaffen, während die schwarze Übermacht belanglosen Statisten gleicht. Zunächst droht auf h8 matt in einem Zug, Weiß steht klar auf Gewinn! Hier noch die restlichen Züge:

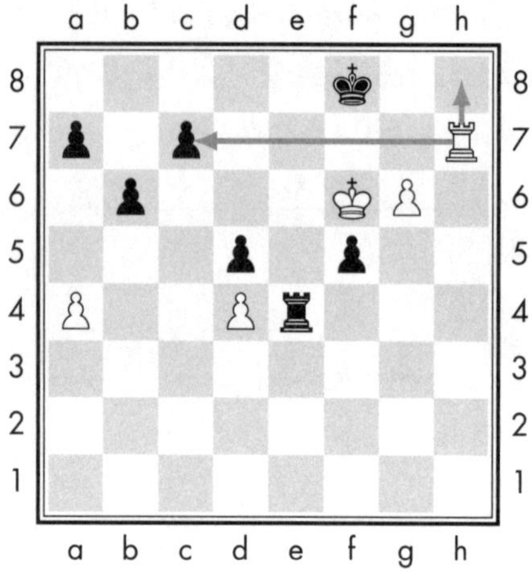

Schwarz am Zug
Position nach 39. ♔f6

39.… Kg8 40.Tg7+ Kh8 41.T×c7 Te8 42.K×f5 Te4 43.Kf6 Tf4+ 44.Ke5 Tg4 45.g7+ Kg8 46.T×a7 Tg1 47.K×d5 Tc1 48.Kd6 Tc2 49.d5 Tc1 50.Tc7 Ta1 51.Kc6 T×a4 52.d6, und Schwarz kapitulierte.

Dieses Beispiel zeigt auf metaphorischer Ebene den Triumph ideeller über materielle Werte. Nicht nur im Schach prallen häufig unterschiedliche Interessen aufeinander, wenn zwei oder mehr Akteure an der Gestaltung eines Ziels arbeiten. Dies lässt sich wiederum auf unterschiedliche Prioritäten der Akteure zurückführen – ein Thema, das wir etwas später vertiefen werden.

Als weiteres Problem stellt der stufenweise aufeinander abgestimmte Aufbau von Kurz- und Langzeitzielen zwar ein planerisches Ideal dar, in der Praxis führen jedoch die bereits angesprochenen Konflikte zwischen diesen Zeitebenen oft zu beträchtlichen Schwierigkeiten. Ein Beispiel dafür, welch große Auswirkungen diese Thematik auf unser aller Leben hat, bietet das nachfolgend dargestellte politökonomische Dilemma.

Die Staatsverschuldung im Licht der Zielbestimmung

Die öffentliche Verschuldung in der Bundesrepublik Deutschland hat ein unglaubliches Ausmaß angenommen – und das nicht erst seit der Finanzkrise 2008–2010. Betrug der staatliche Schuldenstand im Jahr 1950 noch etwa 10 Milliarden Euro, so beläuft sich dieser heute auf mehr als 1,7 Billionen Euro. Die Relation des Schuldenbergs zum Bruttoinlandsprodukt, die sogenannte Schuldenstandsquote, stieg von 18 Prozent (1950) auf inzwischen über 70 Prozent. Die Zinsverpflichtungen aus der akkumulierten Staatsschuld sind von 0,3 Milliarden Euro im Jahr 1950 auf zurzeit etwa 65 Milliarden Euro angewachsen. Die zur Bedienung der öffentlichen Schulden notwendigen Zinsausgaben sind heute zum drittgrößten Posten der Staatsausgaben aufgestiegen. Was steckt hinter dieser Entwicklung?

Da aus ökonomischer Sicht keine wirklich überzeugenden Pro-Argumente für die öffentliche Kreditfinanzierung existieren, stellt sich die Frage, warum man dennoch eine so anhaltende und übermäßige Verschuldung in so vielen Ländern beobachtet. Kann es sich hier überhaupt um ein finanzwirtschaftlich rational eingesetztes Instrument handeln?

Schnell stoßen wir dabei auf das Spannungsfeld zwischen kurzfristigen politischen Interessen in einer repräsentativen Demokratie und den langfristigen Erfordernissen der öffentlichen Finanzwirtschaft. Die ökonomische Sanierung des Haushalts ist ein Ziel, von dessen Erreichen alle Bürger letztlich profitieren würden. Dafür wären jedoch unpopuläre Maßnahmen im Hier und Jetzt erforderlich, deren positive Effekte erst in einer relativ weit entfernten Zukunft spürbar würden. Weit näher liegt freilich der nächste Wahltermin, den die jeweilige Regierung nach den auf eine langfristige Wirkung angelegten Sparmaßnahmen und Einschnitten aber kaum überleben würde.

Dieser Widerspruch zwischen kurz- und langfristigen Anreizen scheint ein Politikversagen auszulösen, in dessen Schlepptau sich die öffentlichen Schulden in einem bisher nicht gekannten Ausmaß aufgetürmt haben. Durch einen relativ unbegrenzten Zugang zum Kreditmarkt zum Beispiel kann eine Regierung ihre Budgetrestriktion mit Hilfe eines Instruments lockern, das für den Bürger so gut wie undurchschaubar ist. Bezeichnenderweise sind in demokratisch regierten Industrieländern zwei Dinge unaufhörlich gestiegen: Die merklichen Ausgaben (Subventionen an Unternehmen und direkte Transfers an private Haushalte) und die unmerklichen Einnahmen (indirekte Steuern und eben die Staatsverschuldung). Eine empirisch nur schwer widerlegbare These könnte dann lauten, dass die merklichen Ausgaben insbesondere kurz vor den Wahlterminen angehoben werden, um Wählerstimmen zu gewinnen, und dass diese Leistungen mit unmerklichen Einnahmearten – vorzugsweise der Staatsverschuldung – finanziert werden, um keine Wähler zu verlieren. Die öffentliche Kreditaufnahme würde auf diese Weise als Spezialfall der unmerklichen Besteuerung zu Zwecken des politischen *Machterhalts* missbraucht.

Einen noch genaueren Einblick in diese Thematik können wir gewinnen, wenn wir uns in die Perspektiven der beteiligten Parteien versetzen. Wie wir schon wissen, stellt die Fähigkeit, sich in die Positionen anderer Menschen oder wie hier ganzer Organisationen zu versetzen, die entscheidende Voraussetzung dar, um ihr Handeln zu verstehen und vorherzusehen. Im vorliegenden Fall müssen wir uns überlegen, welchen Einfluss institutionelle Faktoren wie zum Beispiel das Parteiensystem ausüben. Im Rahmen der Verfassungsordnung müssen die politischen Parteien in ihren Entschlüssen ja frei und voneinander unabhängig sein. Doch gerade das scheint, insbesondere in *Mehrparteienkoalitionen*, auf dem Rücken der Staatsverschuldung ausgetragen zu werden. Dazu einige stilisierte empirische OECD-Befunde: Je größer die Parteienpolarisierung in einer Mehrparteienkoalition, desto größer die Verschuldungsneigung; je wahrscheinlicher die Abwahl der amtierenden Regierung, desto größer ihr Hang zur Kreditfinanzierung staatlicher Leistungen; je kürzer die durchschnittliche Amtszeit einer Regierung, desto größer die eingegangenen Defizite; und je größer die Zahl der Koalitionspartner, desto größer die Staatsverschuldung.

Was steckt hinter diesen Beobachtungen? Hier eine mögliche Erklärung: Alle Koalitionspartner mögen Budgetkürzungen einer Fortführung großer Haushaltsdefizite vorziehen; jeder einzelne Koalitionspartner jedoch will seinen speziellen Budgetanteil, also beispielsweise die von seiner Partei verwalteten Ministerien, vor Kürzungen bewahren. Damit stehen die Parteien vor einem fundamentalen, uns vom Mechanismus her schon aus dem vierten Kapitel bekannten Gefangenendilemma. Fehlen nun Anreize und Mechanismen, die eine kooperative Lösung dieses Dilemmas bewirken könnten, dann wird die nichtkooperative Lösung, die einfach darin besteht, das Budget an keiner Stelle zu kürzen, äußerst wahrscheinlich. Dies umso mehr, je schwieriger der Einigungsprozess ist; und der Einigungsprozess ist natürlich in der Tat umso schwieriger, je größer die Polarisierung innerhalb einer Koalition, je wahrscheinlicher eine baldige Abwahl und je größer die Zahl der Koalitionspartner. Haushaltsdefizite und wachsende Schuldenberge sind damit auch ein Ergebnis der Schwierigkeiten des politischen Managements in Koalitionsregierungen.

Ganz generell lässt sich übrigens Folgendes beobachten: Ist die Macht *verteilt*, zum Beispiel zwischen Bundestag und Bundesrat, zwischen Bund, Ländern und Gemeinden, zwischen den politischen Parteien innerhalb einer Koalition oder zwischen den Parteien als Folge der im Zeitablauf stattfindenden Machtwechsel, dann steigt die Wahrscheinlichkeit einer intertemporal ineffizienten Budgetpolitik sprunghaft an. In all diesen Fällen der Machtaufteilung treten typischerweise *strategische* Faktoren auf den Plan, wobei dem Ausbalancieren *gegenwartsorientierter Interessengruppen* jedes Mal eine Schlüsselrolle zufällt.

Doch auf welcher Ebene auch immer strategische Mechanismen Platz greifen, eines dürfte angesichts der geschilderten politökonomischen Einflüsse deutlich geworden sein: Ein finanzwirtschaftlich rationaler Gebrauch des Instruments Staatsverschuldung ist alles andere als gewährleistet, da in der politischen Praxis die jeweilige Regierung das kurzfristige Ziel «Machterhalt» über das langfristige Ziel «gesunde Ökonomie» stellt. Das ist mit Hilfe unserer Analyse gut nachzuvollziehen, da die Früchte einer effektiven Sanierung des Haushalts von einer anderen Regierung geerntet würden.

Eine Anhebung der Staatsausgaben muss letztlich durch eine Anhebung der Steuern finanziert werden; die Wahl zwischen einer Steuer- und einer Kreditfinanzierung ist in Wahrheit nur eine Wahl des *Timings* der Besteuerung, nicht aber eine Wahl zwischen höheren Steuern und Steuervermeidung. Im Allgemeinen ist der Zeitabschnitt dieses «Timings» größer als der wahltaktisch begründete Zeithorizont demokratisch gewählter Regierungen. Diese *Zeitinkonsistenz* verleitet die an Machterhalt interessierten Regierungen, aber auch die auf *Gegenwartskonsum* fixierten Wähler, zu irreversiblen Vermögensumverteilungen zu Lasten zukünftiger Generationen.

Der Zeithorizont der Wähler spielt also ebenfalls eine wesentliche Rolle. Damit gewinnt im politökonomischen Prozess ein bisher wenig beachteter Faktor an Bedeutung: die *Altersstruktur* der Bevölkerung. Gegenwartsorientierte Wähler ziehen eine Kreditfinanzierung öffentlicher Leistungen einer Steuerfinanzierung insbesondere dann vor, wenn sie damit rechnen, dass die Zins- und Tilgungsphase außerhalb ihrer eigenen ökonomischen Lebenszeit liegt. Die insbesondere in der Bundesrepublik Deutschland zu beobachtende Überalterung der Bevölkerung verkürzt diese durchschnittliche Restzeit und erhöht damit die generelle Präferenz für eine staatliche Verschuldung. Eine entsprechende Vorverlagerung von Ressourcenansprüchen zeichnet sich als geradezu unvermeidliche Folge ab. Wie könnte sie unterbunden werden? Wer ist überhaupt interessiert, sie zu verhindern?

Die später Betroffenen können ihre Interessen heute noch nicht artikulieren; zum größten Teil sind sie noch gar nicht geboren. Eine indirekte Beteiligung am heutigen politischen Prozess ist nur über eine *konstitutionelle* Begrenzung der Staatsverschuldung denkbar. Jedoch: Wenn es konstitutioneller Vorschriften bedarf, um zukünftige Bürger zu schützen, wie können solche Vorschriften *heute* eingeführt werden? Dies hängt entscheidend von der Haltung der gegenwärtigen Wähler ab; sie bestimmen über den politischen Rückkoppelungsprozess, ob die Mechanismen repräsentativer Demokratien zu einer Ausbeutung zukünftiger Steuerzahler führen oder nicht. Ein Konsolidierungsdruck von finanzpolitischem Gewicht wird freilich nur dann entstehen, wenn es individuelle Bindungen an die Zukunft gibt. Eine natürliche Brücke zur Zukunft sind zum Beispiel Kinder. Je größer der Bevölkerungsanteil kinderloser Personen, desto geringer, gleiche Voraussetzungen gegeben, das durchschnittliche Interesse an fernen Finanzierungsfragen.

Medizinischer Fortschritt, materieller Wohlstand und veränderte Wertmaßstäbe haben in vielen hochentwickelten Volkswirtschaften in der Tat zu einem drastischen Geburtenrückgang geführt. Ein Fortgang dieser demographischen Entwicklung höhlt noch so kunstvolle Konzepte eines intergenerationellen Altruismus aus und lässt Verfassungsgrenzen der Staatsverschuldung immer dringlicher werden. Indes: Welche Mehrheit soll am Ende noch für eine verfassungsmäßige Budgetausgleichsvorschrift eintreten? Hier manifestiert sich eine besorgniserregende *Zukunftsschwäche* der Wettbewerbsdemokratie. *

Im nächsten Kapitel werden wir sehen, wie wir über das vom Ziel ausgehende rückwärtsgerichtete Denken zu einem Lösungsansatz dieses bedeutsamen und schwierigen Problems gelangen.

Fassen wir zusammen:
Bei jeder Zielbestimmung, die mehrere Ebenen umfasst, muss neben der Dynamik des angestrebten Gesamtziels folgender Punkt genau geprüft werden: Existieren Konflikte zwischen Kurzzeitzielen und Langzeitzielen? Um mit dieser Problematik umgehen zu können, ist ein Verständnis der Kausalitäten von Bedeutung. Auf welchen gemeinsamen Nenner und welche Wirkungsbeziehungen sind solche Konflikte zurückzuführen?

Unabhängig davon, ob es sich um eine einsame Planung handelt, bei der andere Personen keine Rolle spielen, oder um eine Gestaltung in Zusammenarbeit oder auch in Konfrontation mit anderen Menschen: Immer geht es um widerstreitende Interessen. Diese sind relativ

* Zur weiteren Vertiefung dieses Themas siehe Robert K. von Weizsäcker (1992, 1999, 2007a, 2007b, 2008).

leicht auszumachen, wenn es nur um ein Gesamtziel geht. So könnte ein mögliches berufliches Zielbild hohen finanziellen Gewinn versprechen, dafür aber durch ständige Geschäftsreisen auf Kosten der für die Familie verfügbaren Zeit gehen. Über die Auflistung von Pro und Kontra bei der Analyse des Ziels ist das relativ leicht darzustellen.

Weitaus schwieriger ist die jeweilige Gewichtung von Entscheidungs- und Zielkriterien, der wir uns später im Zuge unserer Betrachtung zu Prioritäten widmen wollen. Erst das Verständnis für unterschiedliche Wertschätzungen schafft auch die Voraussetzung, um in die Perspektive anderer Menschen zu schlüpfen. Haben wir deren Interessen wirklich verstanden, so können wir unsere Zielplanung entsprechend justieren. Nur wenn uns beispielsweise klar wird, dass der Grund, warum ein Kollege ein aussichtsreiches Projekt blockiert, nicht im damit verbundenen Arbeitsaufwand, sondern dem befürchteten Mangel an persönlicher Würdigung liegt, haben wir die Chance, darauf zu reagieren und das gemeinsame Zielbild abzustimmen.

Konkurrierende Ziele mit unterschiedlichem Zeithorizont

Die Konkurrenz von Kurz- und Langzeitzielen ist im Falle der öffentlichen Verschuldung besonders verhängnisvoll. Doch ist dieses Problem keineswegs auf die Staatsfinanzen beschränkt. So sind in diesem Bereich auch zwei der für die aktuelle Wirtschaftskrise verantwortlichen Faktoren auszumachen. Kurzfristige Boni für Bankmanager ohne persönliche Haftung konkurrieren mit langfristigem Risikomanagement der Banken. Ebenso steht damit die Priorität «persönliche Bereicherung» gegen die Interessen der Bank als Institution.

Offenbar handelt es sich um ein alltägliches Phänomen. Immer wieder stehen wir vor der Frage, ob wir kurzfristige Nachteile in Kauf nehmen, um dafür längerfristig zu profitieren. Das erstreckt sich vom täglichen Zeitaufwand fürs Zähneputzen im Interesse langfristiger

Zahngesundheit bis hin zu Fragen wie der des Verzichts auf manchen Luxus, um dafür in die Altersvorsorge einzuzahlen.

Im Profischach, wie überhaupt im Leistungssport, werden Jahre oft qualvollen Trainings für einen unsicheren späteren Erfolg investiert. Lohnen 30 Jahre Verzicht, um dann (vielleicht) einige Jahre Rente zu genießen? Ist eine kürzere Zeit hoher Lebensqualität oder aber eine längere Zeit geringerer Lebensqualität vorzuziehen? Wenn wir uns heute einige Drinks gönnen und dabei einen schrecklich verkaterten nächsten Tag akzeptieren, würden wir das «Morgen» auf dem Altar des «Heute» opfern. Nicht nur unterschiedliche Interessengruppen, auch unser Gegenwarts-Ich und unser Zukunfts-Ich ringen also um die Verwirklichung ihrer vorrangigen Ziele.

Im Beispiel der Staatsverschuldung scheint das kurzfristige Ziel des politischen Machterhalts über die langfristige Konsolidierung der Volkswirtschaft zu siegen. Auch die großen Schwierigkeiten, einen effektiven Klimaschutz auf den Weg zu bringen, lassen sich auf den weiten Zeithorizont des damit verbundenen Ziels und konkurrierende Kurzzeitziele zurückführen.

Die Ausbeutung erschöpfbarer Ressourcen fällt ebenfalls unter den Zielkonflikt der Zeit. Wirtschaftliche Einschränkungen im Hier und Jetzt wären erforderlich, um späteren Generationen ein besseres Leben zu ermöglichen. Welches Ziel hat Vorrang? Welches müssen wir aufgeben? Auf tieferer Ebene geht es immer um die mit den jeweiligen Zielen verbundenen Prioritäten.

Als erste praktische Schlussfolgerung gehört zur Analyse eines Gesamtziels der genaue Blick auf den zu entrichtenden Preis. Nicht selten müssen wir ein Ziel opfern, um dafür ein anderes, bedeutsameres Ziel zu erreichen. Wenn Zwischenziele definiert werden, sollte der erforderliche Aufwand bis zum Gesamtziel von Station zu Station dargestellt werden.

Jedwedes Ziel bezieht seine Bedeutung erst aus dem Rang und dem Wert des so Erreichten. Um also Ziele überhaupt beurteilen und in Relation zueinander setzen zu können, müssen wir uns mit den zugrunde liegenden Zielkriterien beschäftigen. Diese sind verwandt, nicht aber

Abb. 12: Aufeinander aufbauende Ziele

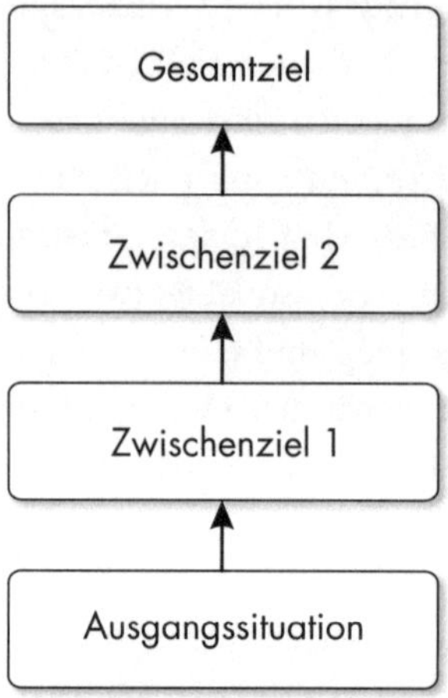

Abb. 13: Widerstreitende Ziele

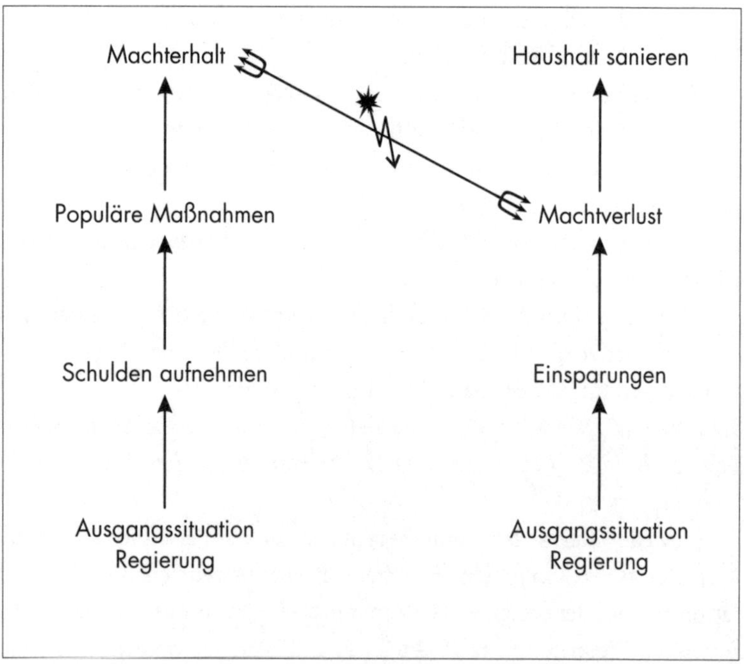

identisch mit den häufig verwendeten Begriffen Interessen und Präferenzen.

In unserem Bild sind Interessen und Präferenzen als ein Ausdruck des zugrunde liegenden individuellen Wertesystems zu verstehen. Wie schon angesprochen, liegt in diesem System der Schlüssel zur Motivation und damit zum Verständnis jeglichen zielgerichteten Handelns, sei es eigenes oder auch fremdes. Wir selbst, ebenso wie alle anderen, werden ein Ziel nur dann mit voller Kraft verfolgen, wenn es im Einklang mit den eigenen Werten steht.

Mit der folgenden Betrachtung schlagen wir auch den Bogen zum vierten Kapitel, in dem wir schon angesprochen haben, wie wichtig der Blick auf die Perspektive anderer Menschen für die eigene Planung ist.

Kleiner Exkurs über das individuelle Wertesystem

Auch hier ist im Sinne eines klaren Denkens eine Definition aus *Königsplan*-Sicht von Bedeutung, da «Werte» in unterschiedlichen Bereichen ganz unterschiedlich aufgefasst werden. Wir betrachten den Begriff «Wert» beziehungsweise «Wertesystem» hier aus einem individuellen und vorwiegend psychologischen, weniger aus einem philosophischen oder soziokulturellen Blickwinkel. Sobald wir unsere bloße Existenz gesichert haben, orientiert sich unser gesamtes Handeln an unserem individuellen Wertesystem. Warum haben wir gerade diesen Beruf ergriffen, diesen Partner gewählt, warum zeigen wir in einer kritischen Situation Zivilcourage oder aber weichen der Gefahr aus? Natürlich können wir viele rationale Kriterien auflisten, am Ende dienen diese jedoch unserem Wertekanon im jeweiligen Bereich. Werte lassen sich als abstrakte Begriffe beschreiben und bis zu einem gewissen Grad rational verstehen; aus psychologischer Sicht handelt es sich aber um Gefühlszustände, die wir dauerhaft anstreben. Gelingt dies, so werden wir als übergeordnetes Gefühl Sinn in unserem Tun und Dasein erleben.

Neurologisch gesehen aktiviert die Verwirklichung eines Werts unser inneres Belohnungssystem, das uns daraufhin mit körpereigenen, euphorisierenden Stoffen versorgt und so in einen guten Zustand versetzt.

Wie äußern sich Prioritäten und Wertvorstellungen in unserem Leben? Nehmen wir als ein Beispiel den beruflichen Bereich. Ersehne ich hier Gefühle von Sicherheit und Stabilität? Dies könnte durch eine Beamtenlaufbahn gewährleistet sein. Tritt der Wunsch nach hohem sozialem Ansehen dazu? Dann werde ich beispielsweise eine Karriere als Anwalt oder Arzt einschlagen. Im Idealfall wären entscheidende Werte für den angehenden Arzt aber auch Menschlichkeit und Hilfsbereitschaft. Empfindet ein Arzt im Akt des Helfens tiefe Befriedigung, lebt er die beiden letztgenannten Werte. Auch in anderen helfenden Berufen wie Krankenschwester oder Sozialarbeiter können diese Werte verwirklicht werden. Leider entspricht hier jedoch das soziale Ansehen nicht der gesellschaftlichen Bedeutung dieser Arbeit, sodass der Wert «soziales Ansehen» zurücktreten muss.

Stehen bei meinen beruflichen Werten Freiheit und Abenteuer im Vordergrund, werde ich mit einiger Wahrscheinlichkeit einen selbständigen Beruf mit besonderen Herausforderungen anstreben. Sind es Macht und Ansehen, vielleicht sogar gepaart mit sozialer Fürsorge, wird eine politische Laufbahn sehr attraktiv. Ist es Kreativität und geistige Freiheit, so könnte mich eine künstlerische Tätigkeit als Maler, Bildhauer, Musiker, Schriftsteller oder als Wissenschaftler befriedigen. Vielleicht würde es mich aber auch in die Werbe- oder Designbranche ziehen – typischerweise unter einem gewissen Freiheitsverzicht.

Natürlich sind weder Berufs- noch Partnerwahl noch andere wichtige Lebensentscheidungen allein durch unser individuelles Wertesystem begründet und zu erklären. Viele andere Faktoren, wie zum Beispiel Ausbildung, finanzieller Hintergrund, angeborene Fähigkeiten und so weiter, spielen eine beträchtliche Rolle. Umgekehrt können wir jedoch folgern, dass es von einiger Bedeutung ist, unsere Präferenzen und Wertvorstellungen im Beruf zu verwirklichen. Gelingt das nicht, werden wir hier nur wenig Sinn und damit kaum Zufriedenheit und

Erfüllung erleben. Zu beachten ist freilich, dass sich unser Wertegefüge im Lauf des Lebens durchaus wandeln kann.

Nach diesen allgemeinen Überlegungen können wir leicht den Bogen zur Zielbestimmung schlagen. Denn für alle Menschen ist ihr Wertekanon der magnetische Pol, auf den sich die Kompassnadel ihres Handelns ausrichtet. Er ist der Endzweck all ihrer Aktionen und sollte nicht mit zwischengeschalteten Zielen verwechselt werden.

In unserer Gesellschaft wird Geld beziehungsweise Besitz als zentraler Wert betrachtet. Ein prallgefülltes Bankkonto verschafft zwar viele praktische Vorteile und eröffnet zahlreiche Möglichkeiten, die sonst nicht zu Gebote stehen. Doch genau besehen handelt es sich um ein Mittel zum Zweck, also eine Zwischenstation auf dem Weg zu Zielen wie Sicherheit, Macht, gesellschaftlichem Ansehen, sinnlichem Genuss oder auch einer Kombination dieser vier. Es macht Sinn, sich das vor Augen zu führen und sich selbst zu fragen, ob nicht gelegentlich ein anderer Weg direkter zum eigentlichen Ziel führen könnte. Die einfachsten Fokusfragen hierzu lauten: «Was werde ich tun, wenn ich die Summe XY erarbeitet habe? Warum ist mir dieses Geld so wichtig?» Natürlich stellt dennoch das Geld an sich einen zentralen Schlüssel zum Verstehen des Verhaltens anderer Menschen dar …

Der amerikanische Erfolgscoach Anthony Robbins listet in seinem Werk «Awaken the Giant Within» folgende, bei seinen Umfragen häufig anzutreffende Lebensziele auf:

Liebe, Erfolg, Freiheit, Geborgenheit beziehungsweise Nähe, Sicherheit, Abenteuer, Macht, Leidenschaft, Bequemlichkeit, Gesundheit.

Interessant ist, dass Freude und Glück in dieser US-amerikanischen Erhebung nicht vorkommen. Das mag entweder daran liegen, dass es sich um übergeordnete, allumfassende positive Ziele handelt – oder aber auch an einem Mangel an Stabilität dieser kostbaren Seelenzustände.

Eine von Andreas Giger 2003 in Deutschland durchgeführte Befragung zu persönlichen Werten erbrachte folgende Hitliste: Auf Platz 1 finden wir «Eigenverantwortung», dann folgen «Lebensqualität» und

«Lebensfreude». «Liebe», «Lebenssinn», «Freundschaft» und «Gerechtigkeit» rangierten erst auf den Rängen vier bis sieben.

Bei allen bisher betrachteten Zielinhalten handelt es sich um positive Werte, die wir erreichen wollen. Ebenso bedeutsam ist jedoch deren Gegenteil, also negative dauerhafte Gefühlszustände, die wir unbedingt vermeiden möchten. Hier listet Robbins Folgendes auf:

Ablehnung durch Andere, Ärger, Enttäuschung, Depression, Versagen, Erniedrigung, Schuld, Schmerz, Krankheit, Leid.

Viele unserer Handlungen zielen in erster Linie darauf ab, diese qualvollen Zustände zu vermeiden. Es ist klar, dass es auch zwischen dem Wunsch nach positiven Zuständen und der Angst vor negativen Zuständen zu großen Konflikten kommen kann. Habe ich die Gelegenheit, eine wichtige Rede vor großem Publikum zu halten, so könnte ich zwischen dem Wunsch nach «Bewunderung und sozialem Ansehen» sowie der Angst vor «Versagen und Ablehnung durch Andere» hin und her gerissen werden. Auch hier stellt eine innere Klärung die Voraussetzung für eine gute Lösung dar.

Oft verlieren und vergessen wir gerade bei langjährigen, wiederkehrenden Tätigkeiten ihre ursprüngliche Motivation und Bedeutung. Dann wird der wahre Wert unserer Arbeit unter Bergen von Frustrationen begraben. Viele Lehrer, Ärzte oder andere Menschen in lehrenden, helfenden und unterstützenden Berufen kämpfen gegen den Verlust ihrer Ideale im harten Alltag. In einem solchen Fall ist es sehr wichtig, zum Ursprung zurückzukehren.

Leider gibt es auch fremdbestimmte Aufgaben, bei denen es zunächst schwer scheint, dahinter stehende persönliche Präferenzen zu entdecken. Wie gehe ich beispielsweise als Personalchef mit der Anweisung der Firmenleitung um, eine Anzahl von Entlassungen umzusetzen, die ich selbst für sozial kaum vertretbar halte? Natürlich könnte ich die Aufgabe verweigern und im Extremfall selbst kündigen, falls meine unmittelbar menschlich-sozialen Prioritäten dominieren. Ich habe die Freiheit, meinem Gewissen zu folgen und mich nicht zum Werkzeug unmenschlicher Werte zu machen. Denn auch unser Gewissen besteht aus dem Zusammenspiel und Widerstreit unterschiedlicher

Werte. Falls ich aber trotz moralischer Zweifel zur Entscheidung gelange, den Auftrag durchzuführen, kann ich meine Kraft erhalten, indem ich mir die dafür verantwortlichen Kriterien vor Augen führe. Welche Aspekte meiner Entscheidung werden durch mein Wertegefüge unterstützt? So würde ich zum Beispiel meiner persönlichen Sicherheit und der Fürsorge für meine Familie entsprechen. Auch könnte die Maßnahme wirklich erforderlich sein, um die Insolvenz des Unternehmens abzuwenden, und so letztendlich der Absicherung der Mehrzahl der Mitarbeiter dienen.

Wichtige Fokusfragen lauten damit an dieser Stelle:

1. Entspricht dieses Ziel meinen Wertvorstellungen?
2. Welche Werte muss ich für das Erreichen dieses Ziels opfern?
3. Gibt es einen direkten Wertekonflikt zwischen jenen Zielen, die unterschiedliche Zeithorizonte haben?

Fast alle Motivationsprobleme in Bezug auf Ziele lassen sich auf einen Wertekonflikt zurückführen. Entweder sind die im Ziel verwirklichten Wertvorstellungen nicht ausreichend attraktiv und damit einfach nicht zugkräftig genug. Oder das dafür erforderliche Opfer anderer Werte ist zu groß. Ein Kurzzeitziel kann über ein Langzeitziel dominieren oder auch umgekehrt. Die größte Hürde besteht zumeist darin, sich den relevanten Wertekanon ins Bewusstsein zu holen.

Dieses komplexe Thema können wir im vorliegenden Werk nur streifen. Wenn wir uns jedoch Zeit nehmen, das eigene Wertesystem ruhig und offen zu betrachten, haben wir zumindest eine wichtige Voraussetzung der Zielfindung geschaffen.

Bevor wir die Struktur der *Königsplan*-Zielbestimmung im Überblick zeigen, bleibt uns in diesem Kapitel noch ein letztes, wichtiges Thema:

Werte und Ziele anderer Menschen verstehen

Wie gehen wir nun vor, wenn wir die Ziele anderer Menschen und damit auch ihr voraussichtliches Verhalten in unsere Planung einbeziehen wollen? Ganz allgemein gilt es, sich in die Position eines anderen Menschen zu versetzen und die Lage «durch seine Augen» zu betrachten. Schon im vierten Kapitel hatten wir damit begonnen, dieses Thema zu erörtern, und waren auf neurologischer Ebene den Spiegelneuronen, auf rationaler Ebene ersten Grundideen der Spieltheorie begegnet. Die Spieltheorie beschäftigt sich intensiv mit der Frage, wie Menschen in strategischen Entscheidungssituationen untereinander agieren und welche Verhaltensprinzipien man ableiten kann. Dabei stützt sie sich in der Regel auf zwei Grundannahmen:

1. Alle Beteiligten verhalten sich logisch-rational.
2. Alle Beteiligten streben als obersten Wert Gewinnmaximierung, also den optimalen «Pay-off» an.

Eine nette kleine Übung zum lockeren Wechsel der Perspektiven zwischen verschiedenen Akteuren und auch dem schachähnlichen, ableitenden Denken in Varianten stellt das folgende Logikrätsel dar, an dem Sie sich selbst versuchen sollten, bevor Sie die Lösung studieren.

Logikübung: Die drei Gefangenen

Drei Gefangene stehen in einer Reihe; es gibt insgesamt zwei rote und drei weiße Hüte. Jeder der Gefangenen trägt einen dieser fünf Hüte; welchen davon er trägt, kann er jedoch nicht erkennen. Der erste Gefangene sieht nur den zweiten und den dritten Gefangenen (und damit die Farbe ihrer Hüte), der zweite Gefangene nur den dritten (und damit die Farbe dessen Hutes), der dritte gar keinen; keiner sieht sich selbst. Die Gefangenen sind nur dann gerettet, wenn einer von ihnen die Farbe seines eigenen Hutes richtig benennt, sonst werden alle hingerichtet. Nach einiger Zeit des Schweigens sagt einer der drei: Jetzt weiß ich, welchen Hut ich aufhabe.

Welcher Gefangene muss das sein, vorausgesetzt, alle drei denken logisch?

Abb. 14: Die drei Gefangenen

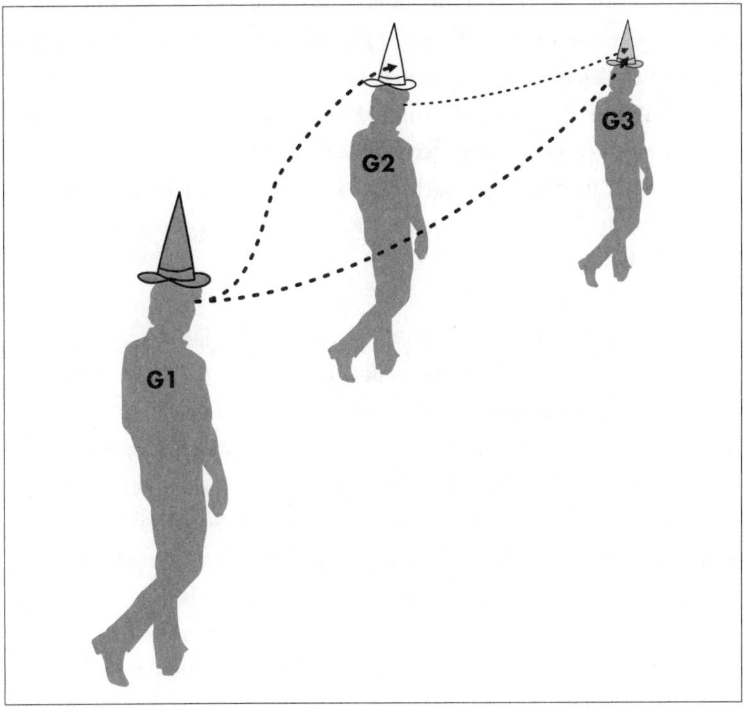

Um dieses Rätsel zu lösen, müssen wir uns gedanklich in die Perspektiven aller drei Gefangenen versetzen und einige mögliche Varianten durchgehen:

Wenn der erste Gefangene (G1) auf den Köpfen von G2 und G3 zwei rote Hüte sehen würde, könnte er sofort folgern, dass er selbst einen weißen Hut tragen muss, und würde das sagen. Sagt er nichts, so bedeutet dies, dass er nicht zwei rote Hüte sieht.

Wenn G2 auf dem Kopf von G3 einen roten Hut sehen würde, könnte er so folgern: «G1 hat nichts gesagt, er würde aber etwas sagen, wenn er zwei rote Hüte sehen würde. Also müsste ich, falls G3 einen roten Hut trägt und G1 nichts sagt, zwingend einen weißen Hut tragen.»

Nun befindet sich ja scheinbar G3 in der schwächsten Position, da ihm keinerlei visuelle Informationen zur Verfügung stehen. Tatsächlich liefert ihm aber das Schweigen von G1 und G2 allen Input, den er benötigt. G3 kann nun so folgern: Da weder G1 noch G2 etwas sagen, verfügen sie **nicht** über die Informationen, die sie benötigen, um mit Sicherheit ihren Hut zu bestimmen. Hätte ich aber einen roten Hut auf, so würden sie über das erforderliche Wissen verfügen.

Wenn G1 und G2 also nach angemessener Bedenkzeit als rational denkende Menschen nichts sagen, muss ich zwingend einen weißen Hut aufhaben.

Es ist allerdings fraglich, ob uns dieser schöne Gedankengang in einer vergleichbaren realen Situation – die zum Glück recht unwahrscheinlich ist – wirklich nützen würde. Könnten wir uns wirklich auf streng-logisches Denken und Handeln aller Beteiligten in solch angespannter Lage verlassen? Was, wenn wir aufgrund unseres Vorwissens einem der Mitgefangenen solch einen Gedankengang gar nicht zutrauen oder ihm gar selbstmörderische Tendenzen unterstellen? Im letzteren Fall könnte es auf tieferer Ebene rational sein, schnell als eigene Hutfarbe Weiß zu nennen und so immerhin eine 3:2-Chance zu nutzen. Die Problematik rein rationalen Verstehens drückt sich in folgender Sentenz uns unbekannten Ursprungs aus, die jedoch durchaus von einem verzweifelten Spieltheoretiker stammen könnte: «Mit Verbrechern kann man verhandeln, mit Verrückten nicht.» Was ist zu tun, wenn der Verhandlungspartner einfach entgegen aller Logik und gegen seine eigenen (vordergründigen) Interessen handelt?

Bleiben wir aber zunächst noch beim rein rationalen Ansatz. Im geschäftlichen Bereich würde ich mich also fragen, auf welche Weise X am meisten verdienen kann, ohne dabei «moralische Skrupel» auf die Rechnung zu setzen. Wie müsste X handeln, um für sich maximalen

Gewinn aus der Situation zu ziehen? Ebenso wie der Schachspieler prüft, inwieweit ein Antwortzug des Gegners erzwungen ist, gilt es, die tatsächlichen Verpflichtungen des Geschäftspartners zu analysieren. Existiert nur eine mündliche Vereinbarung, ein «Letter of Intent», oder aber ein notariell beglaubigter Vertrag? Neben den Konsequenzen legalen Handelns des Anderen müssen wir auch die Wahrscheinlichkeit und die Auswirkungen von Betrugsversuchen prüfen. Auch die Frage der Energie, mit der der Andere dieses Projekt betreibt, spielt eine Rolle.

Zwei der angesprochenen Begriffe sprengen jedoch den rein rationalen Rahmen: Was bedeutet «maximaler Gewinn» für den Anderen? Geht es ihm wirklich nur um die finanzielle Seite? Und wie wahrscheinlich ist ein Betrugsversuch oder auch nur ein extrem hartes Vorgehen im Rahmen legaler Möglichkeiten? Der Politikwissenschaftler und Spieltheoretiker Bueno de Mesquita hat beispielsweise ein komplexes System zur Vorhersage politischer Entwicklungen entwickelt, das sich auf die Grundannahme stützt, dass jeder Beteiligte konsequent seinen maximalen Eigennutzen anstrebt. Neben dem individuellen Ziel jedes Protagonisten setzt De Mesquita dessen tatsächlichen Einfluss sowie dessen Entschlossenheit als Zahlenwerte an. Diese Werte werden in einen Computer eingespeist, der mittels eines mathematischen Modells die wahrscheinliche Entwicklung vorhersagt. Beim von de Mesquita in seinem Werk «The Predictioneer's Game» angeführten Beispiel zur Verhandlungsstrategie zwischen den USA und Nordkorea zur Nuklearkontrolle werden neben den Hauptakteuren wie George Bush und Kim Yong Il etwa fünfzig mehr oder minder bedeutsame «Player» identifiziert, die in das Modell eingebunden werden müssen. Wir wagen kein Urteil über die tatsächliche Effizienz dieses Modells, klar scheint aber, dass dieses Vorgehen für den «normalen Anwender» in der alltäglichen Planungspraxis viel zu komplex wäre.

Mit Rückbezug auf unseren Exkurs zum individuellen Wertesystem sind wir grundsätzlich skeptisch in Bezug auf den axiomatisch angesetzten Eigennutzen als oberstes Prinzip. Bevor wir dies weiter ausführen, wollen wir dazu ein aufschlussreiches psychologisches Experiment betrachten, das von Matthias Sutter an der Universität Innsbruck mit dortigen Studenten durchgeführt wurde.

Dabei wurden zwei Gruppen von jeweils drei Personen gebildet. Die beiden Gruppen A und B befanden sich in verschiedenen Räumen und konnten nicht miteinander kommunizieren. Nun wurden Gruppe A 60 Euro zugesichert, die die Gruppenmitglieder in jedem Fall am Ende zu gleichen Teilen erhalten würden. Auch Gruppe B könnte am Ende maximal 60 Euro bekommen und unter sich aufteilen – doch die tatsächliche Höhe des Betrags für Gruppe B hängt von A ab. A kann nämlich einen beliebigen Teil jener 60 Euro für sich beanspruchen. Gruppe A könnte also beispielsweise 40 Euro für sich fordern. Nun hätte Gruppe B die Wahl, ob sie das akzeptiert. Falls ja, erhält Gruppe B die verbleibenden 20 Euro, Gruppe A die ihr schon zugesicherten 60 Euro + 40 Euro. Falls B dieses Angebot jedoch ablehnt, verfallen die zweiten 60 Euro: B erhält gar nichts, A nur die schon zugesicherten 60 Euro.

Was müsste nun aus spieltheoretischer Sicht geschehen? Streng rationales Denken und Gewinnmaximierung als oberstes Ziel vorausgesetzt, gibt es nur ein einziges «logisches» Resultat.

Logische Lösung:
A beansprucht 59 Euro und lässt B nur den Mindestbetrag von 1 Euro – ein Euro als kleinstmögliche Einheit vorausgesetzt. Damit hätte Gruppe A ihren maximalen Gewinn erreicht – denn bei einer Forderung von 60 Euro könnte B ebenso gut ablehnen wie annehmen. Gruppe B wiederum «muss» aus Sicht ihrer Gewinnmaximierung akzeptieren, da 1 Euro besser als gar nichts (bei Ablehnung) ist.

Obwohl die Gruppen sich nicht kannten und keinerlei direkte soziale Nachteile befürchten mussten, sah die Realität – wenig überraschend – ganz anders aus.

Die genauen Zahlenwerte liegen uns nicht vor, im Schnitt lag jedoch das Angebot um 30:30 Euro. Nahm Gruppe A sich deutlich mehr, so wurde dies von B als so unfair empfunden, dass sie A durch Ablehnung «bestrafte», obwohl dies auf eigene Kosten ging. Umgekehrt wollte A zumeist zwar Profit machen (man könnte B ja auch 60 Euro zugestehen …), B aber nicht maximal ausbeuten.

Um also das realistische Verhalten anderer Menschen vorherzusehen, müssen wir auch ihre ethischen Standards mit einbeziehen, die wiederum ihrem grundlegenden Wertekanon entspringen. Bei dem vorangegangenen Experiment beispielsweise wurden die Entscheidungen nicht nur durch Gewinnstreben, sondern auch durch ein Gefühl für Fairness bestimmt.

Selbst bei Bonobo-Affen aus dem Kongo konnte in einem aktuellen Experiment soziales Verhalten nachgewiesen werden. Diese Affen gaben hungrigen Artgenossen Futter ab, ohne mit ihnen verwandt zu sein und ohne direkte persönliche Vorteile daraus zu ziehen. Haben Affen also höhere moralische Werte als manche Manager und Spekulanten? Hier wagen wir eine simple These: Je anschaulicher und sinnlich fassbarer die Folgen des eigenen Handelns sind, desto stärker reagiert unser tiefverwurzeltes ethisches Wertegefüge. Bewegen wir uns so wie Finanzjongleure in einem abstrakten Raum, tritt ein davon abgekoppeltes, rein rationales Denken in den Vordergrund.

Betrachten wir zu diesem Thema einen anderen berühmten Versuch. Bei diesem Experiment wurde den Teilnehmern ein extrem bedrohliches Szenario geschildert: Ein Zug mit 5 Passagieren ist außer Kontrolle geraten, und alle Insassen werden sterben, *wenn* die Versuchsperson nicht handelt. Nun wurden den Versuchspersonen zwei unterschiedliche Rettungsaktionen dargestellt: Im ersten Fall besteht die einzige Rettungsmöglichkeit im Umlegen einer Weiche, was jedoch den Tod eines Menschen zur Folge hätte, der sich auf dem betreffenden Gleis befindet. Hier entschied sich die überwiegende Mehrzahl der Versuchspersonen nach negativer Selektion für das Umlegen der Weiche und das dafür erforderliche Opfer eines Menschen, um fünf Menschen zu retten. Im zweiten Fall jedoch besteht die einzige Rettungsmöglichkeit darin, einen unbeteiligten Menschen direkt auf das Gleis zu stoßen, um auf diese radikale Art den Zug zu bremsen. Rein rational und vom Resultat her betrachtet, besteht zwischen den beiden Varianten kein Unterschied, dennoch wurde die zweite Variante von der Mehrzahl der

Versuchsteilnehmer verworfen. Dies spricht stark für einen tiefverwurzelten moralischen Wert, der sich gegen die aktive Tötung eines anderen Menschen stemmt. Gefühlsmäßig-intuitiv ist das für jeden von uns gut nachzuvollziehen, auf rein rationalem Weg jedoch kann es nur schwer gelingen (vgl. dazu insbesondere Marc D. Hauser, 2006).

Dies führt uns zu einem weiteren Punkt, der eine Schnittstelle zwischen Ratio und Intuition darstellt. Was sind die zentralen Wertvorstellungen des Anderen? Wie sieht die Welt aus seinen Augen aus? Wie wirken sein Umfeld und sein Hintergrund auf ihn, wie ist also der Rahmen, in dem er sich bewegt? Um die Bedeutung dieses Punktes zu unterstreichen, betrachten wir ein extremes Beispiel. Alles öffentlich geäußerte «überraschte Entsetzen» politisch Verantwortlicher über einen Krieg und dessen inhumane Folgen ist entweder naiv oder heuchlerisch, denn jede Kriegssituation schafft einen Rahmen, der stark auf alle Beteiligten wirkt, in vielen Fällen ihre Werte verschiebt und unmenschliche Taten zumindest begünstigt. Dies bedeutet keineswegs, dass zum Beispiel Kriegsverbrechen irgendwie zu rechtfertigen sind; Mitverantwortung tragen jedoch aus diesen Erwägungen heraus auch die Entscheider. Wenn wir also das Verhalten eines Soldaten im Krieg verstehen wollen, müssen wir uns innerlich in eine Situation voll Todesangst, Aggression gegen Feinde, die vielleicht Kameraden getötet haben, sowie mit sehr starkem Gruppendruck versetzen.

Hätte man das Geldverteilungsexperiment mit Menschen am Rande des Existenzminimums durchgeführt, wären andere Resultate zu erwarten. Auch interkulturelle Missverständnisse sind häufig auf eine mangelhafte Analyse der nationalen Rahmenbedingungen und Konventionen zurückzuführen. Um nachträglich scheinbar unverständliches Verhalten eines anderen Menschen zu verstehen, lautet daher eine wichtige Frage: Was müsste ich erlebt haben, damit ich genauso handeln würde? Dazu gehört natürlich auch der gesamte persönliche Hintergrund des Anderen.

Allerdings liegen viele der für eine umfassende Analyse anderer Menschen wünschenswerten Informationen in der Praxis nicht vor, und der Beschaffungsaufwand wäre zumeist viel zu hoch. Vor dem verwirrenden Hintergrund vielfältiger Faktoren, die das Handeln anderer Menschen bestimmen, benötigen wir einen praktischen Ansatz, der zwar niemals perfekt sein kann, aber doch unsere Chancen verbessert, den Anderen richtig einzuschätzen und sein Handeln vorherzusehen.

Das zukünftige Verhalten anderer Menschen einplanen

1. Im Sinne der Bestandsaufnahme aus Stufe 2 sollten wir im ersten Schritt die wichtigen verfügbaren Informationen über die andere(n) Person(en) und deren Hintergrund zusammentragen. Zumindest diese Aufgabe ist im Zeitalter des Internet leichter denn je, wobei die Qualität der Informationen natürlich geprüft werden muss. Im Idealfall kann zu Fragen des Umfelds ein Experte zu Rate gezogen werden.
   Analog muss der heutige Schachprofi vor einem Spiel Hunderte von Partien des kommenden Gegners durchforsten, um dessen spezifische Vorlieben, seine Stärken und Schwächen zu verstehen. Als konkretes Ziel gilt es dabei aber vor allem, die kommende Eröffnungswahl des Gegners richtig vorherzusehen und die spezifische Vorbereitung darauf einzustellen. Gelingt die Eröffnungsprognose, so erhöhen sich die Erfolgschancen beträchtlich, da moderne Eröffnungssysteme vielfach so scharf und komplex sind, dass eine gute computergestützte Vorbereitung nicht selten den Ausschlag gibt.

2. Die rationale Analyse:
   Wie könnte X seinen messbaren materiellen Gewinn maximieren? Für den seltenen Fall, dass wir über keinerlei Informationen bezüglich der anderen Person verfügen, müssen wir uns bei unserer Voraussage auf eben diese rein rational-logischen Überlegungen beschränken.
   Ansonsten aber sollten wir nun betrachten: Gibt es Erfahrungswerte zum Verhalten von X in früheren, vergleichbaren Situationen? Wie

verhalten sich typischerweise andere Personen dieser Branche / aus diesem Kulturkreis? Existieren dort feste Konventionen / ein spezifischer Ehrenkodex? Welches Verhalten ist aufgrund dieser Betrachtungen zu erwarten?
Hier ist zu beachten, dass die Betrachtung des Umfelds mit seinen spezifischen Gesetzen schon die Brücke zum nächsten, eher intuitiven Punkt schlägt, dem Einfühlen in das Wertesystem des Anderen. Die Ratio kann den vermeintlich besten Verhaltensansatz einer Person bestimmen und bisherige Erfahrungen in Wahrscheinlichkeiten übersetzen. Das Gesamtbild jedoch kann nur unsere Intuition erzeugen.

3. Das Wertesystem des Anderen verstehen – intuitives Einfühlen:
Wie auch auf anderen Stufen des *Königsplans* führen wir nun die rational gewonnenen Erkenntnisse mit den Kräften unserer Intuition zusammen. Erst mit allen über die rationale Analyse gewonnenen Erkenntnissen im Hinterkopf konzentrieren wir uns also auf die schon besprochenen Fokusfragen:
   - Was sind die zentralen Wertvorstellungen des Anderen?
   - Wie wirken sein Umfeld und sein Hintergrund auf ihn?
   - Was müsste ich erlebt haben, um mich genauso zu verhalten wie X? Dieser Punkt ist natürlich nur dann möglich, wenn mir frühere Taten oder auch Meinungsäußerungen von X bekannt sind.
   - Wie sieht die Welt aus seinen Augen aus?

4. Nachdem wir über diese Betrachtung ein möglichst klares inneres Gesamtbild des Anderen erzeugt haben, können wir die an uns selbst gerichteten, schon besprochenen Fragen zum Zielbild auf die andere Person projizieren:
   - Was ist für mich als X mein vorrangiges Ziel beim vorliegenden Projekt?
   - Wie werde ich als X vorgehen?
   - Welche konkreten Entscheidungen werde ich treffen?

Anzumerken ist noch, dass die Überlegungen zum Verständnis für das Handeln anderer Menschen sich mit gewissen Modifikationen auch auf Organisationen übertragen lassen. Hier gilt es analog, die Struktur, die Regeln und die Außendarstellung der jeweiligen Organisation zu betrachten. Handlungsträger von Organisationen sind jedoch letztlich auch wieder einzelne Menschen, die vor diesem Hintergrund betrachtet werden sollten.

Die nun folgende abschließende Auflistung wichtiger Fokusfragen ist in erster Linie für die Planung eines konkreten Projekts geeignet. Der Leser kann diesen Schlussabschnitt ohne Einbußen an Verständnis überspringen und mit dem sechsten Kapitel beginnen. Dort werden wir sehen, welchen weiteren wirkungsvollen Planungsansatz ein gut definiertes Ziel ermöglicht.

ALLGEMEINE RICHTLINIEN UND FOKUSFRAGEN ZUR ZIELBESTIMMUNG

1. Was sind Vor- und Nachteile des Zielbilds?
2. Wie ist der zeitliche Horizont? Sind Zwischenziele auf dem Weg zum Gesamtziel zu setzen? Macht es Sinn, das Gesamtziel scharf zu umreißen, oder ist es günstiger, es noch vage zu lassen und es von Zwischenziel zu Zwischenziel zu präzisieren?
3. Je nach Zeithorizont sollte das Gesamtziel oder aber das nächste Zwischenziel plastisch ausgestaltet und präzise beschrieben werden. Vorzuziehen sind bei der verbalen Beschreibung positive Formulierungen.
4. Das Erreichen des Ziels / der Zwischenziele sollte messbar und terminiert sein. Woran merke ich, dass ich das Ziel wirklich erreicht habe?

Fokusfragen in Bezug auf die Zieldynamik:

1. Welche Faktoren spielen im Zielszenario eine Rolle? Habe ich wirklich alle Faktoren berücksichtigt?
2. Was kann nach Erreichen des Ziels weiter geschehen? Ist die Lage dann stabilisiert oder noch in Veränderung und Umbruch begriffen? Welche Tendenz ist zu erwarten?

Fokusfragen zur Zielprüfung in Bezug auf das eigene Wertesystem:

1. Welche meiner Werte werden in diesem Ziel verwirklicht?
2. Gibt es bei mir selbst einen Wertekonflikt, gibt es also eigene Werte, die dem Ziel entgegenstehen? Welche Werte muss ich für die Erreichung dieses Ziels opfern?
3. Bauen Kurz- und Langzeitziele aufeinander auf oder kollidieren sie?

Wiederum sollten wir nach Möglichkeit alle zugänglichen Informationen nach unserer rationalen Struktur ordnen, dann aber unsere Intuition befragen. Wie ist nun unser Gefühl gegenüber dem angestrebten Ziel?

Fokusfragen zur Bestimmung der Ziele und damit des voraussichtlichen Verhaltens anderer Menschen:

1. Welche anderen Personen beziehungsweise Organisationen spielen im Zuge der Planung eine Rolle, und welche zentralen Interessen und Prioritäten haben sie in diesem Bereich?
2. Wie stark schätze ich deren Fähigkeiten und deren Entschlossenheit ein, ihre Werte in diesem Szenario zu verwirklichen?
3. Wie würde ich mich in deren Lage verhalten?
4. Gibt es konkurrierende Interessen verschiedener Protagonisten?

KAPITEL 6

Am Zeitstrahl zurück

«Verstehen kann man das Leben rückwärts,
leben muss man es vorwärts.»
SÖREN KIERKEGAARD

Ein «riesiges» Abenteuer

Stellen wir uns nun einer ebenso ungewöhnlichen wie schaurigen Herausforderung: Widrige Winde haben uns gemeinsam mit zwölf Gefährten in eine große Höhle befördert, während unser Schiff in einer nahegelegenen Bucht ankert. Zu unserem namenlosen Entsetzen erweist sich der dortige Bewohner als einäugiger, menschenfressender Riese von übermenschlicher Kraft. Schnell hat er zwei unserer Freunde verzehrt und gönnt sich nach diesem grässlichen Mahl nun ein Verdauungsschläfchen. Alles drängt uns zu einem todesmutigen Angriff auf das Monster. Doch es gelingt uns, der Wut und der Panik Herr zu werden und eine ruhige Bestandsaufnahme durchzuführen.

Schnell erkennen wir, dass der Tod des Unholds auch unser Ende bedeuten würde, da dieser den Höhleneingang mit einem mächtigen Felsen versperrt hat und nur er uns den Weg in die Freiheit öffnen kann. Als zusätzliches Problem wohnen in der Umgebung weitere Riesen, die ihrem Genossen zu Hilfe eilen könnten. Wir bemerken noch, dass die Höhle von einer ganzen Reihe Schafe bevölkert wird, die der Riese über Nacht hier versammelt, um sie morgens wieder auf die Weide zu treiben.

Welche Hilfsmittel stehen uns zu Gebote? Neben unseren Schwertern führen wir noch einen großen, mit kräftigem Wein gefüllten

Schlauch mit uns. Auch die baumlange hölzerne Keule des Riesen, die in einer Ecke lehnt, könnte von Nutzen sein. Bis zum Morgengrauen gelangen wir zu keiner Lösung, und so enden zwei weitere Freunde als Frühstück des Riesen, der daraufhin die Höhle mit seiner Herde verlässt und den Eingang natürlich mit dem Felsen versperrt. Nun ist nochmals Zeit zum Denken und Planen. Ein klares Ziel ist leicht zu bestimmen: Wir wollen mit möglichst vielen unserer Freunde dieser Höhle lebendig entrinnen und auf unserem Schiff die Flucht antreten.

Leider führen uns in dieser verzweifelten Lage weder der Kreative Kreislauf noch das darauf aufbauende, vorwärtsgerichtete Denken in Varianten zu einer Lösung. Was ist zu tun? Gibt es einen anderen Planungsansatz, der uns retten könnte? Nun mag der praktisch orientierte Leser einwenden, dass er nur selten in die Lage eines Odysseus gerät und zum Glück keine Zyklopen zu bekämpfen hat. Leider verrät uns die Odyssee auch nicht, wie der listenreiche Held zu seinem brillanten Rettungsplan gelangte. Doch werden wir sehen, dass der für die sechste Stufe des *Königsplans* typische Lösungsansatz nicht nur bei diesem Problem, sondern auch in vielen anderen Fällen wirksam ist.

Ein modernes Dilemma

Machen wir dazu einen großen Sprung in die moderne Geschäftswelt zu einer schwierigen Entscheidung unter Risiko. Betrachten wir dies auch als Übung im raschen Wechsel von Perspektiven, denn anstelle eines Blicks aus den Augen des Odysseus schlüpfen wir nun in die Schuhe des Chefs eines großen Hausverwaltungsunternehmens. Zwar ist dessen Lage weit weniger bedrohlich, doch steht er immerhin vor einem scheinbar unauflöslichen Dilemma.

Beginnen wir wiederum mit einer knappen Bestandsaufnahme. Unsere Hausverwaltung verfügt über 40 Mitarbeiter, von denen 20 nicht fest angestellt sind. Die Anstellungsverträge dieser Mitarbeiter laufen in den nächsten Monaten sukzessive aus. Es handelt sich um qualifizierte und eingearbeitete Fachkräfte, die nicht leicht zu ersetzen sind. Diese 20 nicht festangestellten Mitarbeiter sind bei einem Auftrag beschäftigt, der innerhalb eines Jahres ausläuft. Es muss jedoch bald eine grundsätzliche Entscheidung getroffen werden, ob diese 20 Mitarbeiter gekündigt oder aber in ein festes Anstellungsverhältnis übernommen werden. Ohne den erwähnten Auftrag gibt es für diese 20 Mitarbeiter jedoch keine Einsatzmöglichkeiten. Die Wohneinheiten, die der Auftrag umfasst, werden nach Auslaufen des Auftrags vom Eigentümer verkauft. Die Wahrscheinlichkeit, dass der zukünftige Käufer der Wohneinheiten den Auftrag an die Hausverwaltung erneuert, wird auf 50:50 geschätzt. Das eigentliche Problem besteht nun darin, dass die Entscheidung des künftigen Käufers erst *nach* der eigenen Entscheidung über die Festanstellung der Mitarbeiter fällt. Damit existieren zwei grundlegende Handlungsalternativen, die vor dem Hintergrund

Abb. 15: Ein modernes Dilemma

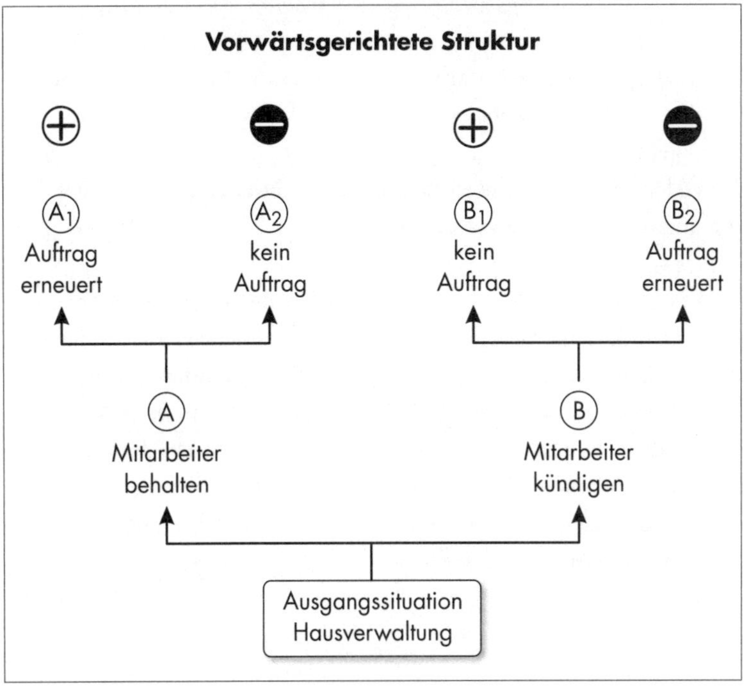

zweier möglicher, gleich wahrscheinlicher Zukunftsentwicklungen zu bewerten sind:

Entscheidung A: Alle Mitarbeiter werden behalten
Wird der Auftrag erneuert (*Fall A1*), erweist sich A als goldrichtige Entscheidung. Werden aber die 20 Mitarbeiter behalten und kein neuer Auftrag erteilt (*Fall A2*), wird eine Kündigung von 20 Anstellungsverträgen erforderlich, was für die Mitarbeiter beträchtliche Nachteile mit sich bringen und für das Hausverwaltungsunternehmen hohe Kosten sowie Aufwand erzeugen würde.

Entscheidung B: Kündigung der 20 Mitarbeiter
Wird der Auftrag nicht erneuert (*Fall B1*), so erweist sich das als optimale Entscheidung, da die Firma dann genau über die richtige Anzahl von Mitarbeitern verfügt und keine festangestellten Mitarbeiter kündigen muss. Werden jedoch die 20 Mitarbeiter gekündigt und vergibt der neue Käufer den Auftrag (*Fall B2*), so entsteht hoher Aufwand, um 20 neue, qualifizierte Mitarbeiter zu finden und diese einzuarbeiten. Unter Umständen ist dies gar nicht möglich, sodass der Auftrag verloren geht.

Welche Entscheidung ist die richtige? Gibt es eine Lösung, die über die Effizienz eines Münzwurfs hinausgeht?

Ist dieser Fall nicht auch strukturell gänzlich anders gelagert als die Aufgabe des Odysseus? Scheinbar geht es ja nicht um die Entwicklung eines brillanten Plans, sondern nur um eine Entweder-oder-Entscheidung, die allerdings ein schwieriges Dilemma darstellt. Dazu gleich mehr.

Als dritter zu untersuchender Fall steht auch noch die weit komplexere Problematik der Staatsverschuldung im Raum. Dazu wurde ja im vorigen Kapitel ein handfester Lösungsansatz mittels der Methodik von Stufe 6 in Aussicht gestellt.

Die Voraussetzung für rückwärtsgerichtete Planung

Welche Gemeinsamkeit existiert nun zwischen diesen drei so unterschiedlichen Problemen? In allen Fällen ist es möglich, schon vorab ein klares Ziel zu formulieren. Wie wir sehen werden, stellt ein Ziel die einzige unabdingbare Voraussetzung für die Anwendung von Stufe 6 dar. Definieren wir also zunächst die jeweiligen Ziele für alle drei Szenarien.

Das klare Ziel für Odysseus und seine Gefährten war «Freiheit und Überleben». Für die Hausverwaltung wäre das Traumziel sicherlich, «den Auftrag zu bekommen und die Mitarbeiter zu behalten». Dabei gilt es jedoch gleichzeitig, sich bestmöglich auf die Eventualität «kein Auftrag» einzustellen. Und im Fall der Staatsverschuldung geht es darum, «trotz kurzfristiger Machtinteressen der jeweiligen Regierung einen langfristigen Abbau des Schuldenberges verbunden mit einer Sanierung des Haushalts zu ermöglichen.»

Wie aber kann das Vorhandensein eines Ziels in unserer Planung genutzt werden?

Stufe 6 im einfachen Schachmodell

Nähern wir uns der Grundidee wiederum über ein Schachmodell an. Dazu beginnen wir mit einer sehr einfachen Musterstellung, die auch als typische Übung für Einsteiger zum Umgang mit Springern dient (*siehe Diagramm S. 264*).

Hier besteht die für fortgeschrittene Spieler natürlich triviale Aufgabe darin, den Springer von e7 aus in möglichst wenigen Zügen nach h8 zu führen. Betrachten wir dieses Problem zunächst aus dem Blickwinkel traditioneller, vorwärtsgerichteter Planung. Jeder der sechs möglichen Springerzüge wäre hier zunächst als mögliche Variante mit weiteren Verzweigungen zu betrachten. Zwar könnten wir mittels negativer Selektion diejenigen Äste streichen, die den Springer eindeutig vom Feld h8 entfernen, darunter also zum Beispiel die Züge nach c8, c6, oder d5.

Im Rückwärtsgang

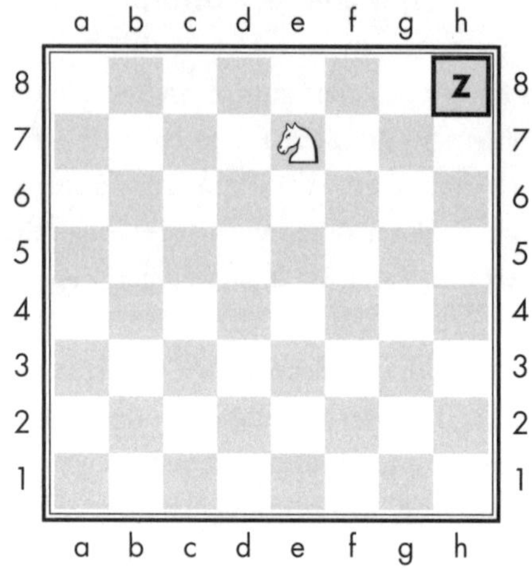

Weiß am Zug

Dennoch wäre die weitere Ausarbeitung einer systematischen Struktur durchaus aufwendig.

In Form des Feldes h8 haben wir jedoch ein klares Ziel vorgegeben. Statt uns nun vom Ausgangspunkt auf e7 ins Ungewisse vorzutasten, könnten wir das schon fixierte Ziel als stabilen Anker unserer Planung nutzen. Wenn wir uns einen zeitlichen Verlauf der Springerreise vorstellen, dann muss der Springer ein direkt angrenzendes Feld als Sprungbrett nach h8 genutzt haben. Diesen Gedanken können wir als Ausgangspunkt verwenden und umgekehrt, also von rückwärts nach vorne vorgehen.

Was muss geschehen sein, bevor der Springer nach h8 gelangt ist? Von wo aus könnte der Springer gekommen sein?

Durch diese simplen Fragen gelangen wir blitzschnell zur richtigen Lösung. Nur f7 oder g6 kommen als h8 vorgelagerte Felder in Frage. Beleuchten wir nun diese beiden möglichen Zwischenziele auf dem Weg nach h8 mittels der neuerlichen Frage: Von wo aus könnte ein Springer nach f7 oder aber g6 gelangt sein? Sobald wir dies mit dem Blick auf die

Ausgangsposition des Springers kombinieren, wird die optimale Route e7-g6-h8 offensichtlich. Hier erweist sich der vom Ziel ausgehende rückwärtsgerichtete Ansatz als deutlich effektiver.

Vertiefen wir diese Idee mittels eines zweiten, komplexeren Beispiels: Weiß ist wiederum am Zug.

Eine Vision entwickeln

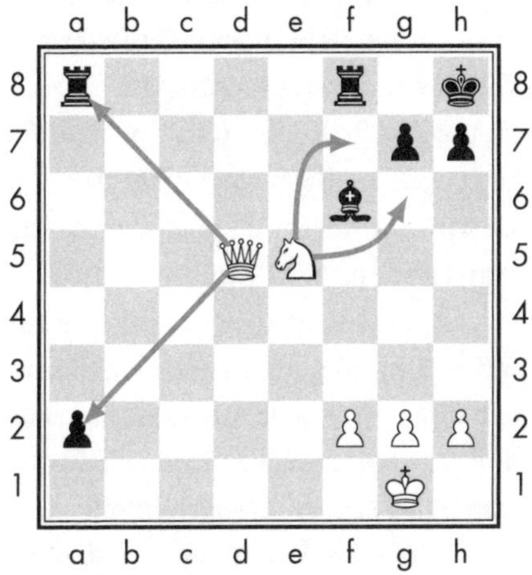

Weiß am Zug

Die Bestandsaufnahme auf Stufe 2 ergibt ungefähren materiellen Gleichstand, wobei Dame und Springer zwei schwarze Türme sowie einen Läufer aufwiegen. Eine etwas tiefergehende Betrachtung offenbart jedoch ein aus weißer Sicht unerfreuliches Problem. Der schwarze Freibauer auf a2 ist nur einen Schritt von seiner Verwandlung in eine neue Dame entfernt. Diese Verwandlung hätte nicht nur einen direkten Angriff auf den weißen König, sondern sogar dessen Untergang in Form des Schachmatts zur Folge. Diese Vorbetrachtungen legen nahe, dass Weiß schnell und entschlossen handeln muss und dem Schwarzen keine Zeit lassen darf, seine mächtige Drohung auszuführen.

Nun gilt es wieder, die Funktionen und Zugmöglichkeiten der Figuren ruhig zu betrachten. So ist es beispielsweise von einiger Bedeutung, dass der schwarze Turm auf f8 seinen Kollegen auf a8 vor dem Zugriff der weißen Dame schützt. Auch die Fähigkeit des weißen Springers, den schwarzen König im nächsten Zug zu bedrohen, sollte unbedingt beachtet werden. Ausgehend davon erbringt der vorwärtsgerichtete Ansatz über den Kreativen Kreislauf einige Ideen, von denen wir jedoch alle bis auf eine einzige mittels negativer Selektion schnell streichen können: Weder die Variante 1. Sg6+ hg noch 1. D×a8 T×a8 noch 1. D×a2 T×a2 kommt in Betracht. Damit verbleibt als einzig sinnvolle Option **1. Sf7+**. Haben wir unsere Hausaufgaben von Stufe 2 gründlich erledigt, so erkennen wir sofort, dass dieser Springer für den schwarzen Turm tabu ist. Denn auf 1. … T×f7 folgt nicht das naive 2. D×f7 a1D+ mit schwarzem Gewinn, sondern 2. D×a8+, und Schwarz wird matt gesetzt. Schwarz muss also mit **1. … Kg8** antworten.

Diese Sequenz lässt sich als einziger Ast unseres vorwärts-, also aus der Gegenwart in die Zukunft gerichteten Suchbaums darstellen. Nun verfügt Weiß jedoch über eine reiche Auswahl von sechs Springerzügen, die alle zunächst in Frage kommen, da in jedem Fall der schwarze König von der weißen Dame in Form eines sogenannten Abzugsangriffs attackiert wird. Einzig 2. Sh8+ K×h8 können wir schnell eliminieren, da Weiß hier nur seinen wertvollen Springer eingebüßt hätte.

Auf traditionellem Weg würde uns nun eine mühsame Suche mit ungewissem Ausgang bevorstehen. Stattdessen wollen wir versuchen, auch hier den rückwärtsgerichteten Ansatz einzusetzen. Allerdings benötigen wir dazu ein klares Zielbild als Ausgangspunkt. Da dieses, anders als im vorangegangenen Fall, nicht vorgegeben ist und wir auch nicht den vergleichenden und ableitenden Weg dorthin beschritten haben, muss unser Ziel einer intuitiven Schau entspringen. Wir suchen also nach einer Vision, die uns den Weg in die Zukunft weist.

Für fortgeschrittene Schachspieler ist das im vorliegenden Fall leicht, denn sie haben das grundlegende Motiv in ihrem geistigen Musterkoffer gespeichert, und ihre Intuition ist darin geübt, schnell darauf zuzugreifen. Für alle anderen gilt es, nach einem Traumszenario in Form eines Mattbildes zu suchen, was einige Phantasie erfordert.

Immerhin mag die Erinnerung an ein Beispiel des vorangegangenen Kapitels helfen. Eine zielführende Frage lautet: «Wie müsste sich die Position verändern, damit der weiße Springer dem schwarzen König Schachmatt bieten kann?» Auf dem einen oder dem anderen Weg gelangen wir zu folgendem Zielbild, das den Fokus nur auf den Kern des Geschehens richtet und andere Elemente ausblendet:

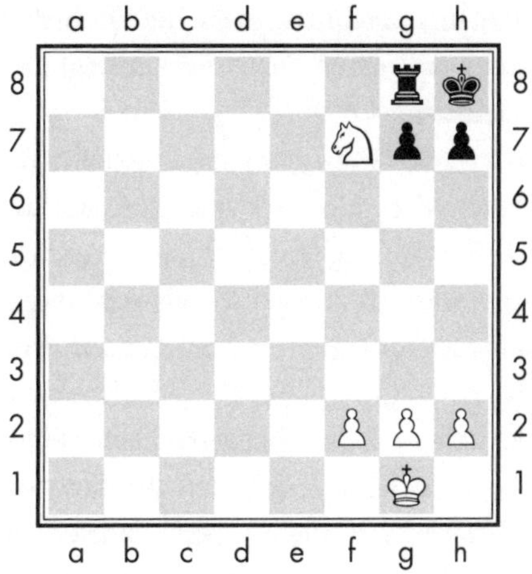

Matt

Wir sehen im Diagramm ein klassisches «Ersticktes Matt», bei dem der schwarze König von der eigenen Leibgarde an der Flucht gehindert wird und dem einsamen weißen Springer zum Opfer fällt. Noch wissen wir natürlich nicht, ob dieser Traum des Weißen gegen den Widerstand des Gegners jemals Realität werden kann.

Der Zieltest

In unserem folgenden geistigen Testlauf verhalten wir uns jedoch so, als wäre dieses Ziel tatsächlich eingetreten. Nennen wir diese wichtige Methode den *Zieltest.* Nun stellen wir die für den rückwärtsgerichteten

Ansatz auf Stufe 6 grundlegende Fokusfrage: «*Was muss unmittelbar davor geschehen sein, damit wir dieses Ziel erreichen konnten?*» Die Antwort fällt leicht: Im vorigen Zug muss sich der schwarze Turm von f8 nach g8 bewegt haben. *Wir können also den schwarzen Zug …* Tg8 als Zwischenziel Z1 unmittelbar vor Erreichen des großen Ziels definieren. (*Z1*)

Da wir aber von einem optimal agierenden Gegner ausgehen müssen, können wir nicht annehmen, dass dies freiwillig geschehen ist. Was aber könnte den schwarzen Turm dazu bewegt haben, sich auf das fatale Feld g8 zu begeben?

Kehren wir zum Diagramm der Ausgangsstellung zurück, so wird schnell offensichtlich, dass nur der Opfergang der weißen Dame ein ausreichend starkes Lockmittel darstellt, um den schwarzen Turm auf das Feld g8 zu bewegen. Damit haben wir das nächste Zwischenziel gefunden: Weiß muss Dg8+ ziehen, bevor unsere Vision zur Realität werden kann. (*Z2*)

War also in Wirklichkeit das Springerschach im ersten Zug falsch? Haben wir bei der vorwärtsgerichteten Prüfung der Kandidatenzüge geschlampt? Hätte Weiß nicht 1. Dg8+ spielen können, um nach 1. … T×g8 mittels 2. Sf7 matt zu setzen? Nein, dieser Ansatz wäre ein wenig naiv, denn Schwarz würde natürlich nicht mit dem Turm, sondern mit dem König die Dame schlagen und sich nach 1. … K×g8 ins imaginäre Fäustchen lachen.

Dies bedeutet jedoch nicht, dass wir die Grundidee aufgeben müssen, was einen typischen Planungsfehler darstellen würde. Vielmehr suchen wir nach einem Weg, diesen Gedanken zu verfeinern und so das nur scheinbar Unmögliche zu verwirklichen. Wir stellen also die Frage: Was müsste geschehen sein, damit der *schwarze Turm* die weiße Dame auf g8 schlagen *muss*? Nun, offenbar müsste die weiße Dame von einer eigenen Figur gedeckt sein. In diesem Fall könnte der schwarze König ihr nichts anhaben, und nur der Turm könnte sie nehmen. Für eine solche Schutzfunktion kommt nur der weiße Springer in Frage. Drei Felder existieren, von denen aus er g8 kontrolliert: e7, f6 und h6. Dabei dürfen wir allerdings nicht vergessen, dass der Springer nicht nur g8 kontrollieren, sondern auch noch eine zweite Bedingung erfüllen muss: Damit die Grundidee des erstickten Matts funktioniert, muss der Springer *sowohl g8 als auch f7* im Auge behalten. Nur ein einziges Feld erfüllt diese Bedingung, nämlich h6.

Damit haben wir das nächste Zwischenziel auf der rückwärtsgerichteten Zeitachse gefunden: Der weiße Springer muss auf h6 gestanden haben. (*Z3*)

Allerdings ist zu beachten, dass er dorthin mit Angriff auf den schwarzen König gelangt sein muss, da sonst der Schwarze Zeit gehabt hätte, seine eigene Drohung auszuführen und den Freibauern zu verwandeln.

Damit haben wir alle Elemente versammelt, um das Problem zu lösen. Der letzte weiße Zug der von uns «erträumten» Sequenz war Sf7+. Der letzte schwarze Zug davor … Txg8, davor der weiße Zug Dg8+. Davor muss offenbar der schwarze König von g8 nach h8 gezogen sein, also … Kh8. Und davor stoßen wir auf den weißen Zug Sh6+. Nun müssen wir nichts anderes mehr tun, als die ganze Sequenz umzudrehen und so zur in der Ausgangssituation beginnenden Abfolge zu gelangen:

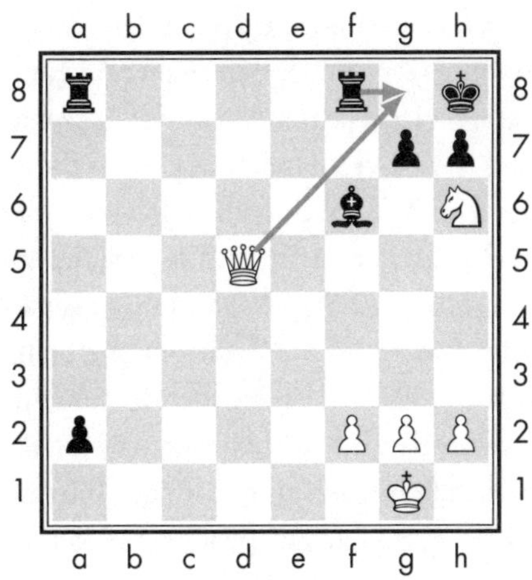

Weiß am Zug
Position nach 1. ♘f7+ ♔g8 2. ♘h6+ ♔h8

Der beschriebene Prozess zeigt auch im Sinne des *Königsplans* ein perfektes Zusammenspiel von Intuition und Ratio. Die Intuition hatte das Zielbild geliefert, die Ratio eine dorthin führende Struktur geschaffen, den «Zieltest» erlaubt und dann den Ablauf auf seine Durchführbarkeit geprüft. Wir sind überzeugt, dass der von einem intuitiv erkannten Muster ausgehende rückwärtsgerichtete Ansatz nicht nur im Denken von Schachmeistern eine wesentliche Rolle spielt.

Rückwärtsdenken bei Schachspielern im Experiment – das Centipedes-Game

In einem interessanten psychologisch-spieltheoretischen Experiment mit dem sogenannten «Centipedes-Game» wurde unter anderem untersucht, inwieweit Schachspieler das rückwärtsgerichtete Denken zur Problemlösung in stärkerem Maß einsetzen als Kontrollgruppen mit nicht schachspielenden Studenten.

Das «Centipedes-Game» verläuft zwischen zwei Spielern über sechs Runden. Dabei befinden sich auf dem Tisch zwei unterschiedlich hohe Münzstapel. In der ersten Runde liegen auf dem einen Stapel vier Dollar, auf dem anderen Stapel ein Dollar. Spieler A beginnt und steht vor einer in jeder Runde wiederkehrenden Wahl: Entweder er nimmt sich den größeren Stapel von vier Dollar, den er in diesem Fall behalten kann, während Spieler B den kleineren Stapel mit einem Dollar erhält. Oder aber er beschließt, dies nicht zu tun und das Spiel fortzusetzen. Geschieht das, so werden die Stapel verdoppelt, also auf acht und zwei Dollar, und Spieler B hat nun die Wahl zwischen einem Gewinn von acht Dollar mit zwei Dollar an A oder aber der Fortführung der Partie. In letzterem Fall würden die Stapel wieder verdoppelt, und A wäre an der Reihe. Würden alle sechs Runden ohne Abbruch durchgespielt, dann erhielte Spieler A 256 Dollar, Spieler B 64 Dollar.

Nun stellen sich zwei Fragen: Was ist aus spieltheoretischer Sicht die optimale Strategie, und wie verhalten sich die unterschiedlichen Kontrollgruppen tatsächlich? Die erste Frage ist leicht zu beantworten, führt aber zu einem überraschenden Ergebnis, das auch als «Paradoxon der Rückwärtsinduktion» bezeichnet wird. Versetzen wir uns nämlich in die sechste und letzte Runde, so würde Spieler B verständlicherweise das Spiel beenden und lieber 128 als nur 64 Dollar einstecken. Sobald Spieler A in Runde 5 diesen Sachverhalt durchschaut, wird er sich den größeren Teil nehmen und das Spiel beenden, da er ja sonst Spieler B den Löwenanteil überlassen würde. Sieht Spieler B wiederum dieses rational absolut einsichtige Verhalten von Spieler A in Runde 4 voraus, wird er schon hier das Spiel beenden. Dieses System lässt sich bis in Runde 1 zurückverfolgen, sodass es nach streng rational-spieltheoretischen Prinzipien die korrekte Wahl für Spieler A ist, sofort das Spiel zu beenden und sich mit 4 Dollar zu begnügen. Tut er dies nicht, muss er davon ausgehen, dass Spieler B in der nächsten Runde das Spiel beenden und er nur 2 Dollar erhalten wird. Paradox und dem gesunden Menschenverstand widersprechend ist diese Lösung deshalb, weil Spieler A die Chance auf einen weit höheren Gewinn verwirft.

Dieses Paradoxon zeigt ein typisch spieltheoretisches Problem auf, da sich in den meisten realen Situationen Menschen nicht so rational verhalten würden und in vielen Fällen gerade dadurch in der Praxis ihren Gewinn maximieren könnten. Dieser Grundgedanke wurde auch schon im fünften Kapitel angesprochen. Als Fazit wäre der ebenfalls wunderschön paradoxe Satz zu ziehen: «Es ist oft rationaler, von nichtrationalem Verhalten anderer Menschen auszugehen.» Das korreliert unter anderem mit der Unmöglichkeit, durch einen IQ-Test die ganzheitlichen Fähigkeiten eines Menschen abzubilden. Dennoch bildet das eigene Wissen um den rationalen Weg eine wertvolle Grundlage. Diese wird freilich erst in Kombination mit einer intuitiven Einfühlung in andere Menschen wirksam. Im Centipedes-Beispiel wäre es unsere Intuition, die vorhersagt, ob unser Spielpartner tatsächlich ein eiskalter, auf Vorsicht bedachter Rechner ist, der das Spiel sofort abbrechen wird, oder aber ein sozial eingestellter, optimistischer Mensch, der eine ähnliche Einstellung bei uns erwartet und demgemäß das Spiel maximal ausdehnen wird …

Interessant im Sinne unserer These vom Schachspieler als Anwender rückwärtsgerichteten Denkens ist dabei, dass sich die am Experiment teilnehmenden Schachspieler in weit höherem Maße nach dem Konzept der Rückwärtsinduktion verhielten und demgemäß das Spiel im Schnitt früher abbrachen als die Kontrollgruppen. Absolute Spitzenreiter waren dabei die teilnehmenden Großmeister ... (vgl. dazu I. Palacios-Huerta und O. Volij, 2009).

Finden wir das Ziel auf intuitive Weise, so stellt sich stets die Frage, inwieweit dieses realistisch und tatsächlich erreichbar ist. Auf diese Grundproblematik waren wir schon im fünften Kapitel eingegangen. Falls unsere Intuition trotz rationaler Kritik stark für das gefundene Ziel plädiert, ist es ein wichtiges Hilfsmittel, die möglicherweise berechtigten Einwände vorübergehend auszublenden und nach der Methodik von Stufe 6 so vorzugehen, als wäre dieses Ziel sicher zu erreichen. Wie bereits mehrfach betont, setzt der Glaube an die Verwirklichung einer Vision oft mächtige Kräfte frei und zeigt Wege auf, die sonst verschlossen blieben.*

Unsere Ratio bleibt als Kontrollinstanz im Hintergrund und prüft die dem Ziel vorgeordneten Zwischenziele mit Hilfe der Werkzeuge aus Stufe 5. Ist das Ziel tatsächlich zu erreichen, so müssen auch die Zwischenziele auf dem Weg dorthin realistisch sein. Das hier beschriebene Wechselspiel schlägt auch einen Bogen zum Kreativen Kreislauf aus der dritten Stufe des *Königsplans.* Die praktische Umsetzung dieser Idee werden wir ein wenig später bei der Auflösung des Hausverwaltungs-Dilemmas vertiefen.

Wie wir gesehen haben, ist es bei vorhandenem Ziel sehr wirkungsvoll, den zeitlichen Ablauf der Planung umzudrehen. Statt uns also, wie bei traditioneller Planung üblich, auf einem imaginären Zeitstrahl aus

* Auch in der Hypnose- und Familientherapie werden Blockaden erfolgreich durch die Imagination eines für den Patienten scheinbar unerreichbaren Traumziels aufgehoben. In der Hypnotherapie spricht man zungenbrecherisch von der «Faktizität des Fiktiven», in der Familientherapie ein wenig romantischer von der «Wunderfrage». Kann sich der Patient auf keinem normalen Weg eine Besserung seiner Lage vorstellen, dann wird so formuliert: «Okay, es kann Ihnen auf keinen Fall bessergehen, aber tun wir nur ganz kurz so, als ob ...» Oder aber: «Was wäre, wenn ein Wunder geschehen würde und XY doch möglich wäre?» Diese Methode erweist sich häufig als erstaunlich wirkungsvoll.

der Gegenwart in die Zukunft zu bewegen, legen wir hier den Rückwärtsgang ein. Wir beginnen also mit dem Ziel und bewegen uns von dort aus in der Zeit zurück auf die Ausgangssituation in der Gegenwart zu. Diese Idee ist in einigen spezifischen Bereichen durchaus bekannt. So spricht man in der Spiel- und Entscheidungstheorie von der «Backward Induction», wenn ein Problem von hinten nach vorne aufgerollt wird. Als geistiger Urvater ist der griechische Mathematiker Pappos von Alexandria zu nennen, der bereits im vierten Jahrhundert nach Christus eine auf diesem Ansatz basierende mathematische Methode postulierte. Eine ganze Reihe von Problemtypen lässt sich sogar nur auf diesem ungewohnten Weg lösen.

Es ist seltsam, dass dieser wertvolle Ansatz immer wieder in Vergessenheit gerät und kaum für allgemeine Planungsstrategien eingesetzt wird. Im *Königsplan*-Modell wollen wir das Bewusstsein für diese Methode schärfen und vor allem Wege zu einer effektiven praktischen Anwendung aufzeigen.

Abb. 16: Ablaufdiagramm rückwärts

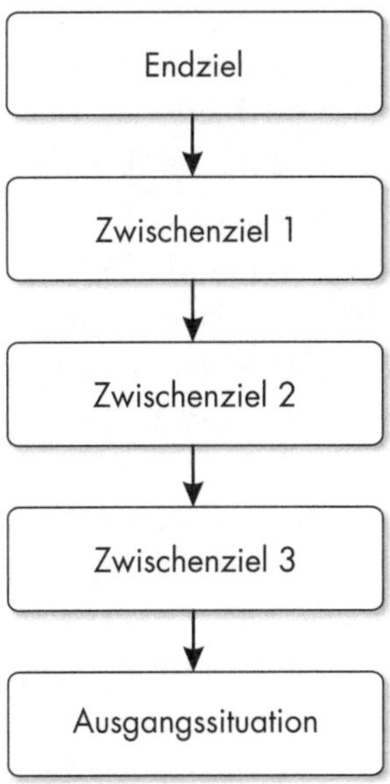

Bevor wir uns der «Auflösung» der drei anfangs gestellten Probleme widmen, mögen zwei kurze und einfache Beispiele die ganz unterschiedlichen Einsatzmöglichkeiten des Rückwärtsdenkens illustrieren.

Rätsel aus der Grundschule

Eine Rechenaufgabe aus der vierten Klasse demonstriert eine simple Anwendung des Prinzips: «Ich habe eine Zahl, multipliziere sie mit zwei, addiere vier, dividiere sie durch drei, ziehe elf ab und erhalte 33. Wie lautet meine Zahl?» Für viele Erwachsene, die nicht mit derartigen Aufgaben vertraut sind, mag diese Forderung zunächst verwirrend wirken. Doch muss lediglich die Abfolge der Rechenoperationen umgedreht und so aufgelöst werden. Also von hinten nach vorne: $33 + 11 = 44$, $44 \times 3 = 132$, $132 - 4 = 128$, $128 : 2 = 64$.

Rückwärtsdenken an der Kletterwand

Bei einem seiner ersten Versuche in der Kletterhalle wurde Stefan Kindermann von einer strengen Trainerin an eine Boulder-Wand mit einer Höhe von etwa drei Metern geführt. Als Aufgabe sollte er eine durch etwa zehn Griffe einer bestimmten Farbe gekennzeichnete Route bewältigen. Nach einem ebenso optimistischen wie lockeren Start fand er sich kurz vor dem erstrebten Ziel am drittletzten Griff mit so grotesk überkreuzten und verdrehten Gliedmaßen wieder, dass nur der Absprung auf die Matte blieb. Von der Trainerin kam kein Tipp für den nächsten Anlauf.

Was war zu tun? Wie konnte die neuerliche Blamage trotz schmerzender Muskeln verhindert werden? Da blitzte auch hier der Gedanke an den rückwärtsgerichteten Ansatz auf. Wie müsste denn die richtige Positionierung von Armen und Beinen am Zielgriff aussehen? Und wie die richtige Haltung am Griff davor, um das zu schaffen? Und am Griff davor? Bald war vor dem inneren Auge der Ausgangspunkt der kleinen

Kletterei mit der dort erforderlichen Haltung erreicht, und nach einer kurzen Phase der Konzentration konnte es losgehen. Diesmal klappte alles reibungslos, und auch die Trainerin war zufrieden. Den Bericht vom planerischen Ansatz kommentierte sie mit den einzig anerkennenden Worten des Tages, dass die meisten Kletterer zumindest zehn Jahre benötigen würden, um auf diese Idee zu verfallen …

«Wenn man das Unmögliche ausgeschaltet hat, muss das, was übrig bleibt, richtig sein, auch wenn es noch so unwahrscheinlich aussieht.» (Sherlock Holmes in Raymond Smullians «Schach mit Sherlock Holmes»)

Die Lösung des Odysseus

Kehren wir nun mit der geistigen Waffe des rückwärtsgerichteten Denkens gerüstet in die schaurige Höhle des Zyklopen zurück und suchen als Odysseus den Ausweg für uns und unsere Gefährten. Das Ziel steht dabei klar vor Augen: «Freiheit und Überleben mit folgender Flucht». Zwar können wir rational zu diesem Zeitpunkt nicht bestimmen, ob das überhaupt möglich ist. Doch nutzen wir auch hier das gedankliche Hilfsmittel des Zieltests, der unser Ziel als tatsächlich erreicht voraussetzt.

Wir stellen die wiederkehrende, grundlegende Fokusfrage: «Was muss unmittelbar davor geschehen sein, um dieses Ziel zu erreichen?» Offenbar müssen wir trotz des blockierenden Felsens und trotz des übermenschlich starken Höhlenwächters und seiner im Umkreis lebenden Genossen aus der Höhle hinausgelangt sein. (*Z1*)

Was aber muss davor geschehen sein? Wie wir schon wissen, kann der gewaltsame Tod des Zyklopen nicht vorangegangen sein, denn den riesigen Felsen können wir nicht entfernen. Auch einen Sinneswandel des grausamen Riesen müssen wir leider als völlig unrealistisch ausschließen. Also muss der Zyklop uns gegen seinen Willen hinausgelassen haben. Zusätzlich musste allerdings auch noch das Eingreifen der Zyklopen-Kumpane unterbunden werden. (*Z2*)

Was muss davor geschehen sein? Ein naheliegender Gedanke wäre es, den Zyklopen mit Waffengewalt gefügig zu machen. Aber die übermenschliche Kraft sowie der Charakter des Gegners machen das leider unmöglich. Welche Möglichkeit verbleibt als einzig denkbare Variante? So unwahrscheinlich es anmutet: Er muss uns offenbar in die Freiheit entlassen haben, ohne dies zu bemerken. (*Z3*)

Was liegt zwingend davor? Er darf uns nicht gesehen haben, als er den Felsen vom Eingang entfernte, um seine Schafe auf die Weide zu führen. (*Z4*)

Dies führt gedanklich rückwärts schreitend zum nächsten Glied in der Kette. Was ist die Voraussetzung, um dem Riesen seine Sehfähigkeit zu nehmen? So furchtbar es auch anmutet, der Zyklop musste geblendet werden. Als Hilfsmittel konnte dazu die zugespitzte Keule des Zyklopen selbst dienen. (*Z5*)

Bei wachem Bewusstsein und auch im normalen Schlaf des Ungeheuers konnte dies jedoch kaum gelingen. Wir müssten ihn also dazu bewegen, den von uns mitgeführten kräftigen Wein zu trinken, was ihn in einen hilflosen Zustand versetzen würde. Dies konnte gelingen, da er sich unverwundbar und haushoch überlegen wähnte. So war er zum Wein zu verführen. (*Z6*)

Damit liegt die grundlegende Struktur von Odysseus' Meisterplan vor uns. Wir müssen nur noch die rückwärtsgerichtete Struktur umdrehen und die einzelnen Stationen sorgfältig auf ihre Durchführbarkeit prüfen.

Das tatsächliche Vorgehen des Odysseus in Homers Epos sah also so aus:

1. Der Zyklop wird umschmeichelt und trunken gemacht. Dabei greift Odysseus zu einer weiteren wichtigen List, deren Sinn sich aus der schon angesprochenen Angst vor dem Eingreifen der anderen Zyklopen erklärt. Odysseus stellt sich dem in dieser Erzählung recht naiven Riesen als «Niemand» vor, was ein wenig später einen entscheidenden Effekt hat.
2. Die Keule des Zyklopen wird zugespitzt und im Feuer gehärtet.

3. Der Zyklop wird geblendet.
4. Bevor der Zyklop den Felsen entfernt und Odysseus und seine Männer endlich die Freiheit erlangen, sind allerdings noch zwei Schwierigkeiten zu überwinden. Brüllend ruft der geblendete Riese seine Genossen zu Hilfe und erklärt auf deren Nachfrage, «Niemand» habe ihm ein Leid getan, «Niemand» habe ihn geblendet, worauf diese sich verständnislos zurückziehen. Zum anderen versucht der Zyklop natürlich am Ausgang nach den Männern zu tasten. Diese halten sich jedoch unter den Schafen fest, die der Riese auf die Weide entlässt.

Wenngleich es sich hier nicht gerade um ein sonderlich realitätsnahes Geschehen handelt, ist die tief durchdachte Konstruktion des antiken Rettungsplans doch sehr eindrucksvoll. Einige der unternommenen Aktionen zeigen ihre Wirkung erst ein ganzes Stück weit in der Zukunft. Vor allem aber sehen wir plastisch, wie schnell der konsequent durchgeführte rückwärtsgerichtete Ansatz zu überzeugenden Lösungsideen führen kann.

Bei genauer Betrachtung dieses planerischen Weges verbirgt sich hier neben dem reinen rückwärtsgerichteten Ansatz noch ein anderes wichtiges Element. Das trifft auch auf die meisten anderen komplexen Fälle zu. Um zunächst nur die wichtige Idee des Rückwärtsplanens herauszuarbeiten, wollen wir dieses Geheimnis erst ein wenig später lüften (ab S. 289).

Rettung aus dem Dilemma der Hausverwaltung

Wenden wir diese Methode jetzt auf den etwas praxisnäheren Fall des Hausverwaltungs-Dilemmas an: Hier standen wir vor der scheinbar nur mittels Münzwurf zu lösenden Entscheidungsfrage, ob 20 freie Mitarbeiter in Festanstellung übernommen oder aber gekündigt werden sollten. Wir setzen wiederum den Zieltest ein und gehen von einem idealen Zielbild aus.

Dieses lässt sich in groben Zügen umreißen: Unsere Firma hat den Auftrag zur Fortführung der Hausverwaltung vom neuen Käufer des Großobjekts erhalten. Ein ganzes Stück davor hatten wir die für diesen Fall goldrichtige Entscheidung getroffen, die erforderlichen freien Mitarbeiter zu behalten. Nun setzen wir wiederum mit der Frage fort, die zum unmittelbar vorgeordneten Zwischenziel führt: «Was muss unmittelbar davor geschehen sein?» Die simple Antwort lautet, dass offenbar ein Vertrag mit dem neuen Käufer geschlossen wurde. (*Z1*)

Was aber muss davor geschehen sein? Hier stoßen wir bei genauer Betrachtung sogar auf zwei Varianten, die diesem erstrebenswerten Ereignis vorangegangen sein könnten. Folgen wir zunächst dem näherliegenden Handlungsstrang: Vor dem Vertrag mit dem Käufer hätte hier die Einigung mit dem Käufer gelegen. (*Z2*)

Davor musste sicherlich ein Angebot an den neuen Käufer erfolgt sein. (*Z3*)

Bevor wir ein Angebot unterbreiten konnten, musste jedoch ein Kontakt mit dem Käufer hergestellt werden. (*Z4*)

Dazu musste der künftige Käufer möglichst zeitnah ermittelt werden. (*Z5*)

Damit gelangen wir zu einem kritischen Punkt. Die Kooperation des Käufers ist offensichtlich von zentraler Bedeutung für die Verwirklichung unseres Ideals. Was stellt die Voraussetzung für eine positive Kooperation dar? Wie bei der allgemeinen Bestandsaufnahme vorgegeben, ist auch bei zeitnahem Kontakt nur eine Wahrscheinlichkeit von 50:50 einer Übernahme unserer Hausverwaltung anzusetzen. Was müsste geschehen sein, um diese Wahrscheinlichkeit deutlich zu unseren Gunsten zu verschieben? Offenbar wäre ein direkter Einfluss auf die Person / Organisation des Käufers erforderlich. (*Z6*)

Was muss geschehen sein, um dies zu ermöglichen? Wir müssen ja unterschiedliche Kooperationsbereitschaft bei unterschiedlichen Kaufinteressenten voraussetzen. Wie aber gelangen wir zum kooperativsten Käufer? Nun lacht uns die Lösungsidee an: Wir könnten all unsere Kontakte aktivieren und uns selbst auf die Suche machen, um dem Verkäufer möglichst bald einen neuen, attraktiven Käufer zu präsentieren, mit dem wir jedoch schon vorab eine Übernahme unserer Hausverwaltung abgestimmt haben. (*Z7*)

Der alternative rückwärtsgerichtete Handlungsstrang würde als mögliche Variante 2 eine Einigung mit dem Verkäufer vorsehen, die beinhaltet, dass nur an einen Käufer verkauft wird, der unsere Hausverwaltung übernimmt. (*Z2*–2)

Um das zu garantieren, müssen dem Verkäufer sicherlich einige Konditionen offeriert werden, deren Preis in unserer Kalkulation genau geprüft werden muss. (*Z2*–3)

Die letztere Variante ist voraussichtlich weniger attraktiv, sollte als Option aber in der Hinterhand behalten werden.

Wie ist unser Resultat zu bewerten? Eine rationale, kritische Prüfung ergibt, dass unser Traumziel nicht mit Sicherheit zu erreichen ist. Wir können jedoch durch die im Zieltest generierten Ideen unsere Chancen auf Übernahme deutlich erhöhen und auf bis zu 80 Prozent verschieben. Diese Einsicht legt die Entscheidung nahe, die freien Mitarbeiter in Festanstellung zu übernehmen und sich selbst aktiv auf die Suche nach einem Käufer zu machen. Zusätzlich sollte natürlich eine

Abb. 17: Rückwärtsgerichtete Struktur

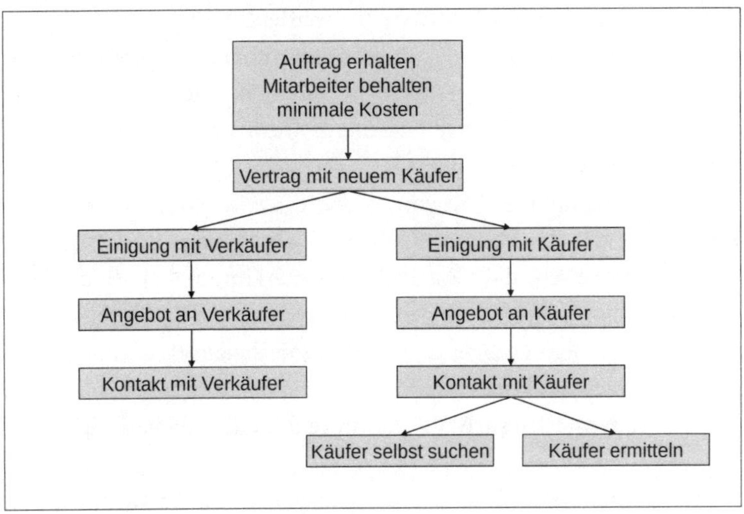

angemessene Absicherung für den Fall des Misslingens geschaffen werden. Deren Umfang hängt zum einen von der Einschätzung der nun positiv verschobenen Wahrscheinlichkeit eines Gelingens sowie vom Grad der eigenen Risikoaversion ab. Auf S. 279 sehen wir eine einfache graphische Darstellung der vom Zieltest ausgehenden Rückwärtsstruktur.

Nun steht noch die Problematik der Staatsverschuldung im Licht des rückwärtsgerichteten Denkens aus.

Lösungsansätze für das Problem Staatsverschuldung durch den rückwärtsgerichteten Ansatz

Was muss geschehen sein, bevor «trotz kurzfristiger Machtinteressen der jeweiligen Regierung ein langfristiger Abbau des Schuldenberges verbunden mit einer Sanierung des Haushalts möglich wird»? Wie wir in Kapitel 5 gesehen haben, wird das grundlegende Dilemma durch den starken politökonomischen Anreiz der jeweiligen Regierung im demokratischen Wettbewerb um politische Macht erzeugt. Die Demokratie selbst muss aber natürlich beibehalten werden.

Der Verschuldungstrend kann also nur durch eine Einwirkung auf die Anreizmechanismen der Wettbewerbsdemokratie gestoppt werden. Daraus folgt das vorgelagerte Zwischenziel, nämlich «eine Einwirkung auf den Anreizmechanismus». (*Z1*)

Als Ansatzpunkt und Z1 vorgeordnetes Zwischenziel könnte diese Einwirkung auf der Verfassungsebene erfolgen, sich auf das Budgetverfahren beziehen, die Gestalt einer (intertemporalen) Budgetausgleichsvorschrift annehmen, die Zweckbindung von Steuereinnahmen für Zins- und Tilgungsdienste beinhalten, die Teilausgliederung des Instruments der staatlichen Kreditaufnahme aus dem parteipolitischen Prozess fordern oder auch auf die supranationale Ebene verlegt werden. (*Z2*)

Davor muss das öffentliche Bewusstsein für die Problematik und ihre wahren Hintergründe geschärft und parteiübergreifend ein ausreichend starker politischer Druck aufgebaut werden. (*Z3*)

Im Wechselspiel zwischen Fiktion und Realität betrachten wir nun ein völlig anderes Beispiel des rückwärtsgerichteten Denkansatzes, nämlich ein interessantes und anspruchsvolles Logikrätsel. Direkt im Anschluss werden wir wiederum sehen, wie sich die in der Lösung demonstrierte Methodik auf praktische Themen anwenden lässt.

Das Piratenproblem

Die Ausgangslage: Zehn Piraten haben eine Schatztruhe erobert, in der sich 100 Goldstücke befinden. Jetzt geht es darum, diese Beute aufzuteilen. Die Piraten sind eine Horde wilder Gesellen, doch – immerhin – sie sind auf ihre Weise demokratisch. Sie haben sich nämlich darauf verständigt, ihre Beute wie folgt aufzuteilen: Der wildeste der zehn Piraten darf einen Aufteilungsvorschlag unterbreiten, über den dann alle zehn Piraten gemeinsam abstimmen. Stimmen fünfzig Prozent oder mehr zugunsten des Vorschlags, so wird dieser angenommen. Im Falle einer Fünfzig-zu-fünfzig-Situation gibt also die Stimme des wildesten Piraten den Ausschlag. Sollte der Vorschlag allerdings abgelehnt werden, wird der Vorschlagende über Bord geworfen, und die gesamte Prozedur wiederholt sich mit dem dann wildesten der verbliebenen Piraten.

Alle Piraten haben größte Freude daran, einen ihrer grimmigen Kameraden über Bord zu werfen. Doch wenn sie schon einmal die Wahl haben, dann würden sie doch die harte Münze vorziehen. Kein Pirat will allerdings selbst über Bord geworfen werden. Alle Piraten handeln rational und wissen, dass dies auch alle Übrigen tun. Ferner wird unterstellt, dass alle Piraten unterschiedlich wild sind, sodass es eine eindeutige Rangfolge der Wildheit gibt, die allen bekannt ist. Die Goldstücke selbst sind nicht teilbar, und eventuelle Absprachen und Arrangements zwischen den Piraten sind nicht erlaubt, da kein Pirat dem anderen traut. Jeder Pirat handelt also nur im höchst eigenen Interesse.

Die Problemstellung: Welchen Vorschlag soll nun der wildeste Pirat unterbreiten, um sich selbst die meisten Goldstücke zu sichern?

Lösung

A. Vorwärtsgerichtetes Denken
Zunächst seien die Piraten durchnummeriert, und zwar gemäß ihrer Sanftmut. Der am wenigsten wilde Pirat erhält also die Nummer 1, der darauffolgende die Nummer 2 usw. Der wildeste Pirat erhält demnach die höchste Zahl – in unserem Falle die 10.

Es ist keine ganz triviale Angelegenheit, die hier dargestellte strategische Situation zu analysieren. Der Leser wird schnell feststellen, dass das übliche, nach vorne gerichtete Denken bald in einer Sackgasse endet. Das dargestellte Piratenproblem, das bildhaft für eine große Klasse von Aufteilungsszenarien steht, kann nicht in der Reihenfolge der tatsächlich getroffenen Entscheidungen analysiert werden. Das liegt im Kern daran, dass sich alle strategischen Entscheidungen um die Frage drehen: «Was wird der Nächste tun, wenn ich dies oder das tue?» Wichtig sind also jene Entscheidungen, die den eigenen folgen. Beschlüsse, die vor den eigenen erfolgt sind, haben aus strategischer Sicht keine Bedeutung, denn an diesen kann ohnehin nichts mehr geändert werden.

B. Rückwärtsgerichtetes Denken
Das Geheimnis der Lösungsfindung besteht darin, umgekehrt vorzugehen – also das strategische Problem von hinten nach vorne zu durchdenken. Am Ende der Entscheidungssequenz weiß man ja, welche Entscheidung gut war und welche schlecht. Hat man dieses Wissen ermittelt, kann man es in die Entscheidungsstufe davor transferieren und so weiter. Der Analysestartpunkt des Piratenproblems erfolgt daher in jener Situation, in der nur noch zwei Piraten übrig sind, P1 und P2. Der wildeste Pirat in dieser Situation ist P2, und seine optimale Entscheidung ist offensichtlich: Er schlägt vor, 100 Goldstücke sich selbst zuzuteilen und keines dem Piraten P1 zu geben. Das Abstimmungs-

ergebnis der rational handelnden Piraten lautet hier 50:50, sodass sein Vorschlag angenommen wird.

Geht man nun eine Stufe zurück und untersucht die Situation mit drei übriggebliebenen Piraten, so kommt man zu folgendem Resultat. Pirat P1 weiß – und der hinzugekommene Pirat P3 weiß, dass P1 das weiß –, dass im Falle einer Ablehnung des Vorschlags von P3 dieser über Bord geworfen wird und wir wieder die Zwei-Piraten-Situation vor uns haben – eine Situation, in der P1, wie wir gesehen haben, leer ausgeht. Das bedeutet, dass P1 für jeden Vorschlag von P3 stimmen wird, der ihm mehr einbringt als null. Pirat P3, der seinen eigenen Ertrag maximieren will, wird nun so wenig Gold wie möglich einsetzen, um P1 zur Zustimmung zu bewegen, sodass sein Aufteilungsvorschlag lautet: 99 Goldstücke für P3, null für P2 und ein Goldstück für P1 – was mit zwei Drittel zu einem Drittel angenommen wird.

Die Strategie für den Piraten P4 ist ganz ähnlich. Er braucht fünfzig Prozent der Stimmen und muss folglich genau einen anderen Piraten auf seine Seite bringen. Der minimale «Bestechungsbetrag» ist erneut ein Goldstück, und dieses kann er P2 anbieten, da P2 nichts erhalten wird, wenn der Vorschlag von P4 abgelehnt wird und P3 zum Zuge kommt. Somit lautet der Vorschlag von P4: 99 für ihn selbst, null für P3, ein Goldstück für P2 und null für P1.

Für den Piraten P5 stellt sich die Situation etwas anders dar. Er muss zwei Piraten auf seine Seite bringen, um mit seinem Vorschlag durchzukommen. Die dazu notwendige Mindestsumme beträgt zwei Goldstücke, und unter den bekannten Rahmenbedingungen des betrachteten Problems lautet sein Aufteilungsvorschlag: 98 Goldstücke für ihn selbst, null für P4, eines für P3, null für P2 und ein Goldstück für P1.

Diese Analyse kann nun nach vorne bis zu dem wildesten Piraten P10 fortgesetzt werden. Das Endergebnis des Piratenpuzzles mündet dann in den folgenden Aufteilungsvorschlag des wildesten Piraten P10: 96 Goldstücke für ihn selbst, jeweils ein Goldstück für die Piraten P8, P6, P4 und P2, nichts für die Piraten P9, P7, P5, P3 und P1.

Diese Allokation löst also das gestellte strategische Problem. Nicht notwendigerweise ein intuitives Resultat, aber ein Triumph der Logik.

Die dem Denken des Schachmeisters vertraute rückwärtsgewandte Induktion erweist sich einmal mehr als Schlüssel zur Lösung.

Ein rückwärtsinduziertes Schachbeispiel

Nachfolgend noch ein komplexeres Schachbeispiel zum Thema des Zieltests, das sich ausnahmsweise an schon fortgeschrittene Schachspieler wendet.

Robert K. von Weizsäcker – Edward Duliba
Finale der XIII. Fernschacholympiade
Nach dem 48. schwarzen Zug war in einer wichtigen Partie Robert von Weizsäckers gegen einen amerikanischen Großmeister folgende interessante Position entstanden:

Vom Motiv zur Lösung

ROBERT K. VON WEIZSÄCKER – EDWARD DULIBA
Finale der XIII. Fernschacholympiade

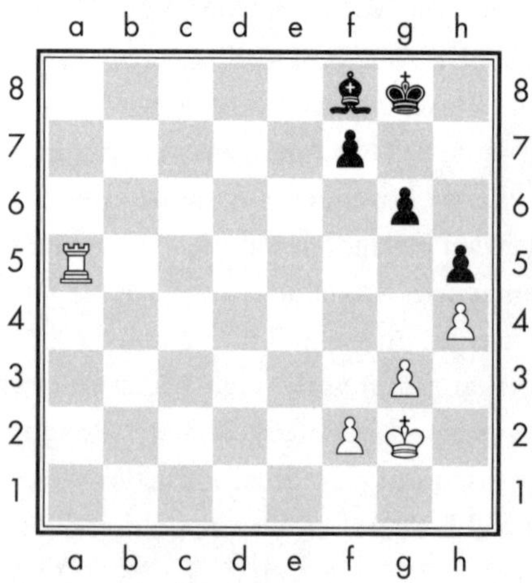

Weiß am Zug
Position nach 48. … h5

Die Bestandsaufnahme zeigt uns im ersten Schritt, dass Weiß mit Turm gegen Läufer über klaren materiellen Vorteil verfügt. Ein zweiter, etwas tieferer Blick lässt jedoch vermuten, dass diese Position bei korrekter schwarzer Verteidigung nicht zu gewinnen ist. Allem Anschein nach kann Schwarz eine uneinnehmbare Festung errichten, deren Konturen wir im nächsten Diagramm nach 54. f4 erkennen.

49. Kf3 Lb4 50. Ta2 f5 51. Kf4 Kg7 52. Ke5 Lc3+ 53. Ke6 Ld4 54. f4

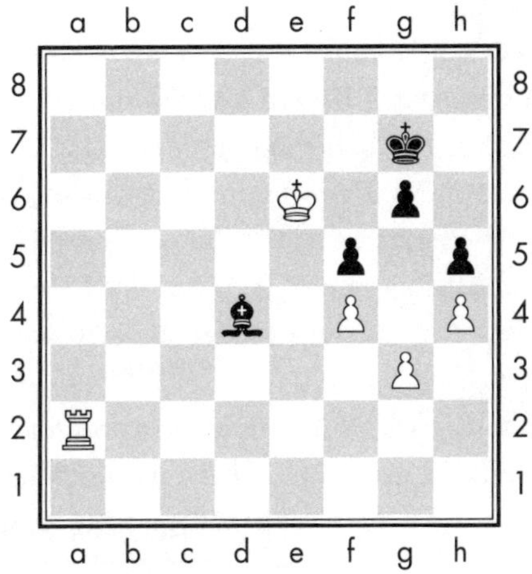

Schwarz am Zug
Position nach 54. f4

Jeglicher «normale» Versuch, Fortschritte zu erzielen, scheitert am schwarzen Verteidigungswall. Wir müssen also zunächst ein Endziel formulieren:

Um zu gewinnen, müssten wir entweder den schwarzen König direkt matt setzen – was völlig unrealistisch ist – oder aber einen Freibauern* zur Dame führen.

* Ein Freibauer ist ein Bauer, dem auf seinem Weg zur Verwandlung kein gegnerischer Bauer entgegensteht und der auf diesem Weg auch von keinem gegnerischen Bauern geschlagen werden kann.

Wir können uns also auf die Freibauernvariante als Zieltest konzentrieren. Tatsächlich sind wir ja nicht im mindesten sicher, ob diese Idee zu realisieren ist. Gehen wir einmal im Sinne des Zieltests davon aus, dass wir einen Freibauern gebildet haben. (*Z0*) Was muss davor geschehen sein?

Starten wir dabei vom Diagramm nach 54. f4, denn diese Position ist leicht zu erreichen. Offenbar müssen wir einen schwarzen Bauern geschlagen und auf dessen Linie einen eigenen Bauern behalten haben. (*Z1*)

Um das zu erreichen, muss entweder der weiße König oder der Turm an einen ungedeckten Bauern herankommen. (*Z2*)

Momentan ist nur der Bauer auf g6 ungedeckt. Es existiert jedoch kein Weg, ihn zu erobern. Denn während der schwarze Läufer zuverlässig das Feld f6 schützt, verteidigt der schwarze König die beiden kritischen Einbruchsfelder f7 und f8. Wenn der Bauer auf g6 nicht zu erobern ist, müssen wir einen der beiden anderen Bauern auf f5 oder h5 schlagen. (*Z3*)

Dies erscheint utopisch, denn beide Bauern sind ja von ihrem Kollegen auf g6 zuverlässig geschützt. Fahren wir dennoch streng logisch fort: Davor müsste also der schwarze Bauer von g6 verschwunden sein. (*Z4*)

Da weder der weiße König noch der Turm dies bewerkstelligen kann, muss ein Bauer die Arbeit übernehmen – es müsste also ein weißer Bauer nach f5 oder aber h5 vordringen, um den schwarzen g-Bauern zu beseitigen. (*Z5*)

Davor müsste aber entweder der schwarze f- oder aber der schwarze h-Bauer von seinem jetzigen Standort verschwinden. (*Z6*)

Was aber könnte einen der schwarzen Bauern dazu bewegen? Hier verbleibt nach negativer Selektion nur eine einzige Möglichkeit, und damit ist die phantastische und siegbringende Idee geboren: Der weiße g-Bauer muss todesmutig nach g4 vorstoßen! (*Z7*)

54 … Lc3 55. Ta7+ Kf8 56. Tf7+ Kg8 57. Td7 Lb2 58. Td2 Lc3 59. Td3 Lb2 60. g4

Die genaue Ausgestaltung dieser Idee ist recht komplex und sprengt den vorliegenden Rahmen. Tatsächlich müssen die weißen Figuren zunächst ganz bestimmte, optimale Positionen einnehmen, damit das kühne Unterfangen gelingt. Die gedankliche Herleitung der Grundidee ist jedoch sehr instruktiv.

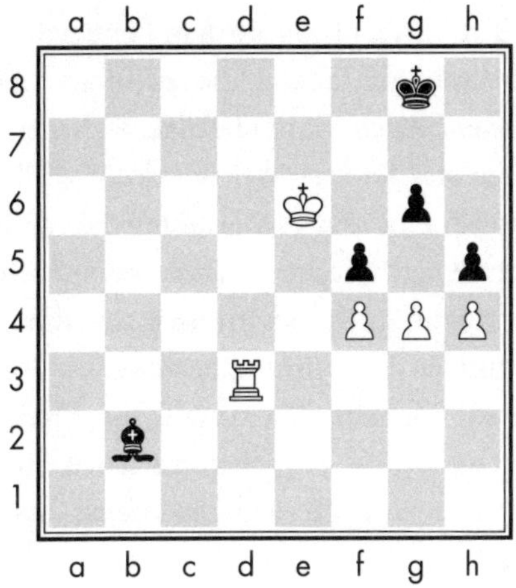

Schwarz am Zug
Position nach 60. g4

Nachfolgend skizzieren wir nur einige grundlegende Beispielvarianten und bitten den Leser, uns die Behauptung zu glauben, dass Weiß nun in jedem Fall gewinnt.

60. … f×g4 (60 … h×g4 61. h5 g×h5 62. Kxf5 Kg7 63. Kg5 [63. Td7+ Kh6 64. Td6+ Kh7 65. Kg5 Lc1 66. Td7+ Kg8 67. Kg6 Kf8 68. f5 g3 69. f6+-] Lc1 64. Tc3 Ld2 65. Tc7+ Kf8 66. Kf6 Ke8 67. Ke6 Kf8 68. f5) **61. f5 g×f5 62. K×f5 Kf7 63. Kg5 Le5 64. K×h5 g3 65. Td1** und Schwarz kapitulierte, da seine Festung zerstört ist und der nun entstandene weiße Freibauer in Kombination mit König und Turm entscheidet.

Einen weiteren Nutzen des geistigen Rückwärtsgangs für die alltägliche Planungspraxis zeigt das nächste Beispiel auf.

Präzise Zeitmarken mittels Rückwärtsstruktur

Bei Projekten mit vorgegebenem Datum kann der rückwärtsgerichtete Ansatz auch eine Hilfe zur Erstellung eines präzisen Ablaufplans mit Zeitmarken darstellen. Dabei beginnt man beim zeitlichen Endpunkt und bestimmt rückwärtsschreitend die Zeitmarken für die vorangegangenen Aktionen. Auch Kausalbezüge zwischen verschiedenen Handlungen werden so offenbar. Welche Aktion stellt die unabdingbare Voraussetzung für eine andere Handlung dar? So wie beim Hausbau Leitungen nur verlegt werden können, wenn vorher Kabelkanäle geschaffen wurden, kann auch ein Investor nur durch ein zuvor erstelltes klares und fundiertes Konzept überzeugt werden. Das setzt wiederum verschiedenste Maßnahmen voraus, wie Marktanalyse, Teamdarstellung und so weiter, die zeitlich vorangehen müssen. Auch hier ermöglicht der Blick zurück die richtige Abfolge und Zusammensetzung der Teilstücke.

Betrachten wir die stark vereinfachte Planung eines Kunden-Events, dessen Termin X schon fixiert ist. Nun stehen wir vor der Frage nach dem optimalen Termin für den Start des Projekts. Gehen wir davon aus, dass wir die typischen Elemente des Ablaufs bereits festgelegt haben. Vorwärtsgerichtet sieht die Planung dann so aus:

1. Das Organisationsteam zusammenstellen.
2. Das Konzept entwickeln und das Budget klären.
3. Künstler engagieren, einen Redner auswählen sowie einen Veranstaltungsort reservieren – das kann parallel erledigt werden.
4. Die Einladungen mit Bitte um Rückantwort verschicken.
5. Das Büfett auswählen und bestellen.
6. Die Räumlichkeiten mit der erforderlichen Technik vorbereiten.
7. Der Tag X der Veranstaltung.

Statt nun von Punkt 1 ausgehend die Zeitmarken zu setzen, beginnen wir beim Tag X der Veranstaltung und bewegen uns wiederum auf dem

Zeitstrahl rückwärts. Für die Erledigung von 6. veranschlagen wir einen Tag Vorlauf, landen also auf Tag *X-1*.

Für 5. und 4., die wir parallel abarbeiten können, setzen wir in Kenntnis der Terminkalender unserer Kunden zwei Monate an, landen also auf *X-61*.

Spätestens bei der rückwärtsgerichteten Betrachtung der Kausalbezüge sehen wir schnell, dass wir die Einladungen mit Programm erst verschicken können, *nachdem* Künstler und Redner engagiert und der Veranstaltungsort reserviert worden sind.

Für diesen wichtigen Punkt 3. rechnen wir mit 14 Tagen, erreichen also *X-75*.

Da Konzept und Budget in 2. offenbar davor geklärt werden müssen und wir dafür 14 Tage ansetzen, erreichen wir *X-89*.

Für 1. benötigen wir 5 Tage, sodass wir auf insgesamt *X-94* oder einen gesamten Vorlauf von etwa drei Monaten kommen. Unter Umständen sind auch Feiertage und Wochenenden einzurechnen. Wir sehen an diesem einfachen Beispiel gut, wie uns der zeitlich umgekehrte Ablauf direkt an den optimalen Startpunkt des Projekts führt.

Der Kern des Denkens – Begegnungen auf der Zeitreise

Doch was ist zu tun, wenn wir bei einer schwierigen Aufgabe weder mittels der vorwärts- noch der rückwärtsgerichteten Planung zu einer Lösung gelangen? Und spiegeln die bisher betrachteten Elemente wirklich das dynamische Denken eines Schachmeisters oder anderen kreativen Planers in ihrer Gesamtheit wider? Gibt es ein Geheimnis, das über die bisherigen Elemente hinausweist?

Die folgenden Beispiele bringen uns bei genauer Betrachtung auf die richtige Fährte.

Der kombinierte Denkansatz im Schachmodell

Unter anderem soll das folgende Beispiel dem schachlich weniger erfahrenen Leser auch eine Idee der für Schachmeister so bedeutsamen Mustererkennung geben. Um das zu ermöglichen, weist es gewisse Analogien zu vorangegangenen Schachexempeln auf.

Im Schnittpunkt des Denkens

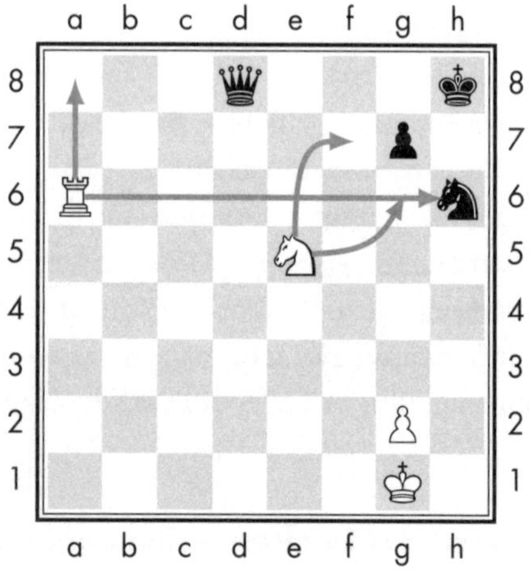

Weiß am Zug

Zur Bestandsaufnahme (Stufe 2):
Die Materialbilanz gemäß Diagramm 1 ergibt einen gewaltigen Vorteil von 4,5 Bauerneinheiten für Schwarz.*

* In der schachlichen «Wertetabelle» setzt man Bauern als grundlegende Währung zur Verrechnung von Materialbilanzen ein. Zu beachten ist aber, dass auch eine Seite mit großem materiellem Vorteil durchaus verlieren kann, wenn beispielsweise ihr König in tödliche Bedrängnis gerät. Als Faustregel wird ein Läufer oder Springer mit 3 Bauerneinheiten angesetzt, ein Turm mit 4,5 Bauerneinheiten (in vielen Quellen auch mit fünf Bauerneinheiten) und die Dame mit neun Bauerneinheiten. Der König wird nicht in diese Bilanz aufgenommen, da er im Schach unersetzlich ist.

Weiß ist am Zug und muss energisch handeln. Gelangt Schwarz ans Ruder und kann das Geschehen bestimmen, ist ihm dank seiner mächtigen Dame ein leichter Sieg sicher.

Der vorwärtsgerichtete Lösungsansatz (Stufe 4):
Welche Aktionsmöglichkeiten hat Weiß, und was kann sich daraus ergeben? Wir setzen hier der Anschaulichkeit halber einen engen Horizont voraus, der ein Zugpaar nicht übersteigt. Tatsächlich wäre eine Lösung dieser einfachen Aufgabe bei einem weiter nach vorne ausgedehnten Suchhorizont auch unter ausschließlichem Einsatz des vorwärtsgerichteten Denkens möglich. Wie wir schon gesehen haben, verhält sich das bei komplexeren Problemen jedoch häufig nicht so.

Der im Schach mit dem martialischen Namen Gewaltzugmethode belegte Ansatz macht in taktisch angespannten Stellungen Sinn. Er untersucht Kandidatenzüge, die etwas schlagen, angreifen, Schach bieten oder starke Drohungen aufstellen. Wir könnten also zum Beispiel auf zweierlei Art mit dem Springer Schach bieten (1. Sg6+ oder 1. Sf7+), die schwarze Dame mittels 1. Sc6 attackieren, auf zweierlei Art mit dem Turm die schwarze Dame angreifen (1. Td6 oder 1. Ta8) oder aber mit dem Turm den schwarzen Springer schlagen (1. T×h6+). Der letzte Versuch hat allerdings den Haken, dass der schwarze Bauer den Springer rächen und den relativ wertvolleren Turm schlagen würde.

Der rückwärtsgerichtete Lösungsansatz – unsere Vision (Stufe 6):
Jeder erfahrene Spieler wird hier bald vom Motiv einer Springergabel träumen, die den schwarzen König und seine Gemahlin aufspießt und im Endeffekt nach der erzwungenen Königsflucht die Dame erobert (1. Sf7+, *Diagramm S. 292*).

Schnell stellt sich die Kernfrage, was zwischen unserem Traum und seiner Verwirklichung steht. Würden wir den Traumzug unmittelbar ausführen, könnte uns der schwarze Springer unsanft zurück in die Realität holen und unseren eigenen Springer entfernen. Hier ist also der schwarze Springer der Kern des Problems.

Legen wir die beiden Ansätze nebeneinander:

«Vorwärts» finden wir als Handlungsoption: «*Mit dem Turm den schwarzen Springer schlagen.*»

«Rückwärts» stoßen wir auf den Gedanken: «*Hier ist also der schwarze Springer der Kern des Problems.*»

Das lässt uns sehr schnell den im ersten, vorwärtsgerichteten Durchgang verworfenen Kandidatenzug **1. T×h6+** wieder hervorholen:

Denn nach der ursprünglich befürchteten schwarzen Antwort **1. … gh** würde unser Traum unmittelbar Wirklichkeit werden: **2. Sf7+** nebst (nach einem beliebigen schwarzen Königszug) **3. S×d8**, und in der Endabrechnung haben wir einen ganzen Springer mehr auf unserem Konto zu verbuchen, was für einen leichten Sieg genügt.

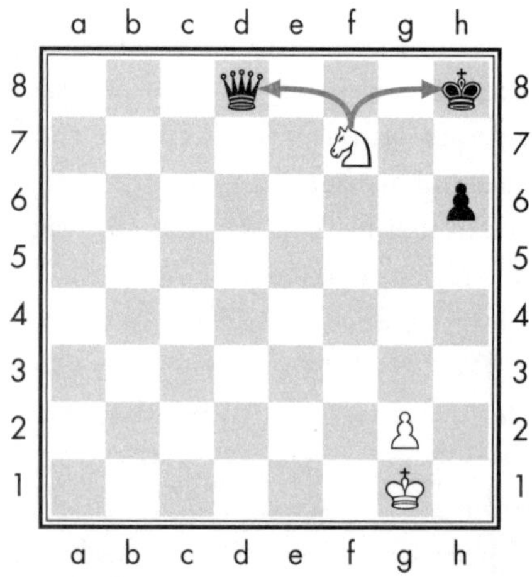

Schwarz am Zug
Variante mit 1. … g×h6 2. ♘f7+

Doch ist dies nicht das Ende der Geschichte. Versetzen wir uns nun in die Rolle des Schwarzen, der das nach 1. T×h6+ drohende Unheil in Form der Springergabel erkennt und trotz des erlittenen, kostspieligen Rückschlags um Schadensbegrenzung bemüht ist. Sobald er die nach 1. … gh 2. Sf7+ entstehende hoffnungslose Position korrekt bewertet hat, wird er ohne weiteres Zögern nach dem Prinzip der negativen Selektion die zweite ihm zur Verfügung stehende Möglichkeit wählen: **1. … Kg8**. Zwar hat sich sein materieller Vorteil nach dem Verlust des Springers deutlich verringert, aber zumindest scheint er so auf den ersten Blick dem sofortigen Untergang entkommen zu sein.

Jetzt gilt es erneut, sowohl den vorwärts- als auch den rückwärtsgerichteten Ansatz durchzuführen, um dann beide nebeneinander zu betrachten. Wieder gehen wir bei unserem vorwärtsgerichteten Ansatz von einem engen Suchhorizont aus, der ein Zugpaar und dessen Bewertung nicht übersteigt. Auf den ersten Blick erscheinen die uns zur Verfügung stehenden Gewaltzüge wie beispielsweise 2. Sc6 (Schwarz antwortet mit 2. … Dd1+), 2. Sf7 (Schwarz könnte darauf den weißen Springer schlagen), 2. Th8+ (Schwarz antwortet 2. … K×h8) oder 2. Td6 (Schwarz kann z. B. 2. … D×d6 spielen) als wenig sinnvoll. Andererseits ist nun der weiße Turm wirklich vom schwarzen Bauern bedroht, und viele Spieler würden zunächst nach Wegen suchen, in Anbetracht der bedrohlich erscheinenden schwarzen Königin (unter anderem droht Schwarz nach einem beliebigen Turmzug wie 2. Ta6 mit 2. … Dd4+

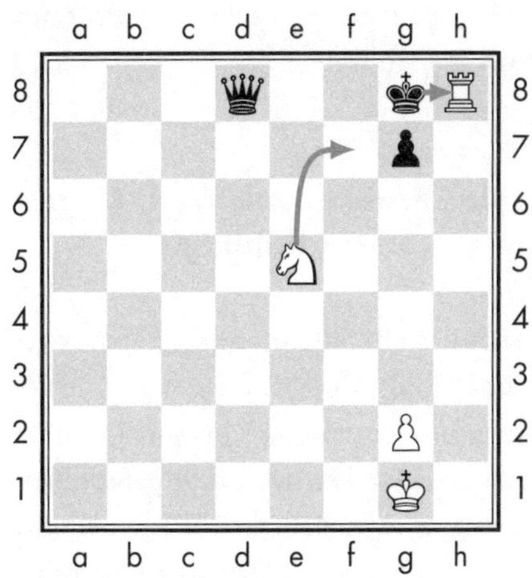

Schwarz am Zug
Position nach 2. ♖h8+

nebst 3. … D×e5 und Gewinn des weißen Springers), ihre versprengte Armee zu vereinen, zum Beispiel mit 2. Te6, wonach der Turm seinen Springer beschützt.

Wie aber sieht es mit unserem Traum einer Springergabel aus, also unserem schon gefundenen Zielbild? Was müsste geschehen sein, damit der Zug 1. Sf7+ die schwarze Dame erobert? Diese Möglichkeit entsteht, wenn sich der schwarze König auf h8 befindet. Freiwillig wird er sich jedoch niemals in diese tödliche Falle begeben – was ist zu tun?

Legen wir wieder unsere Ergebnisse nebeneinander:

In unserer *vorwärtsgerichteten* Struktur sehen wir die *Handlungsoption 2. Th8+*. Schwarz würde mit 2. … K×h8 antworten, dies wäre sogar sein einziger legaler Zug und somit erzwungen.

Vom Zielbild *rückwärtsschreitend* treffen wir auf den Satz: «*Der schwarze König müsste auf h8 stehen.*»

Und plötzlich ist die Antwort kinderleicht: **2. Th8+** stellt eine sogenannte «Magnetkombination» dar, die den schwarzen König mit unwiderstehlicher Kraft in sein Verderben zieht. Schwarz hat keine Wahl, er muss mit **2. … K×h8** reagieren, wonach unser Traum mittels **3. Sf7+** nebst **4. S×d8** doch in Erfüllung geht. (*Diagramm S. 293*)

Das Problem mit Wolf, Ziege und Kohlkopf

Hier handelt es sich um ein altes und bekanntes Logikrätsel, das auch in der Informatik gerne als Modell eingesetzt wird. Obwohl diese Aufgabe nicht schwierig ist, eignet sie sich hervorragend, um grundlegende Planungsstrategien darzustellen und den gerade vorgestellten kombinierten Denkansatz zu erproben.

In diesem Rätsel gibt es vier Protagonisten, nämlich den Fährmann, der über ein Boot verfügt, eine Ziege, einen Wolf und einen Kohlkopf. Der Fährmann befindet sich anfangs gemeinsam mit den drei anderen

«Wesen» am Festland. Die Aufgabe des Fährmanns besteht nun darin, die drei anderen Wesen (also Wolf, Ziege und Kohlkopf) wohlbehalten mit seinem Boot vom Festland auf eine Insel zu bringen.

Dabei stößt er auf folgende Problematik: In seinem Boot kann er jeweils nur eines der drei Wesen mitnehmen. Solange er selbst als Aufpasser dabei ist, bleibt an Land alles friedlich. Würde er jedoch Ziege und Wolf allein lassen (entweder auf dem Festland oder auf der Insel), würde der Wolf der Ziege den Garaus bereiten. Umgekehrt würde die Ziege in Abwesenheit des Fährmanns und des Wolfs über den Kohlkopf herfallen. Nur zwischen Wolf und Kohlkopf bleibt es friedlich, da der Wolf strikter Fleischfresser ist und auch der Kohlkopf gegenüber dem Wolf keinerlei feindliche Absichten hegt.

Wie ist dieses logisch-logistische Problem zu lösen?

Da das Endziel hier erfreulich klar definiert ist, versuchen wir, diese Aufgabe zum einen mittels des vorwärtsgerichteten Ansatzes aus Stufe 4, zum anderen aber mittels des rückwärtsgerichteten Algorithmus aus Stufe 6 systematisch zu lösen.

Der vorwärtsgerichtete Lösungsansatz:

Wir haben im ersten Schritt drei verschiedene Aktionsmöglichkeiten. Wir können entweder den Wolf, den Kohlkopf oder aber die Ziege auf die Insel übersetzen. Möglichkeiten 1 und 2 können wir nach negativer Selektion eliminieren, da es jeweils ein Opfer geben würde. Wir wissen als Schlussfolgerung also mit Sicherheit, dass wir als allerersten Schritt unbedingt die Ziege übersetzen müssen.

Ebenso ist klar, dass wir, um Fortschritte zu machen, danach ans Festland zurückfahren und dort entweder Wolf oder Kohlkopf mitnehmen und übersetzen müssen. Danach jedoch verzweigen sich die Äste des Suchbaums, und die Sache wird schwieriger. Haben wir beispielsweise den Wolf zur Ziege auf die Insel übergesetzt und kehren nun zurück, um den Kohlkopf zu holen, geht es der armen Ziege an den Kragen. Haben wir im vorigen Schritt den Kohlkopf zur Ziege gebracht und kehren nun zum Festland zurück, wird die Ziege zum Täter. Bei mangelnder Inspiration könnten wir genau hier steckenbleiben …

Der rückwärtsgerichtete Lösungsansatz
Jetzt gehen wir von unserem Zielszenario mit allen drei Wesen auf der Insel aus. Was muss unbedingt davor geschehen sein? Eines von ihnen müssen wir offenbar im vorherigen Schritt vom Festland geholt haben. Auch hier ergeben sich rückwärtsgerichtet drei mögliche Varianten, von denen ich zwei eliminieren kann: Nur mit der Ziege allein an Land als vorletztem Schritt kann ein Blut- oder Pflanzensaftbad auf der Insel verhindert werden.

Das genügt uns bereits, um durch die Berührung der beiden Zeitachsen zur Lösung zu gelangen. Im Gegensatz zu gutdurchdachten Science-Fiction-Romanen, bei denen eine Begegnung mit sich selbst, aufgespalten in ein Vergangenheits-Ich und ein Zukunfts-Ich, zumeist unlösbare Probleme in Form einer paradoxen Zeitschleife aufwirft, ist die vorliegende mentale Begegnung mit sich selbst äußerst fruchtbar. Legen wir die beiden gefundenen Schlussfolgerungen nebeneinander:

«… dass wir als allerersten Schritt unbedingt die Ziege übersetzen müssen.»

«Nur mit der Ziege allein an Land als vorletztem Schritt kann ein Blut- oder Pflanzensaftbad auf der Insel verhindert werden.»

Wie können diese beiden gefundenen Lösungsvoraussetzungen unter einen Hut gebracht werden? *Zuerst muss die Ziege auf der Insel sein, dann wieder an Land?* Jetzt springt uns die Lösung an: Die Ziege muss offenbar hin- und herfahren. Haben wir also (vorwärts betrachtet) die Ziege im ersten Schritt zur Insel gebracht und dann den Kohlkopf geholt (wir könnten ebenso den Wolf holen), fahren wir mit der Ziege im Boot zurück, lassen diese an Land und setzen den Wolf (beziehungsweise den Kohlkopf) über, um dann im allerletzten Schritt wieder die Ziege zu holen.

Ein Fazit

Wir haben in einfacher Form ein Wechselspiel zwischen der vorwärtsgerichteten Suche nach Handlungsalternativen und deren Folgen sowie einem visionären Blick auf ein Zielbild und die diesem vorgeordneten Aktionen gesehen. Genau dort, wo sich die beiden imaginären Zeitachsen begegnen, erkennen wir die Voraussetzungen, um beide Planungsstränge zur Deckung zu bringen. Daraus wiederum entspringen entscheidende Lösungsansätze. Das ist leicht zu begründen. Ein optimaler Ablaufplan ist sowohl aus der Gegenwart in die Zukunft verlaufend als auch umgekehrt, also rückwärts, darzustellen. In vielen Fällen gelangen wir jedoch sowohl vorwärts- als auch rückwärtsdenkend nur zu Teilstücken des Gesamtplans. Können wir die Teile zusammenfügen, so werden die Lücken geschlossen.

Wir sind überzeugt, dass dieser innere Ablauf nicht nur bei Schachmeistern einen entscheidenden Bestandteil erfolgreichen Denkens und Planens darstellt. Immer wieder streben die Fragen *«Welche Möglichkeiten habe ich jetzt, und was resultiert daraus?»* der Frage *nach dem Ziel und dem dafür Erforderlichen* entgegen. Dieses gedankliche Geschehen scheint jedoch nur selten ins Bewusstsein zu treten und kann daher durch den *Königsplan* gefördert werden.

Sind wir für das Wechselspiel zwischen «Vorwärts»- und «Rückwärts»-Denken sensibilisiert, werden wir auch in einigen der vorangegangenen Beispiele zu rückwärtsgerichteter Planung wichtige Vorwärtselemente entdecken. Ein *Königsplan*-Anwender würde sowohl im Fall des Odysseus als auch des Hausverwaltungs-Dilemmas ganz selbstverständlich beide Methoden parallel anwenden und auf mögliche Schnittpunkte achten. Wir glauben, dass der gezielte Einsatz der Vorwärts-Rückwärts-Methode bei unterschiedlichsten Typen komplexer Probleme sehr hilfreich ist.

Im folgenden Abschnitt wollen wir zunächst anhand zweier stark vereinfacht dargestellter Beispiele den Einsatz der kombinierten Vorwärts-Rückwärts-Methode im Wirtschaftsleben zeigen.

Zur Entwicklung eines neuen Medikaments

Eine in vielen Bereichen bedeutsame Aufgabe stellt die Entwicklung eines neuen Produkts dar, das auf dem freien Markt Erfolg haben soll. Besonders komplex und von großer Tragweite, sowohl aus humanitärer als auch aus finanzieller Sicht, ist die Entwicklung eines neuen Medikaments. Ein solcher Prozess kann sich gut und gerne über mehr als ein ganzes Jahrzehnt erstrecken und bis zu einer Milliarde Euro und mehr verschlingen. Die zahlreichen erforderlichen Schritte reichen von der Identifikation von Krankheiten mit bisher unzulänglichen Behandlungsmethoden über die Suche nach einem möglicherweise heilsamen Wirkstoff, endlose Testreihen in vitro, also im Reagenzglas, der Erlaubnis einer Ethikkommission zu Tier- und später Menschenversuchen mit Langzeitstudien in vivo bis hin zur Patentierung und Produktion. Während auf der einen Seite unter Umständen todkranke Menschen verzweifelt auf ein neues Wundermittel hoffen, stehen für Pharmafirmen und Investoren auch immer die Fragen der Finanzierung und der Erfolgsaussichten zentral im Raum.

Das folgende fiktive und nicht ganz ernstgemeinte Beispiel zeigt einen Ausschnitt der gesamten Entwicklungssequenz.

Unsere kleine Homofelix Pharma GmbH träumt von einem epochalen Erfolg: der Entwicklung von Libernos, dem Mittel, das die Menschheit endlich schnell und ohne Nebenwirkungen vom Schnupfen befreien wird. Als Ausgangspunkt am Anfang der vorwärtsgerichteten Zeitachse haben wir eine Krankheit, gegen die kein befriedigendes Mittel existiert, und (in unserem Beispiel) den Wirkstoff einer Dschungelpflanze, dem im Labor und auch schon bei ersten Tier- und Menschenversuchen ungeahnte Erfolge beschieden waren.

Das Zielbild am Ende der vorwärtsgerichteten beziehungsweise am Anfang der rückwärtsgerichteten Achse beinhaltet Hunderttausende glücklicher, schnupfenbefreiter Menschen und natürlich auch einen sagenhaften Gewinn für unsere kleine Firma.

Doch nun stoßen wir bei der vorwärtsgerichteten Planung aus Stufe 4 auf ein ernstes Problem: Es gelingt trotz großer Anstrengungen nicht, den Wirkstoff zu synthetisieren. Gleichzeitig ist die Pflanze nur schwer zugänglich und existiert nicht in ausreichender Menge für eine großangelegte Produktion. Wir gelangen also vorwärtsgerichtet nicht zum nächsten Schritt, nämlich zu den Voraussetzungen für eine Produktion. *Es fehlt uns die entsprechende Menge an Pflanzen.*

Rückwärtsgerichtet gelangen wir zur Phase vor der Produktion, in der eine ausreichende Menge an Pflanzen als Vorbedingung *schon vorhanden ist.* Legen wir diese beiden Stufen nebeneinander, springt uns auch hier die einzige Lösung an: Die Pflanzen müssen zunächst produziert werden – vorausgesetzt, wir haben alle sinnvollen Möglichkeiten zur künstlichen Herstellung und zur Nutzung ähnlicher, reichlich vorhandener Pflanzen ausgeschlossen.

Wir schaffen also einen ganz neuen Planungsabschnitt, den wir wie ein Fraktal aus dem Gesamtplan lösen können, um ihn am Ende wieder einzusetzen. Dieser Abschnitt ist der Kultivierung und Aufzucht unserer Wunderpflanze gewidmet und beinhaltet eine entsprechende Anpassung des gesamten Zeitplans, Überzeugungsarbeit bei den Investoren, Kooperation mit fähigen Botanikern, geeignete Plantagen und vieles mehr.

Dieses Beispiel ist zwar ganz elementar, und die zugrunde liegende Idee wird man auch ohne *Königsplan* schnell finden. Es ist aber gut zu erkennen, wie direkt unsere Methode an den Kern eines Problems und die daraus resultierenden Lösungen heranführt. Eine detaillierte und etwas komplexere Betrachtung zum Thema Medikamentenentwicklung folgt am Ende dieses Kapitels.

Die deutsche Bankenkrise 2008

Die deutsche Regierung hatte auf die wachsende Not der deutschen Banken reagiert und ein beachtliches Rettungspaket geschnürt. Bei Erfüllung gewisser Auflagen sollte jede Bank vom Staat eine erhebliche finanzielle Entlastung und Unterstützung erhalten, für viele der Institute ein überlebenswichtiges Hilfsangebot. Dennoch nahm zunächst keine einzige Bank das bedeutsame Angebot in Anspruch. Um dieses Phänomen zu verstehen, müssen wir die Lage aus der Sicht der Banken betrachten. Auch wenn die staatliche Unterstützung einige bittere Pillen wie Begrenzung der Vorstandsvergütungen und ein gewisses Mitspracherecht des Staates beinhaltet hätte, können wir doch davon ausgehen, dass die Förderung für eine beträchtliche Zahl von Banken «eigentlich» sehr wünschenswert gewesen wäre.

Um die Bedeutung dieses ebenso unscheinbaren wie mächtigen «eigentlich» zu begreifen, analysieren wir das Problem mittels des traditionellen, vorwärtsgerichteten Ansatzes.

Welche Aktionsmöglichkeiten gibt es, und was wird voraussichtlich daraus folgen? Hier existieren im ersten Schritt nur zwei grundsätzliche Verzweigungen:

Variante 1: Die Bank akzeptiert das Rettungspaket und seine Bedingungen.

Variante 2: Die Bank nimmt das Rettungspaket nicht in Anspruch.

Variante 1 stößt sofort auf ein grundlegendes Problem: Solange noch keine andere Bank das Rettungspaket in Anspruch genommen hat, könnte dessen Annahme bedenkliche Folgen haben. Die erste Bank, die akzeptiert, würde voraussichtlich von der Öffentlichkeit aus eben diesem Grund als besonders gefährdet und geschwächt betrachtet werden. Da in der Finanz- und Börsenwelt Reputation, Glaubwürdigkeit und Erwartungsbildung Fakten zu schaffen vermögen, würde der Kurs der Erstbank sofort fallen, viele Anleger würden ihre Gelder abziehen, und der Weg ins tatsächliche Desaster wäre in dieser Folgesequenz aus Variante 1 vorgezeichnet – ein schönes Beispiel einer sich selbst bewahrheitenden Prophezeiung, der wir in den erwartungsgetriebenen Bereichen des Wirtschaftslebens so häufig begegnen, auch wenn wir das selten bewusst wahrnehmen.

Variante 2 steht für ein Durchhalten ohne Förderung, solange dieses irgendwie möglich ist. Es könnte nun entweder tatsächlich die Rettung aus eigener Kraft gelingen, oder die eine oder andere konkurrierende Bank könnte «die Nerven verlieren» und die Rolle des Erst-Sündenbocks übernehmen.

Nun gilt es, die Resultate am Ende beider Varianten zu vergleichen. Offenbar waren hier alle beteiligten Banken zu dem Schluss gelangt, dass Variante 2 als geringeres Übel zu betrachten sei und somit nach negativer Selektion nur die Nichtannahme in Frage käme. Und tatsächlich ist dies durchaus folgerichtig, wenn man nur den vorwärtsgerichteten Denkansatz anwendet. Befriedigend war dieses Ergebnis jedoch nicht, da viele Banken das Rettungspaket nur zu gerne akzeptiert hätten, wäre da nicht die befürchtete negative Konsequenz gewesen. Die Banken waren in einem uns schon aus Kapitel 4 bekannten Gefangenendilemma gelandet.

Ein Banker als *Königsplan*-Anwender würde natürlich neben dem schon skizzierten vorwärtsgerichteten Denken das rückwärtsgerichtete Denken aus Stufe 6 einsetzen. Da wir vorwärtsgerichtet schon auf das grundlegende Problem gestoßen sind, fällt es nun leicht, unser Ziel konkret auszugestalten. Auch hier treffen wir auf das Zusammenspiel von vorwärts- und rückwärtsgerichtetem Vorgehen.

Das Zielbild – die Vision: Meine Bank hat die staatliche Förderung erhalten, ohne den gefürchteten Image- und Vertrauensverlust zu erleiden. *Was muss davor geschehen sein?*

Jetzt gilt es, noch einmal ganz genau auf das Problem zu sehen und es möglichst präzise zu formulieren. Hier sehen wir auch gut die große Bedeutung von Stufe 2, wo wir im Zuge unserer Bestandsaufnahme für genaue Definitionen der wichtigsten Aspekte gesorgt haben. Das Problem besteht ja nicht in der Annahme der staatlichen Hilfe an sich, sondern darin, dass wir als erste und einzige Bank das Rettungspaket annehmen würden. Mittels einer Negation ist unser Zwischenziel 1 jetzt leicht zu beschreiben: Meine Bank ist *nicht die erste und einzige Bank*, die das Rettungspaket akzeptiert. (*Z1*)

Da bei Anwendung des Perspektivwechsels (wir versetzen uns in die Lage der anderen Banken) unsere Vorüberlegungen gezeigt haben, dass auch keine andere Bank allein vorpreschen wird, bleibt nach negativer

Selektion nur eine einzige Möglichkeit: Alle Banken akzeptieren das Rettungspaket gleichzeitig. (*Z2*)

Davor müssen offenbar alle beteiligten Banken eine entsprechende, bindende Vereinbarung getroffen haben. (*Z3*)

Davor müssen die Banken geeignete Kommunikationskanäle zwischen den Verantwortlichen geschaffen und die erforderliche Überzeugungsarbeit geleistet haben. (*Z4*)

Auf diesem Weg sind wir sofort zu einem klaren Lösungsansatz gelangt und auch wiederum auf das grundlegende Problem des Gefangenendilemmas gestoßen, nämlich den Mangel an Kommunikation beziehungsweise den Mangel an Vertrauen und Kooperation. In unserem Bankenbeispiel jedenfalls war in der Praxis eine Lösung durchaus möglich. So kam es in der analogen Situation in Frankreich zu einer schnellen internen Einigung der Banken. In den USA dagegen wurde das Problem von der Regierung vorhergesehen und dadurch radikal gelöst, dass den Banken gar keine Wahl gelassen wurde und sie das Rettungspaket per Regierungsdekret annehmen mussten.

Am Ende dieses Kapitels betreten wir noch den komplexen Raum betriebswirtschaftlicher Entscheidungen im Licht des *Königsplans.* Dabei handelt es sich um durchaus anspruchsvolle geistige Kost – dies als kleine Warnung an den Leser. Die Wirksamkeit unserer Methodik wird hier jedoch nachdrücklich aufgezeigt.

Unternehmensbewertung und Unternehmenstransaktion

Fast täglich finden sich in den Medien spektakuläre Meldungen zum Thema «Mergers & Acquisitions»: Fusion oder Übernahme von Unternehmen. Ein schärfer werdender Wettbewerb, Nachfolgeprobleme oder kostspielige Wettläufe um die führende Technologie lassen immer häufiger den Entschluss reifen, Unternehmensteile oder auch ganze Unternehmen zu veräußern oder umgekehrt durch Zukäufe zum Beispiel Forschungs- und Entwicklungsleistungen zu erwerben und durch schiere Größe eine profitablere Rolle im Wettbewerb zu spielen. Prozesse dieser Art haben oft weitreichende Folgen, da einschneidende Restrukturierungen in der Regel umfängliche Entlassungen nach sich ziehen.

Steht nun die Frage eines Kaufs oder Verkaufs eines Unternehmens an, spielt für das Zustandekommen der Transaktion der Unternehmenspreis eine ganz entscheidende Rolle. Dieser ist in der Regel nicht objektiv feststellbar, sondern muss im Zuge mühsamer Verhandlungen zwischen Verkäuferseite und Kaufinteressenten ermittelt werden. Im Kern dieser Verhandlungen stehen Fragen der Unternehmensbewertung. Dieses für die unternehmerische Praxis äußerst wichtige Gebiet der Wirtschaftswissenschaft kennt eine Vielzahl von Verfahren, wobei die Erfahrung zeigt, dass das große Feld der Unternehmensbewertung nicht selten eher eine Kunst denn eine Wissenschaft ist.

Jede unternehmerische Entscheidung ist eine Entscheidung unter Unsicherheit. Keine Theorie, kein Modell kann daran etwas ändern. Die in der Finanzwirtschaft entwickelten Ansätze zur Kapitalmarkttheorie und Unternehmensfinanzierung markieren einen substanziellen Fortschritt, auch wenn sie uns nach wie vor nicht in die Lage versetzen, der wissbegierigen Praxis ein fertiges Rezept zur Quantifizierung von Risiken an die Hand zu geben – ein Kernelement der Unternehmensbewertung. Sie haben uns aber in die Lage versetzt, die richtigen Fragen zu stellen. Und genau hier begegnen wir einer Synthese aus vorwärts- und rückwärtsgerichtetem Denken, wie wir sie aus der Schachwelt kennen.

Aufgrund der internationalen Dominanz der angloamerikanischen Investmentbanken hat sich ein outputorientierter Bewertungsansatz durchgesetzt, der durch eine strenge Kapitalmarktorientierung und den Oberbegriff «Discounted-Cashflow-Verfahren» gekennzeichnet ist. Diese Methode ermittelt den Marktwert eines Unternehmens als Marktwert des Gesamtkapitals beziehungsweise den berühmt-berüchtigten Shareholder-Value als Marktwert des Eigenkapitals, indem sie zukünftig verfügbare freie Mittel in die Gegenwart diskontiert. Charakteristisch für diese Verfahren ist die Bestimmung der in den Diskontierungssatz einfließenden Renditeforderungen der Eigenkapitalgeber auf der Grundlage kapitalmarkttheoretischer Modelle. Im Kern kombinieren alle Methoden der Wertermittlung drei Dinge: den Cashflow, die Zeit und das Risiko. Es überrascht nicht, dass die vielfältigen Ansätze der Risikoquantifizierung nicht unumstritten sind und dass eine Vielzahl von Annahmen in solche Überlegungen eingeht. Auf der Basis sorgfältiger Überlegungen zu den verschiedenen Annahmen gelangt man schließlich zu einem Unternehmenswert (*vorwärtsgerichtetes Denken*; vgl. u. a. R. K. von Weizsäcker 2001b, 2003).

Um nun Verhandlungen zum Thema Unternehmenswert erfolgreich zu strukturieren und sich schrittweise dem für die Transaktion schließlich relevanten Kaufpreis zu nähern, hat es sich in der Praxis als hilfreich erwiesen, auch den umgekehrten Weg zu durchdenken. Um die Argumente der Gegenseite in das rechte Licht zu rücken, kann das Annahmengebäude dadurch hinterfragt werden, dass man von einem bestimmten Unternehmenswert startet und von dort durch das Gebäude des Modells zurückwandert bis zu den Eingangsannahmen (*rückwärtsgerichtetes Denken*). Dieses Zurückdenken führt häufig zu einer Revision der eingangs gemachten Hypothesen. Es ist dann eine Frage der Verhandlungsführung, wie und wo sich beide Seiten in diesem iterativen Prozess treffen, um schließlich zu einem Gleichgewichtswert zu kommen, der die beabsichtigte Unternehmenstransaktion ermöglicht.

Forschungs- und Entwicklungsprojekte in der Pharmaindustrie

Das zweite Beispiel betrachtet die pharmazeutische Industrie und untersucht ein Entscheidungsproblem von höchster strategischer Bedeutung: Soll in die Entwicklung eines neuen Medikaments investiert werden?

Erforschung und Entwicklung von Medikamenten bis zur Marktreife sind äußerst langwierige Prozesse, die mehrere vordefinierte Phasen durchlaufen. Dazu gehören unter anderem präklinische Tests sowie klinische Testphasen zur Überprüfung der Verträglichkeit eines Wirkstoffs beim Menschen. Investitionen sind dabei nicht nur zu Beginn erforderlich, um ein Forschungs- und Entwicklungsprojekt zu starten; vielmehr werden in jeder dieser Phasen weitere Investitionen notwendig. In dem hier betrachteten illustrativen Beispiel fallen für präklinische Tests 20 Millionen Euro, für klinische Testreihen 25 Millionen Euro und für das Zulassungsverfahren 30 Millionen Euro an. Nachdem das Medikament alle diese Stufen erfolgreich durchlaufen hat, ist mit weiteren Investitionen in Höhe von 50 Millionen Euro für die Markteinführung zu rechnen.

Die Entscheidung über die Durchführung eines Forschungs- und Entwicklungsprojekts erfordert aber natürlich nicht nur Informationen zu den anfallenden Investitionen, sondern auch über die finanziellen Überschüsse, die durch das erfolgreich entwickelte Medikament erzielt werden. Das Unternehmen schätzt den Wert aller zukünftigen finanziellen Überschüsse bezogen auf den Startzeitpunkt des Projekts auf 100 Millionen Euro. Nun kann mit einem Investitionsrechenverfahren wie der Kapitalwertmethode die Vorteilhaftigkeit des Projektes beurteilt werden. Der Kapitalwert bezeichnet die Summe der Barwerte aller durch die Investition verursachten Einzahlungen und Auszahlungen. Barwerte dieser Zahlungen werden durch Diskontierung in die Gegenwart mit einem Zinssatz ermittelt, der den Kapitalkosten des Projekts entspricht. Die Kapitalkosten für das Projekt werden hier auf 10 Prozent geschätzt.

$$\mathit{Kapitalwert} = 100 - 20 - \frac{25}{1{,}1} - \frac{30}{1{,}1^2} - \frac{50}{1{,}1^3} = -5{,}1$$

Als Kapitalwert ergibt sich ein negativer Betrag in Höhe von –5,1 Millionen; das Projekt erweist sich also als nicht vorteilhaft und wird abgelehnt. Diese Betrachtungsweise ist jedoch rein statisch; sie berücksichtigt nicht, dass das Unternehmen Handlungsmöglichkeiten hat und auch während der Projektlaufzeit korrigierend eingreifen kann. Wie sich diese Handlungsoptionen auf den Projektwert auswirken, soll im Folgenden dargestellt werden. Und es ist genau dieser strategisch so zentrale Aspekt, der das vorwärts- und rückwärtsgerichtete Schachmeisterdenken auf den Plan treten lässt.

Von fundamentaler Bedeutung ist, dass es sich um eine Entscheidung unter Unsicherheit handelt. Wie bereits dargelegt, schätzt das Unternehmen den Barwert der zukünftigen Einzahlungen auf 100 Millionen Euro. Die mit diesem Wert verbundene Unsicherheit kann anhand eines Binomialbaumes modelliert werden; es wird also angenommen, dass der Wert am Ende einer Periode nur zwei mögliche Ausprägungen annehmen kann: Entweder steigt der Ausgangswert V auf u·V, oder er sinkt auf d·V (vgl. Cox, J., Ross, S. und Rubinstein, M., 1979).

Betrachtet man zum Beispiel eine Aktie, deren Kurs momentan bei 50 Euro liegt, und stellt die Kursentwicklung der Aktie über ein Binomialmodell mit den Faktoren u («up») = 1,5 und d («down») = 0,67 dar, so würden sich nach einer Periode folgende Kurse ergeben*:

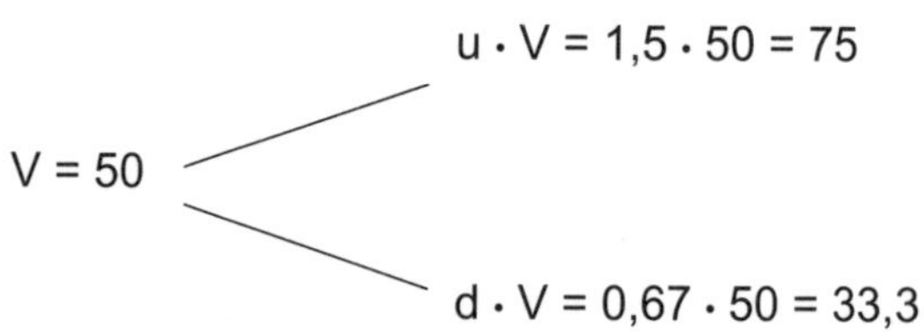

Die Faktoren u und d ergeben sich aus den Schwankungen des Aktienkurses. Die Wertentwicklung des Forschungsprojekts ist nun – wie der Kurs einer Aktie – unsicher. Wir verwenden ebenfalls ein Binomialmodell, um diese zu veranschaulichen. Abbildung 18 zeigt die Wertentwicklung des Projekts über die einzelnen Phasen.

Der Baum in Abbildung 18 berücksichtigt, dass der geschätzte Wert Schwankungen unterliegen kann, die aus der Marktunsicherheit resultieren. Nach drei Perioden liegt der Wert im günstigsten Fall bei 337,5 Millionen Euro, im schlechtesten Fall nur bei 29,6 Millionen Euro.

* Natürlich kann ein Aktienkurs nicht nur zwei mögliche Ausprägungen annehmen. Realistischer wird die Darstellung, wenn man einen gegebenen Zeitraum in immer mehr Zeitschritte unterteilt, deren Länge schließlich gegen null geht.

Abb. 18: Barwertbaum des mehrphasigen Projekts
(u = 1,5; d = 0,67)

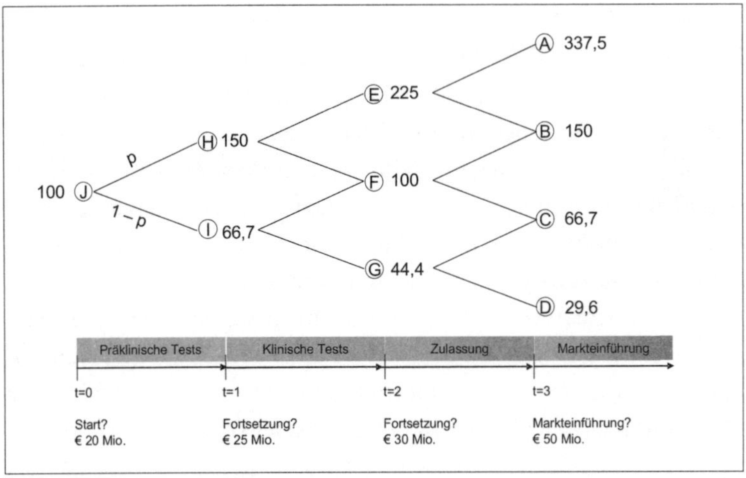

Die Lösung des Entscheidungsproblems erfolgt nun durch Rückwärtsinduktion, das heißt, wir arbeiten uns ausgehend von den Knoten A bis D rückwärts durch den Baum hindurch, bis wir schließlich einen Wert im Ausgangsknoten J ermitteln und eine Entscheidung über die Durchführung des Projekts treffen können.

In den Knoten A bis D muss das Unternehmen darüber entscheiden, ob 50 Millionen in die Markteinführung des Medikaments investiert werden sollen oder ob das Projekt an dieser Stelle abgebrochen wird. Betrachten wir zunächst Knoten A: Wird das Medikament am Markt eingeführt, erhält das Unternehmen die Differenz zwischen dem Barwert der künftigen finanziellen Überschüsse und den erforderlichen Investitionen in Höhe von 50 Millionen Euro, in Knoten A also 287,5 Millionen. Verzichtet das Unternehmen auf die Markteinführung, resultiert ein Wert von 0. Folglich sollte sich das Unternehmen für die Vermarktung des Medikaments entscheiden. Dieselbe Überlegung führt in den Knoten B und C zu der Entscheidung, 50 Millionen in die Markteinführung zu investieren. Im Knoten D jedoch liegt der Wert nur bei 29,5 Millionen. Dies ist nicht ausreichend, um weitere Investitionen in Höhe von 50 Millionen zu rechtfertigen. Sinnvoller ist es, das Medikament nicht zu vermarkten, selbst wenn es alle Testphasen erfolgreich durchlaufen und die Zulassung erhalten hat. Die bisherigen Investitionen sind dabei für die Entscheidung nicht relevant, lediglich die zusätzlich noch anfallenden Kosten sowie die in Zukunft erzielbaren finanziellen Überschüsse spielen eine Rolle.

Liegen die so ermittelten (Netto-)Werte in den Knoten A bis D vor, dann kann die Betrachtung auf die vorgelagerten Knoten ausgedehnt werden. Befindet man sich zum Beispiel in Knoten E, ist entweder eine Aufwärtsbewegung möglich, die zu einem Wert von 287,5 Millionen führt, oder eine Abwärtsbewegung, die mit einem Betrag von 100 Millionen einhergeht. Welcher erwartete (Bar-)Wert ergibt sich daraus für den Knoten E? Zur Ermittlung sind die Werte in den nachfolgenden Knoten A und B jeweils mit den Wahrscheinlichkeiten für die Aufwärts- beziehungsweise Abwärtsbewegung zu gewichten. Die Besonderheit dabei ist, dass es sich um sogenannte risikoneutrale Wahrscheinlichkeiten handelt, das heißt, es wird Risikoneutralität der Marktteilnehmer unterstellt. Die Verwendung risikoneutraler Wahrscheinlichkeiten ergibt sich aus der Übertragung der Bewertungsmethodik für Finanzoptionen auf das hier vorliegende Investitionsprojekt. Die so erhaltenen Werte sind nicht nur in einer risikoneutralen Welt, sondern ganz allgemein korrekt, da die Risikopräferenzen der Marktteilnehmer für den Wert einer Option keine Rolle spielen.

Die risikoneutrale Wahrscheinlichkeit für eine Aufwärtsbewegung ergibt sich wie folgt:

$$p = \frac{1 + r_f - d}{u - d} = \frac{1{,}05 - 0{,}67}{1{,}5 - 0{,}67} = 0{,}46$$

worin r_f den risikolosen Zins bezeichnet. Die risikoneutrale Wahrscheinlichkeit für eine Abwärtsbewegung liegt entsprechend bei (1 – 0,46 =) 0,54. Da diese Wahrscheinlichkeiten Risikoneutralität unterstellen, ist zur Diskontierung kein Risikoaufschlag auf den risikolosen Zins erforderlich. Für Knoten E ergibt sich demnach unter Berücksichtigung der Handlungsmöglichkeiten in A bzw. B:

$$\frac{0{,}46 \cdot 287{,}5 + 0{,}54 \cdot 100}{1{,}05} = 177{,}4$$

Analog dazu ergeben sich in den Knoten F und G Werte in Höhe von 52,4 Millionen bzw. 7,3 Millionen (siehe Abbildung 19).

Auch in den Knoten E bis G muss das Unternehmen eine Entscheidung treffen: Sollen weitere 30 Millionen für die Beantragung einer Zulassung investiert werden, oder soll das Projekt in dieser Phase abgebrochen werden? Wie aus Abbildung 19 ersichtlich ist, lohnt die Investition in Knoten E und F. In Knoten G übersteigen jedoch die Investitionen den Barwert der zukünftigen finanziellen Überschüsse, sodass ein Projektabbruch von Vorteil ist.

Stehen die Entscheidungen in E bis G fest, können – wie oben – die Werte in den vorhergehenden Knoten errechnet werden, zum Beispiel in Knoten I:

$$\frac{0{,}46 \cdot 22{,}4 + 0{,}54 \cdot 0}{1{,}05} = 9{,}8$$

Zum Zeitpunkt t_1 (das heißt nach Abschluss der präklinischen Tests) ist nun über die Investition von 25 Millionen Euro in klinische Tests zu entscheiden. Diese Investition ist sinnvoll im Knoten H, in I übersteigen die Investitionen jedoch den Projektwert, sodass die weitere Entwicklung des Medikaments abgebrochen wird.

Arbeitet man sich auf diese Weise durch den gesamten Baum hindurch, so ergibt sich im Ausgangsknoten J schließlich ein Wert von 2,4 Millionen. Die Vorteilhaftigkeitsentscheidung fällt nun zugunsten des Projekts aus.

Abb. 19: Lösung des Entscheidungsproblems durch Rückwärtsinduktion

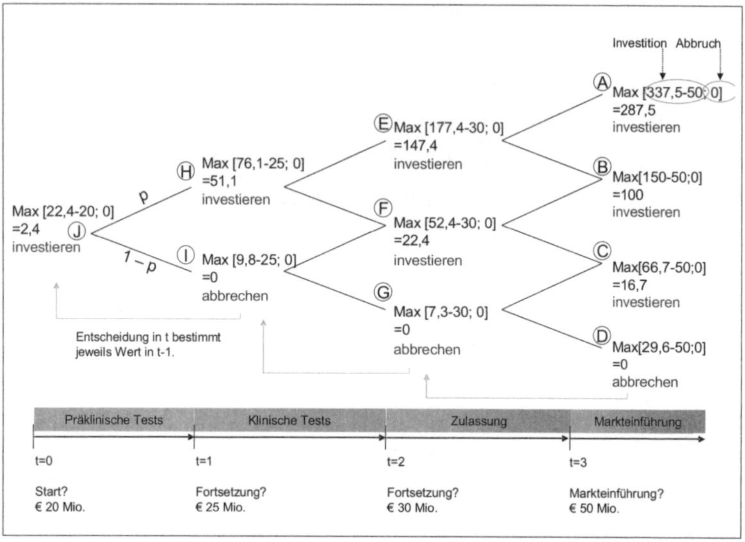

Wodurch entsteht dieser Mehrwert im Vergleich zur statischen Betrachtung des Kapitalwertkriteriums? Der höhere Wert ergibt sich aus der Tatsache, dass Führungskräfte im Unternehmen Handlungsspielräume haben und auf Entwicklungen, neue Informationen und so weiter reagieren können. Ihre Aufgabe besteht gerade darin, jeweils optimale Entscheidungen zu treffen und nicht einen einmal festgelegten Aktionsplan starr zu verfolgen.

Um eine Entscheidung über die Vorteilhaftigkeit des Forschungs- und Entwicklungsprojekts unter Berücksichtigung dieser Handlungsmöglichkeiten herbeizuführen, ist ausgehend von den chronologisch jeweils letzten Knoten zu überlegen, welche Alternative optimal ist: die Fortführung oder der Abbruch des Projekts. Erst wenn die Entscheidungen in den zeitlich nachgelagerten Knoten feststehen, kann der Wert in den vorgelagerten Knoten ermittelt werden. Das Problem muss also nicht einfach nur vorwärts, sondern zudem rückwärts durchdacht werden.

Ölförderung mit Verzögerungsoption

Das dritte Beispiel nimmt ein betriebswirtschaftliches Entscheidungsproblem aus der Energiewirtschaft unter die Lupe.

Ein Unternehmen verfügt über die Möglichkeit, eine Konzession zur Förderung von Öl zu erwerben. Der Barwert der zukünftig aus der Ölförderung erwarteten Cashflows wird auf 120 Millionen Euro geschätzt. Die erforderlichen Investitionen belaufen sich auf 130 Millionen Euro. Eine statische Betrachtung ohne Berücksichtigung von Handlungsmöglichkeiten führt zur sofortigen Ablehnung des Projekts, da sich ein negativer Kapitalwert in Höhe von –10 Millionen Euro ergibt.

Auch hier handelt es sich um eine Entscheidung unter Unsicherheit. Der Projektwert wird maßgeblich durch die zukünftige Entwicklung des Ölpreises determiniert, der – wie Aktienkurse – Schwankungen unterliegt. Wir verwenden zur einfachen Modellierung der Wertentwicklung des Projekts wieder einen Binomialbaum, der in Abbildung 20 dargestellt ist.

Abb. 20: Barwertbaum des Projekts
($u = 1{,}67$; $d = 0{,}67$)

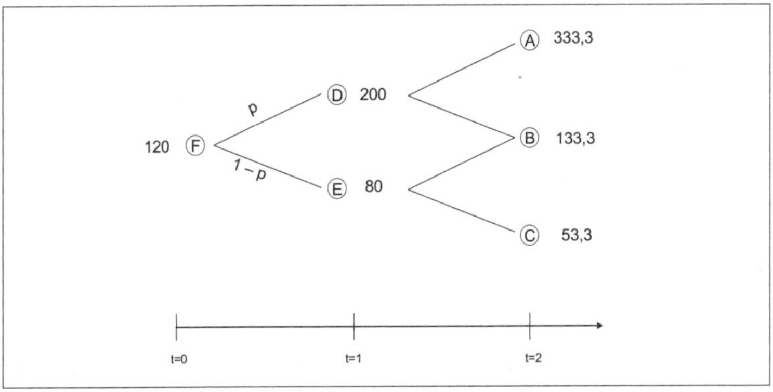

Wenn das Unternehmen die Konzession zur Ölförderung erwirbt, kann es die Durchführung des Projekts aufschieben und die weitere Entwicklung des Ölpreises abwarten, bevor es mit der Ölförderung beginnt. Diese Verzögerungsoption besitzt für das Unternehmen einen Wert, der die Vorteilhaftigkeitsentscheidung beeinflussen kann. Wie hoch der Wert ist, der aus der Möglichkeit zum Aufschub des Projekts resultiert, soll wieder mit Hilfe der Rückwärtsinduktion ermittelt werden.

Abb. 21: Lösung des Entscheidungsproblems durch Rückwärtsinduktion

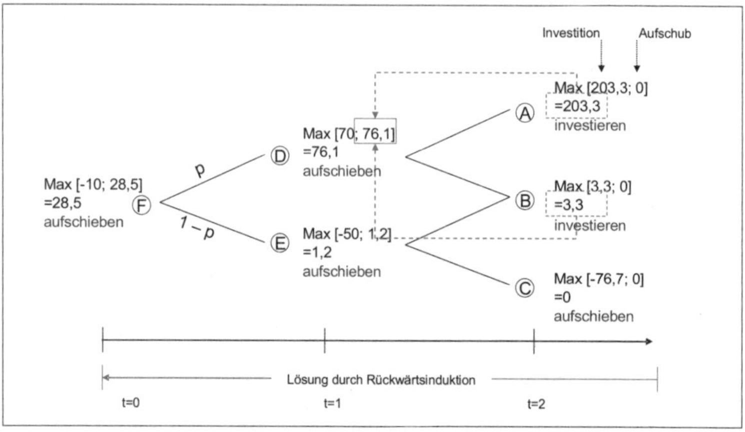

Im ersten Schritt ist zu überlegen, ob in den Knoten A, B und C investiert oder die Entscheidung aufgeschoben wird. Gewählt wird die Alternative, die für das Unternehmen zum höchsten (Netto-)Wert führt. Betrachten wir zunächst Knoten A: Hier ergibt sich bei Ölförderung ein positiver Wert in Höhe der Differenz zwischen 333,3 Millionen und den Investitionen über 130 Millionen. Bei Aufschub der Entscheidung ist der Wert in diesem Knoten 0. Das Unternehmen sollte sich in Knoten A für die Ölförderung entscheiden, was mit einem Wert von 203,3 Millionen verbunden ist (siehe Abbildung 21). Gleiches gilt für den Knoten B. In Knoten C wird das Unternehmen sich jedoch gegen die Ölförderung entscheiden.

Die Werte in den vorgelagerten Knoten ergeben sich unter Berücksichtigung der optimalen Handlungen in den zeitlich nachfolgenden

Knoten. Zur Berechnung wird wieder das Bewertungskalkül für Finanzoptionen auf das Investitionsprojekt übertragen. Dafür sind die (risikoneutralen) Wahrscheinlichkeiten für die Aufwärts- bzw. Abwärtsbewegung im Binomialbaum zu ermitteln:

$$p = \frac{1 + r_f - d}{u - d} = \frac{1{,}05 - 0{,}67}{1{,}67 - 0{,}67} = 0{,}383$$

Die risikoneutrale Wahrscheinlichkeit für die Aufwärtsbewegung beträgt 0,383, für die Abwärtsbewegung liegt sie bei (1 – 0,383 =) 0,617.

Der Wert im Knoten D ergibt sich dann durch Gewichtung der Werte in den nachfolgenden Knoten A und B sowie durch Diskontierung mit dem risikolosen Zins:

$$\frac{0{,}383 \cdot 203{,}3 + 0{,}617 \cdot 3{,}3}{1{,}05} = 76{,}1$$

Auch im Knoten D bestehen zwei Alternativen: Entweder kann das Unternehmen die Entscheidung auf einen späteren Zeitpunkt verschieben und die weitere Entwicklung des Ölpreises abwarten, oder es kann sofort mit der Ölförderung beginnen. Der errechnete Betrag in Höhe von 76,1 Millionen ist also noch zu vergleichen mit dem Wert bei sofortiger Durchführung. In diesem Fall würde das Unternehmen die Differenz zwischen dem Projektwert im Knoten D (200 Millionen) und den erforderlichen Investitionen (130 Millionen) erhalten. Da bei sofortiger Ölförderung demnach nur ein Wert von 70 Millionen resultiert, wird das Unternehmen die Entscheidung im Knoten D aufschieben.

Im Knoten E ergibt sich bei Aufschub der Entscheidung folgender Wert:

$$\frac{0{,}383 \cdot 3{,}3 + 0{,}617 \cdot 0}{1{,}05} = 1{,}2$$

Die sofortige Durchführung führt in Knoten E zu einem negativen Betrag (80 – 130 = – 50). Auch hier ist es für das Unternehmen also vorteilhaft, die Entscheidung zu verzögern.

Schlussendlich kann der Ausgangsknoten F betrachtet werden: Hier ergibt sich unter Berücksichtigung der Verzögerungsoption ein Wert in Höhe von 28,5 Millionen – verglichen mit – 10 Millionen, die aus einer unmittelbaren Realisierung des Förderungsprojekts resultieren würden. Die Möglichkeit eines Aufschubs der Ölförderung steigert also den Projektwert und beeinflusst die Vorteilhaftigkeitsentscheidung. Um den Wert im Ausgangspunkt zu ermitteln, mussten die Entscheidungen in den jeweils nachfolgenden Knoten bekannt sein. Der Schlüssel zur Lösung des Problems liegt folglich auch hier in der Gleichzeitigkeit des vorwärts- und rückwärtsgerichteten Denkens.

Damit haben wir unsere Betrachtungen zur wichtigen sechsten Stufe mit ihrem rückwärtsgerichteten Denkansatz sowie der Vorwärts-rückwärts-Kombination abgeschlossen. Im siebten und letzten Kapitel werden wir uns mit der Frage beschäftigen, wie das optimale Vorgehen nach dem Abschluss eines Projekts aussieht.

DIE STRUKTUR DES RÜCKWÄRTSGERICHTETEN DENKENS

- *Endziel Z0* – Die Fokusfrage: Was muss davor geschehen sein, um Z0 zu ermöglichen? Führt zu:
- *Zwischenziel Z1* – Die Fokusfrage: Was muss davor geschehen sein, um Z1 zu ermöglichen? Führt zu:
- *Zwischenziel Z2* – Die Fokusfrage: Was muss davor geschehen sein, um Z2 zu ermöglichen? Führt zu Z…

Diese vom Endziel ausgehende rückwärtsgerichtete Struktur können wir im Idealfall fortsetzen, bis wir unseren Ausgangspunkt im Hier und Jetzt erreichen. Gelingt dies, so können wir die gewonnene Struktur einfach umdrehen und aus dem letzten gefundenen Zwischenziel die erste anzustrebende Station unseres konkreten Vorgehens machen. Falls die gefundene Struktur nicht bis in die Gegenwart reicht, macht es Sinn, die vorwärtsgerichtete Struktur parallel auszulegen.

Der Zieltest

Hier entspricht die Struktur der gerade demonstrierten Rückwärtsstruktur. Wir beginnen jedoch mit einem idealen Endziel, dessen Erreichbarkeit noch nicht geklärt ist. Die vorgelagerten Zwischenziele müssen nun kritisch geprüft werden. Nur wenn diese realistisch und erreichbar sind, ist es auch das im Zieltest eingesetzte Endziel. Falls nicht, muss das Endziel modifiziert werden.

Die Kombination aus vorwärts- und rückwärtsgerichtetem Denken

Hier legen wir die vorwärts- und die rückwärtsgerichtete Struktur nebeneinander aus und suchen nach Berührungspunkten. Dort, wo sich die beiden Strukturen begegnen, verläuft oft der beste Weg.

KAPITEL 7

Rentable Reflexion

Freue dich an deinen Erfolgen und Plänen
und strebe danach weiterzukommen
Doch bleibe bescheiden
Denn im wechselnden Glück des Lebens
bleibt niemand immer oben
Irischer Segenswunsch

Unsere Fehlschläge sind oft
erfolgreicher als unsere Erfolge.
Henry Ford

Wie können wir ein abgeschlossenes Projekt bestmöglich für die Zukunft nutzen? Das hängt zunächst vom jeweiligen Ausgang und dessen Bewertung ab. Grob unterteilt finden wir vier Kategorien mit fließenden Übergängen:

A: Ein eindeutiger Rückschlag – ein Scheitern – eine Niederlage
B: Ein schwer zu bewertender, unklarer Ausgang
C: Ein Erfolg mit Einschränkungen
D: Ein klarer Triumph

In allen vier Fällen lohnt eine gründliche Betrachtung des Geschehenen. Schmerzhaft und psychologisch heikel ist zumeist Fall A, mit dem wir daher beginnen wollen. Lassen wir dazu zwei berühmte Schachmeister zu Wort kommen. Dabei ist die erste Darstellung als leicht idealisiert zu sehen, während wir im zweiten Fall zu hautnahen Zeugen des wahren inneren Ringens werden.

Der Umgang mit Rückschlägen

«Es gab Zeiten in meinem Leben, in denen ich fast dachte, dass ich nicht eine einzige Schachpartie verlieren könnte. Dann wurde ich besiegt, und die verlorene Partie brachte mich aus der Traumwelt zurück auf die Erde. Nichts ist so heilsam wie eine Niederlage zur rechten Zeit, und ich habe aus wenigen gewonnenen Partien so viel gelernt wie aus den meisten meiner Verluste.»

So weise und abgeklärt lässt sich der Kubaner José Raúl Capablanca vernehmen, der nach seinem Sieg über Emanuel Lasker von 1921 bis 1927 Schachweltmeister war. Bis heute bewundern Schachkenner die unübertroffene Klarheit und Leichtigkeit seines Spiels. Tatsächlich verlor Capablanca in seiner Glanzzeit über sehr lange Perioden von bis zu acht Jahren keine einzige Partie und wurde von seinen Zeitgenossen als unbesiegbare «Schachmaschine» bestaunt.

Begeben wir uns nun in die Niederungen des wahren Schachlebens:

«Nachdem ich mit perfekter Selbstkontrolle meine Partie aufgegeben und würdevoll meinem Gegner gratuliert hatte, stürzte ich nach Hause, warf mich auf mein Bett, heulend und schreiend, und zog die Decke über mein Gesicht. Drei Tage und Nächte verfolgten mich die Erinnerungen. Dann stand ich auf, zog mich an, küsste meine Frau und analysierte meine verlorene Partie.»

Dies schreibt der niederländische Großmeister Jan Hein Donner zu seiner spektakulären Niederlage in nur 20 Zügen gegen den damals völlig unbekannten, titellosen Chinesen Liu Wenze bei der Schacholympiade in Buenos Aires 1978.

Niederlagen sind immer schmerzhaft. In Bereichen wie Politik oder Wirtschaft sind Fehler und Rückschläge jedoch oft nicht so eindeutig kausal zu bestimmen und zuzuordnen. Nicht selten werden Sündenböcke gefunden und äußere Faktoren vorgeschoben. Auf diese Weise gelingt es den Verantwortlichen mehr oder weniger gut, ihr Gesicht zu wahren. Allerdings werden gleichzeitig wertvolle Gelegenheiten zu Optimierung und Entwicklung vergeben.

Für Schachprofis stellt der Umgang mit Rückschlägen einen wichtigen Teil ihres beruflichen Alltags dar. Sie müssen die Verantwortung für ihr Tun voll und ganz selbst übernehmen. Besonders innerhalb eines Turniers muss der Schock einer bitteren Niederlage bis zur Partie des nächsten Tages verdaut werden. Natürlich benutzen auch Schachmeister gerne Ausreden. Typischerweise steht dabei ihr kritischer Gesundheitszustand im Mittelpunkt, der sie an der Umsetzung ihrer unzweifelhaft genialen Fähigkeiten hindert. So lautet eine berühmte Klage des geistreichen Großmeisters Savielly Tartakower, er habe «noch niemals gegen einen ‹gesunden› Gegner gewonnen». Innerlich ist jedoch jedem guten Spieler nach einem Verlust klar, dass er zumindest einen Fehler begangen und der Gegner irgendetwas besser gemacht hat. Wie aber ist ein solches Eingeständnis auf psychologischer Ebene mit frischem Mut und lebensnotwendigem Selbstvertrauen in Einklang zu bringen?

Natürlich entwickelt jeder Schachspieler hier seinen eigenen «Stil», und in einigen Fällen besteht dieser in vorübergehender Verdrängung des qualvollen Geschehens. Umgekehrt kann es aber für den Profi durchaus sinnvoll und heilsam sein, erlittene Niederlagen unmittelbar danach vorzuführen und mit Kollegen zu diskutieren. Wohlgemerkt geht es nicht um eine öffentliche Selbstkasteiung. In vielen anderen Bereichen des Lebens wäre der damit verbundene Imageschaden gar nicht tragbar. Wichtig ist nur die intensive Auseinandersetzung mit den eigenen Fehlern, die ebenso gut im stillen Kämmerlein erfolgen kann.

Durch welche Einstellung können wir aber vermeiden, durch die Erkenntnis der eigenen Fehlbarkeit deprimiert und niedergedrückt zu werden? Aus der selbstkritischen Analyse tauchen wir dann mit einem guten Gefühl auf, wenn wir ein lohnendes Ziel vor Augen haben: Wir wollen zumindest ein klein wenig klüger und stärker werden. Sobald wir den wahren Mechanismus einer Fehlentscheidung verstanden haben, können wir uns über den für die Zukunft wertvollen Lerneffekt freuen. Gerade wegen der mit einer solchen Erfahrung verbundenen starken

Emotion wird das Gelernte tief und dauerhaft verankert. Diesen Fehler werden wir nicht wiederholen. So sind sich alle guten Schachtrainer mit Capablanca einig: Nichts ist so lehrreich und förderlich für die Entwicklung eines Spielers wie die gründliche Analyse einer verlorenen Partie. Auch für die Charakterbildung von Kindern und Jugendlichen ist der richtige Umgang mit Niederlagen von großem Wert.

Der schachliche Ansatz lässt sich perfekt auf Projekte verschiedenster Art übertragen, sei es im Geschäfts- oder im Privatleben. Bei der nachträglichen Analyse des Geschehens sind zwei miteinander verknüpfte Ebenen zu betrachten. Zum einen geht es um die strukturelle Sachebene:

1. Welche Planungsfehler wurden begangen?

Zum anderen ist jedoch die subjektive, psychologische Ebene von größter Bedeutung:

2. Warum ist mir dieser Fehler unterlaufen?

Bei der Analyse von Punkt 1 sollten wir unbedingt differenzieren:

1a. Welchen Fehler hätte ich mit den am Start vorhandenen Ressourcen vorhersehen und vermeiden können?
1b. Welcher Fehler kann tatsächlich nur im Rückblick als solcher entlarvt werden? Hier handelt es sich in Wahrheit um «Pseudofehler», bei denen Selbstkritik nicht angebracht ist.

Zu beachten ist natürlich auch, dass das Eintreten eines negativen Resultats bei einem bewusst eingegangenen Risiko nicht als Planungsfehler klassifiziert werden kann. Hier könnte nur nachträglich die angenommene Wahrscheinlichkeit korrigiert werden.

Bei Punkt 2 muss hinterfragt werden: Wie bin ich zur falschen Einschätzung/Entscheidung gelangt? Was waren die wahren Gründe dafür? Uns ist durchaus bewusst, dass das ein sehr komplexer Bereich ist, den wir in diesem Rahmen nur streifen können. Die Fähigkeit zur objektiven Selbstschau wird wenig vermittelt und ist ungleich verteilt. Einen beachtlichen Schritt kommen wir immerhin voran, wenn wir zumindest eine Grundtendenz aufspüren:

Waren wir zu optimistisch / leichtfertig / vorschnell? Oder waren wir zu ängstlich / verkrampft / übervorsichtig? Sind wir im Umgang mit Anderen zu offen / vertrauensselig oder aber zu verschlossen / kritisch gewesen?

Sobald wir dies erkannt haben, können wir Ansätze entwickeln, um gegenzusteuern und so eine ausgewogene Balance zu erreichen.

Als wichtigstes Hilfsmittel sowohl für den rational-strukturellen als auch für den psychologischen Bereich ist ein zeitnah geführtes Projekttagebuch zu nennen. Die Grundideen lassen sich über das analoge Turniertagebuch eines ambitionierten Schachspielers darstellen. Ein solches Buch lässt sich in der heutigen Zeit bequem per Computer führen. Möglichst bald nach Ende einer Partie sollten nicht nur die später gefundenen, objektiv besten Varianten eingetragen werden. Ebenso wichtig ist es, die tatsächlichen eigenen Gedanken und Gefühle während der Partie zu rekonstruieren. Nur so erhalten wir ein klares Bild unserer inneren Abläufe. Festzuhalten sind aber auch äußere Faktoren, die Einfluss auf unsere Befindlichkeit hatten. So können scheinbare Trivialitäten wie beispielsweise Kopfschmerzen, eine kurze Nacht, zu wenig oder zu viel Bewegung, eine kleine persönliche Auseinandersetzung oder viele andere Details erhebliche Auswirkungen auf unseren Leistungszustand haben. Natürlich stoßen wir dabei auch auf längerfristig wirkende Faktoren wie gesunde Ernährung, sportliche Betätigung und ausreichenden Schlaf. So wird gerade im Bereich des Managements gerne mit minimalem Schlafbedürfnis geprotzt und dieses geradezu zum Leistungsmerkmal stilisiert. Tatsächlich weisen aktuelle Experimente auf eine erhöhte Problemlösekompetenz nach gut durchschlafener Nacht hin. Auch in Bezug auf den «kleinen Mittagsschlaf» wurde in einer Studie eine verbesserte Gedächtnisleistung der Schlafprobanden belegt. Dennoch gibt es kein allgemeingültiges Rezept, und jeder muss durch eine Reihe von Selbstbeobachtungen seinen individuellen Weg finden. Hier lässt sich auch ein Bogen zum ersten Kapitel schlagen.

In der alltäglichen Praxis kann es sich bei negativ oder auch positiv wirkenden Faktoren um wiederkehrende Phänomene handeln, die wir jedoch nicht wirklich registrieren. Oft ist das «kleine Ereignis» schnell wieder aus unserem Bewusstsein verschwunden, die Auswirkungen auf unsere Fähigkeiten jedoch mögen beträchtlich sein. Nur ein aktuell und genau geführtes Projekttagebuch ermöglicht es uns, Tendenzen und wiederkehrende Muster aufzuspüren.

In der Übertragung auf den allgemeinen Raum ist folgende Auflistung nach Ende eines Projekts ideal:

1. Was wäre nach jetzigem Wissenstand das optimale Vorgehen gewesen?
2. Welche vermeidbaren Fehler habe ich begangen?
3. Welche Fehler waren nur im Rückblick als solche zu identifizieren?
4. Warum sind mir diese Fehler unterlaufen?
5. Welche äußeren Faktoren haben mein Verhalten beeinflusst?
6. Was habe ich gelernt, wie werde ich in Zukunft mit einer vergleichbaren Aufgabe umgehen?

Entscheidend ist es, sich am Ende der Selbstkritik deren positiven Effekt ins Bewusstsein zu rufen. In unserer persönlichen Entwicklung können wir so ein ganzes Stück vorankommen. Doch auch vom Lerneffekt abgesehen kommt es vor, dass wir in einer verlorenen Partie oder einem gescheiterten Projekt viel Wertvolles geleistet haben. Und so lautet eine weitere, letzte Frage, die uns zum nächsten Abschnitt führt:

7. Welche positiven Leistungen habe ich erbracht, worauf kann ich trotz des ungünstigen Ausgangs stolz sein?

Zu Anfang des Kapitels hatten wir bei den Varianten B bis D verschiedene Schattierungen des Erfolgs angesetzt. Diese erstrecken sich von einem unklaren Ausgang (B) über einen Teilerfolg (C) bis hin zu einem optimalen Resultat (D). In allen drei Fällen haben wir mehr oder minder gute Ergebnisse erzielt. Mit diesen fließend ineinander übergehenden Szenarien wollen wir uns nun beschäftigen. Ebenso wie begangene Fehler sollten auch positive Leistungen nach Ende des Projekts klar herausgearbeitet werden.

Die Erfolgsfalle

Zunächst gilt es aber, eine gefährliche Falle zu beachten: Ein äußerer Erfolg kann durchaus mit ernsten Planungsfehlern und Fehleinschätzungen Hand in Hand gehen. Es ist allzu menschlich, das nach einem Triumph auszublenden. Damit werden wir jedoch sehr verletzlich, und das Risiko eines künftigen schweren Rückschlags wächst. Dieses Phänomen lässt sich besonders gut bei Spekulanten und Spielern beobachten. Poker- oder Backgammonprofis leben davon, dass sich in ihrem Metier pure Glückselemente mit Strategie mischen. Dadurch werden auch schwachen Spielern Erfolgserlebnisse möglich, und mit dem rechten Würfelglück kann ein Anfänger den Backgammonweltmeister in einer einzelnen Partie schlagen. Ein schlechter Pokerspieler kann eine Zeitlang kräftige Gewinne einstreichen, wenn sein Blatt entsprechend ausfällt. Genauso können Aktienkurse unerfahrener Anleger im Zuge einer Blase, wie beispielsweise der New Economy Ende der neunziger Jahre, in märchenhafte Höhen klettern.

In allen drei Fällen wäre ein positiver Ausgang mit Gewinn durchaus möglich – wenn eine objektive Analyse des Geschehens erfolgt. Dazu müssten die glücklichen Spieler ihre strategische Unterlegenheit anerkennen und aufhören, bevor das Gesetz der Wahrscheinlichkeit die Chancen ausgleicht. Denn auf längere Sicht wird immer der bessere Spieler gewinnen. Ebenso müsste der Spekulant die weit überhöhte Bewertung eines Unternehmens erkennen und rechtzeitig seine Anteile verkaufen. In der Praxis jedoch erweist sich der bisweilen schwindelerregende Erfolg als tückisches Gift, das den späteren Ruin vorbereitet.

Mit gewissen Abstrichen können auch Schachprofis dieser Falle erliegen. Hat ein Profi in einer bestimmten Eröffnungsvariante verloren, wird er sie mit großer Sicherheit genau unter die Lupe nehmen, bevor er sie erneut anwendet. Hat er jedoch zwei- oder dreimal mit einem Eröffnungsabspiel gewonnen, obwohl er objektiv eine schlechte Stellung hatte, mag er die kritische Betrachtung unterlassen. In Kenntnis dieses Phänomens wird ein psychologisch geschickter Gegner in seiner Vorbereitung gerade anrüchige «Erfolgsvarianten» ins Visier nehmen und eine gedankenlose Fortführung des Trends bestrafen.

Im Geschäftsleben gibt es immer wieder Projekte, die «gerade noch» geklappt haben. Bei genauer Prüfung stößt man allerdings auf zu gering veranschlagte Ressourcen, typischerweise in den Bereichen Liquidität, Zeitpuffer oder verfügbares qualifiziertes Personal. Nur zu leicht wird darüber mit Verweis auf den glücklichen Ausgang hinweggegangen. Für das kommende Scheitern sind so die Weichen gestellt.

Gegen den beschriebenen Mechanismus gibt es nur einen Schutz: Selbst nach einem großen Erfolg muss eine kritische Untersuchung und Bewertung des Geschehens im Sinne der vorangegangenen Checkliste erfolgen. Im modernen Schach sind es unbestechliche Analyseprogramme, die auch in scheinbar makellosen Glanzpartien objektive Fehler insbesondere im taktischen Bereich aufzeigen, die vom Gegner nicht bestraft wurden. Dies mag zwar überschäumenden Stolz dämpfen, trägt aber erheblich zur schnellen Entwicklung starker Spieler bei.

Gelangen wir zum Schluss, dass unsere Strategie in Wahrheit fehlerhaft war und nur durch Zufallsfaktoren zum Erfolg wurde, gilt es flexibel zu reagieren. Zwar müssen wir bereit sein, ein wenig an unserem Selbstbild als bereits perfekter Planer zu kratzen. Auf der anderen Seite dürfen wir uns über ein gutes Ergebnis und einen billig erhaltenen Lerneffekt freuen. So können wir unsere Fähigkeiten entwickeln und die Wiederholung «erfolgreicher Fehler» vermeiden.

Am Ende dieses Abschnitts lohnt eine kurze Betrachtung der vielbeschworenen Begriffe Glück und Pech. Offenbar handelt es sich dabei um äußere Ereignisse, die wir weder vorhersehen noch beeinflussen konnten, die jedoch von einiger Bedeutung für Erfolg oder Misserfolg waren. Gibt es aber in einem Bereich wie Schach mit seiner vollständigen Information überhaupt Glück und Pech? Bei genauer Betrachtung erkennen wir, dass nur ein einziger Faktor den beiden gerade genannten Kriterien entspricht. Wofür sind wir nicht selbst verantwortlich zu machen? Nur der aktuelle Leistungszustand unseres Gegners ist für uns normalerweise weder vorherzusehen noch – mit kleinen Abstrichen – zu beeinflussen.

Vergleichen wir dazu zwei Szenarien: Im ersten Fall treffen wir in einem Turnier auf neun Gegner, die sich in der Form ihres Lebens befinden. Im zweiten Fall leiden all unsere Gegner zufällig an Problemen wie Zahnschmerzen, schwerem Alkoholkater oder Liebeskummer und können sich nicht im mindesten auf ihre Partien konzentrieren. Bei gleicher eigener Leistung werden unsere Resultate bei beiden hypothetischen Turnieren völlig unterschiedlich ausfallen …

Den Erfolg verankern

In den Jahren 1970 und 1971 begann Bobby Fischer mit seinem Ansturm auf den Weltmeisterthron. In dieser Phase gelang ihm gegen Spieler oberster Kategorie ein einzigartiger Siegeslauf. Zwanzig Gewinnpartien in Folge ohne auch nur ein einziges Remis bedeuten eine kaum vorstellbare Leistung. Offenbar schöpfte Fischer immense Kraft aus seinen Siegen und konnte sich so immer mehr steigern. Aber auch auf etwas tieferer Ebene kann man im Schach solche Phänomene erleben. Es gibt Spieler, die nach anfänglichen Siegen in einen positiven Erfolgsrausch geraten. Dem dafür empfänglichen Beobachter scheinen sie von einer Aura aus Kraft und Selbstvertrauen umgeben. Es gelingt ihnen nicht selten, über ihre normalen Verhältnisse hinauszuwachsen und Leistungen zu erbringen, die weit über ihren üblichen Fähigkeiten liegen.

Umgekehrt wird in der modernen, extrem beschleunigten Geschäftswelt ein echter Erfolg leider schnell als selbstverständlich abgehakt und zur Tagesordnung übergegangen. Nehmen wir uns jedoch nicht genügend Zeit für die Würdigung einer Leistung, so verzichten wir auf eine wichtige Kraftquelle. Das gilt genauso für den Einzelnen wie auch für ein ganzes Team. Was können wir also tun, um den Schwung des Erfolgs in künftige Herausforderungen mitzunehmen und die gewonnene Energie bestmöglich zu nutzen?

Unser Ziel muss es sein, die mit dem Erfolg verbundenen positiven Gefühle wie Klarheit, Selbstvertrauen oder Kraft dauerhaft in uns zu verankern und wieder abrufbar zu machen. Gelingt das, so haben wir beste Voraussetzungen geschaffen, um das nächste Projekt in Bestform zu beginnen. Damit schließt sich ein Kreis zum ersten Kapitel und den dort besprochenen Methoden. Haben wir also einen Erfolg oder auch nur einen Teilerfolg erzielt, sollte neben der kritischen Analyse unbedingt eine Würdigung der vollbrachten Leistung erfolgen. Je nach Geschmack und Temperament kann das die Form einer ausgelassenen Feier, einer würdevollen Einladung oder einer stillen Einkehr annehmen. Bei gemeinsam errungenen Erfolgen stellt das auch eine gute Gelegenheit dar, den Teamgeist zu stärken.

Zwei Aspekte sind besonders wichtig:

1. Um den Erfolg auch auf eine höhere Ebene zu heben, lohnt eine Betrachtung der damit verwirklichten persönlichen Prioritäten – siehe dazu auch Kapitel 5. Habe ich mein Ansehen und meinen Einfluss gesteigert? Konnte ich eine wichtige neue Idee in die Welt setzen? Ist es mir gelungen, anderen Menschen zu helfen? Habe ich ein optimales Zusammenspiel aller Teammitglieder erreicht?
   Von Mensch zu Mensch und Projekt zu Projekt wird das natürlich ganz unterschiedlich sein. Die folgenden Kernfragen sind jedoch allgemein gültig: Was ist mir wirklich wichtig an diesem Erfolg? Was habe ich damit erreicht?
2. Um die gewonnene Energie für die Zukunft verfügbar zu machen, sollten wir gemäß Stufe 1 die mit dem Erfolg verknüpften Gefühle wieder abrufbar machen. Dazu ist es sinnvoll, ein Symbol zu wählen beziehungsweise ein spezielles Ritual zu schaffen. Vor der nächsten vergleichbaren Herausforderung aktivieren wir diesen mit Erfolgsenergie aufgeladenen Auslöser und schaffen so eine Brücke zu den in uns schlummernden Kräften.

Im Idealfall stellen aufeinanderfolgende *Königsplan*-Projekte also nicht nur einen Kreislauf, sondern eine aufwärtsgerichtete Entwicklungsspirale dar: Wir haben aus begangenen Fehlern gelernt und aus unseren Erfolgen Kraft gezogen. So brechen wir ein wenig klüger und innerlich gestärkt zur nächsten Herausforderung auf.

DER KÖNIGSPLAN IM ÜBERBLICK

1. In Bestform beginnen

Der ideale Leistungszustand stellt die unabdingbare Voraussetzung für jede Höchstleistung dar. Hier geht es darum, einen direkten und ganzheitlichen Zugang zu unseren persönlichen Ressourcen zu schaffen. Das beflügelt sowohl die Intuition als auch die Ratio und fördert deren Zusammenspiel.

2. Ja zum Jetzt

Die sorgfältige Bestandsaufnahme sorgt dafür, dass wir zunächst fest mit beiden Beinen im Hier und Jetzt verankert sind, bevor wir mit der Zukunftsplanung beginnen. Sie betrachtet vorliegende Probleme und Ressourcen aus verschiedenen Perspektiven und zerlegt eine komplexe Ausgangssituation in einzelne Komponenten. Auf dieser Stufe muss die Phantasie vor der Tür warten: Was ist wirklich gesichert, worauf kann ich mich verlässlich stützen?

Bei den Stufen 3 bis 6 spielt die Intuition eine entscheidende Rolle. Sie steht sowohl am Anfang als auch am Ende des Planungs-, Bewertungs- und Entscheidungsprozesses. Im *Königsplan*-Modell wird die Intuition in die rationale Struktur eingebettet, an kritische Punkte herangeführt und genau geprüft.

Zur Abfolge und dem flexiblen Einsatz der Stufen 3 bis 6

Einen festen Platz innerhalb der Abfolge des gesamten *Königsplans* haben nur die Stufen 1, 2 und 7. Die Stufen 1 und 2 stellen stets das Fundament der weiteren Planung dar, Stufe 7 rundet das abgeschlossene Projekt ab.

Die Stufen 3 bis 6 sind besonders effektiv, wenn sie in ihrer Abfolge dem spezifischen Problem angepasst werden. Die folgenden groben Unterscheidungen sollten zu Anfang einer komplexen Planung getroffen werden. Natürlich handelt es sich dabei nur um Anhaltspunkte. Jedes Problem muss ganz flexibel und individuell bearbeitet werden. In vielen Fällen ist der Einsatz aller Stufen gar nicht erforderlich, bei weniger komplexen Problemen kann auch eine einzige passende Stufe schon alle wichtigen Aufschlüsse liefern. Eine Sonderstellung nimmt Stufe 3 ein, die an jeden Punkt der Gesamtplanung springen kann, wo neue, kreative Ansätze gesucht werden. Stufe 3 entspricht strukturell der Stufe 4, geht aber weniger tief, ist offener und betont mehr den intuitiven Anteil. Falls zu Anfang der gesamten Planung noch kein eindeutiges Ziel vorgegeben ist und es auch nicht möglich oder sinnvoll ist, schon hier ein Ziel genau zu bestimmen, sollten wir uns über die Abfolge der Stufen 3–4–5–6 vorarbeiten. Wenn dagegen schon ein Ziel existiert, können wir dieses direkt mittels Stufe 5 ausgestalten und haben dann die Wahl, ob wir mit Stufe 6 oder Stufe 4 weitermachen. Wie wir gesehen haben, ist es in vielen Fällen sinnvoll, die Stufen 4 und 6 miteinander zu kombinieren.

Nachfolgend ein knapper Überblick zur Strukturierung der Stufen 3 bis 6:

1a Liegt ein scharf definiertes beziehungsweise sogar vorgegebenes Ziel vor?

1b Existiert nur eine allgemeine, vage Ausrichtung?

2a Handelt es sich um eine Entscheidung zwischen mehreren vorgegebenen Alternativen?

2b Oder müssen schon im Ansatz grundsätzlich neue Ideen gefunden werden?

Im Falle von 1a) ist die Abfolge der Stufen 5–4–6 oder 5–6–4 mit Einsatz von Stufe 3 je nach Bedarf zu empfehlen.

Im Falle von 1a) + 2b) macht die Folge 5–3–4–6 oder 5–3–6–4 Sinn.

Aus 1b) + 2a) folgt 4–3–5–6.
Aus 1b) + 2b) folgt 3–4–5–6.

3. Kreativer Kreislauf
Die hier vorgestellte Methode bildet eine grundlegende Denkhaltung der Schachmeister ab. Im ersten Schritt schafft sie kreative Ideen und gibt Raum für Phantasie und Intuition. Den ebenso bedeutsamen Gegenpol stellt die sofort im Anschluss durchgeführte kritische Betrachtung der gefundenen Ideen dar. Im dritten Schritt wird eine realistische Synthese aus Pro und Kontra geschaffen. Als Resultat entspringen neue Ideen, die über ein solides Fundament verfügen. Bei komplexeren Problemen leistet diese Stufe die Vorauswahl für die nächste Etappe.

4. Sinnvolle Suche
Der vorwärtsgerichtete Denkalgorithmus führt uns von unserem Ausgangspunkt Schritt für Schritt in mögliche Zukunftsszenarien, vergleicht und bewertet sie. Verzweigungen mit relativ ungünstigem Output können wir «stutzen» und so schnell eine klare Übersicht über unsere möglichen Aktionen und deren Folgen erhalten. Dabei beginnen wir mit einem übergeordneten, makrostrategischen Ansatz, um später je nach Bedarf die Details zu analysieren. Auch setzen wir hier vorab Warnsignale, die im Prozess auf eine erforderliche Planänderung hinweisen. Der vorwärtsgerichtete Ansatz ist unumgänglich, wenn noch kein klares Zielbild existiert.

5. Zündende Ziele
Hier geht es um die Methodik einer kraftvollen und genauen Zieldefinition. Die auf präzisen Kriterien aufgebaute Zielbestimmung stellt eine entscheidende Voraussetzung für den Erfolg jeder Planung dar und entspricht einer in die Zukunft

projizierten Bestandsaufnahme. Falls das Ziel nicht schon klar vorgegeben ist beziehungsweise keine intuitive Schau des Zielbildes gelingt, führt uns die Struktur aus den Stufen 3 und 4 dorthin.

6. Am Zeitstrahl zurück

Der rückwärtsgerichtete Denkalgorithmus nimmt die Zieldefinition zum Ausgangspunkt. Von dieser Zukunftsvision aus bewegen wir uns auf der umgekehrten Zeitachse über mehrere Zwischenziele zurück ins Hier und Jetzt. In Fällen mit klarem Zielbild ist dieser Ansatz häufig der traditionellen Methode aus Stufe 4 überlegen. Ein wichtiges Hilfsmittel stellt der Zieltest dar, bei dem ein intuitiv gefundenes Ziel als möglich angenommen wird. Die Prüfung erfolgt über die Untersuchung der vorgelagerten Zwischenziele. Nur wenn diese tatsächlich erreichbar sind, ist das im Zieltest vorgegebene Ziel realistisch.

Eine ganz besondere Bedeutung kommt der Kombination aus den Stufen 4 und 6 zu. Genau dort, wo sich die vorwärts- und rückwärtsgerichteten Zeitachsen berühren, entspringt oft eine unmittelbare Lösung komplexer Probleme.

7. Rentable Reflexion

Eine kritische und konstruktive Analyse findet statt, nachdem das geplante und vorbereitete Ereignis in der Realität eingetroffen ist. Bei dieser Nachbetrachtung verarbeiten wir mögliche Rückschläge auf konstruktive Weise, ordnen die gemachten Erfahrungen und ziehen Kraft aus unseren Erfolgen.

Erweist sich im Verlauf einer komplexen Planung ein Zwischenschritt als ein besonders schwieriges Problem, so kann dieses aus der Gesamtstruktur gelöst und mittels der *Königsplan*-Stufen gesondert analysiert werden. Nach erfolgreicher Bearbeitung wird dieses Teilstück wieder in die Struktur eingesetzt.

SCHLUSSBEMERKUNG

Am Ende der gemeinsamen Reise wünschen wir all unseren Lesern Klarheit und Kreativität in ihrem Denken und Planen. Mögen Ihre Projekte stets von jenem Quäntchen Glück begünstigt werden, das sich gerne einstellt, wenn wir an unsere Fähigkeiten glauben, für viele Möglichkeiten offenbleiben und unsere Chancen wahrnehmen.

LITERATURVERZEICHNIS

Aagaard, J. (2004): *Excelling at Chess Calculation*; London: Everyman Chess.

Avni, A. (2001): *Practical Chess Psychology*; London: Batsford.

Avni, A. (2004): *The Grandmaster's Mind*; London: Gambit.

Bandler, R. und Grinder, J. (1991): *Kommunikation und Veränderung*; Paderborn: Junfermann.

Bandler, R. und Grinder, J. (1992): *Neue Wege der Kurzzeittherapie*; Paderborn: Junfermann.

Beim, V. (2006): *How to Calculate Chess Tactics*; London: Gambit.

Beliavski, A. und Michaltschitschin, A. (2002): *Secrets of Chess Intuition*; London: Gambit.

Bernheim, B. D. und Whinston, M. D. (2008): *Microeconomics*; Columbus: McGraw-Hill Higher Education.

Bierman, H. S. und Fernandez, L. (1997): *Game Theory with Economic Applications*; Second Edition; Addison Wesley.

Birkenbihl, V. (2004): ABC-Kreativ; München: Mosaik bei Goldmann.

Bleis, J. und Hofmann, H. W. (1984): *Schach und Management*; Düsseldorf: Econ Praxis.

Clausewitz, C. und Boston Consulting Group (2003): *Strategie denken*; München: dtv.

Cornell, A. W. (1997): *Focussing. Der Stimme des Körpers folgen*; Reinbek bei Hamburg: rororo.

Cox, J., Ross, S. und Rubinstein, M. (1979): «Option Pricing: A Simplified Approach»; *Journal of Financial Economics*, 7 (3), 229–263.

Damasio, A. R. (2000): *Ich fühle, also bin ich*; München: List.

Damasio, A. R. (2006): *Der Spinoza-Effekt*; München: List.

De Bono, E. (1991): *Lateral Thinking for Management*; London: Penguin Books.

De Bono, E. (2002/2005): *De Bonos neue Denkschule*; München: mvg.

DellaVigna, S. (2009): «Psychology and Economics: Evidence from the Field»; *Journal of Economic Literature*, 47, 315–372.

De Mesquita, B. B. (2009): *The Predictioneer's Game*; New York: Random House.

Dilts, R. (1992): *Einstein. Geniale Denkstrukturen und Neurolinguistisches Programmieren*; Paderborn: Junfermann.

Dixit, A. K. und Nalebuff, B. J. (1997): *Spieltheorie für Einsteiger*; Stuttgart: Schäffer Poeschel.

Dworetski, M. und Jussupow, A. (1998): *Attack and Defence*; London: Batsford.
Dworetski, M. (1999): *Geheimnisse der Schachstrategie*; Hildesheim: Olms.
Eberspächer, H. (2008): *Gut sein, wenn's drauf ankommt*; München: Hanser.
Ferschl, F. (1974): *Methodenlehre der Statistik II*; Bonn.
Fine, R. (1967): *The Psychology of the Chess Player*; Mineola, N. Y.: Dover Publications.
Frantz, R. (2003): «Herbert Simon. Artificial Intelligence as a Framework for Understanding Intuition»; *Journal of Economic Psychology*, 24, 265–277.
Frey, U. und Frey, J. (2009): *Fallstricke. Die häufigsten Denkfehler im Alltag*; München: Becksche Reihe.
Gigerenzer, G. (2007): *Bauchentscheidungen. Die Intelligenz des Unbewussten und die Macht der Intuition*; München: C. Bertelsmann.
Gigerenzer, G. und Brighton, H. (2009): «Homo Heuristicus: Why Biased Minds Make Better Inferences»; *Topics in Cognitive Science*, 1, 107–143.
Gladwell, M. (2002): *Tipping Point*; München: Goldmann.
Gladwell, M. (2008): *Blink*; München: Piper.
Goetz, A. (2004): *Schach! Dem Manager*; Heidelberg: Springer.
Grant, R. M. (2010): *Contemporary Strategy Analysis and Cases*; Seventh Edition; John Wiley & Sons.
Hartston, W. R. (1983): *The Psychology of Chess*; London: Batsford.
Hauser, M. D. (2006): *Moral Minds*; New York: Harper Collins Publishers.
Hesse, C. (2009): *Das kleine Einmaleins des klaren Denkens*; München: Beck.
Kamiske, G. (2007): *Kreativitätstechniken*; München: Hanser.
Kasparow, G. (2007): *Strategie und die Kunst zu leben. Von einem Schachgenie lernen*; München: Piper.
Kennedy, R. (1999): *Thirteen Days*; New York: W. W. Norton.
Kotov, A. (1971/2003): *Think Like a Grandmaster*; London: Batsford.
Kreuzer, M. (2009): «Chess and Mathematics»; Fakultät für Informatik und Mathematik, Universität Passau.
Krogius, N. (1976): *Psychology in Chess*; Great Neck, N. Y.: R. H. M. Press.
Lakoff, G. und Wehling, E. (2008): *Auf leisen Sohlen ins Gehirn. Politische Sprache und ihre heimliche Macht*; Heidelberg: Carl Auer.
Lasker, E. (2001, Nachdruck der 1907 erschienenen Schrift): *Kampf*; Potsdam: Verlag für Berlin-Brandenburg.
Litke, H. D. und Kunow, I. (2006): Projektmanagement; Freiburg: Haufe.
Loehr, J. (1988): *Persönliche Bestform durch Mentaltraining für Sport, Beruf und Ausbildung*; München: BLV.
Makridakis, S. et al. (2010): «Why Forecasts Fail. What to do instead?»; *MIT Sloan Management Review*, Winter Edition, 83–90.
Munzert, R. (1988): *Schachpsychologie*; Hollfeld: Beyer.
Olfert, K. (2007): *Kompakt-Training Projektmanagement*; Herne: Kiehl.

Palacios-Huerta, I. und Volij, O. (2009): «Field Centipedes»; *American Economic Review*, 99, 1619–1635.
Piok, A. (2003): *Kennedys Kubakrise*; Marburg: Tectum.
Porter, M. E. (1998): *Competitive Strategy. Techniques for Analyzing Industries and Competitors*; New York: Free Press.
Postelnik, I. (2008): «Chess: A Valuable Teaching Tool for Risk Managers?»; *Global Association of Risk Professionals*, March / April Issue, 40–42.
Prahalad, C. K. und Hamel, G. (1990): «The Core Competence of the Cooperation»; *Harvard Business Review*, 68, 79–91.
Robbins, A. (1992): *Awaken the Giant Within*; Lady Lake: Fireside.
Rowson, J. (2000): *The Seven Deadly Chess Sins*; London: Gambit.
Sahm, M. und Weizsäcker, R. K. von (2010): «Vorwärts- und Rückwärtsinduktion im Kampf der Geschlechter»; München: mimeo.
Schischkoff, G. (1991): *Philosophisches Wörterbuch*; Stuttgart: Kröner.
Sherwood, B. (2009): *Wer überlebt?*; München: Riemann.
Simon, H. A. (1992): «The Game of Chess»; in: R. J. Aumann und S. Hart, eds., *Handbook of Game Theory*, Vol. 1; Amsterdam: Elsevier Science Publishers.
Smith, R. (2005): *Moderne Schachanalyse*; London: Gambit.
Smullyan, R. (1982): *Schach mit Sherlock Holmes*; Ravensburg: Ravensburger.
Sommer, R. (2009): *Die Subprime-Krise und ihre Folgen*; Hannover: Heise.
Spitzer, M. (2007): *Lernen. Gehirnforschung und die Schule des Lebens*; Heidelberg: Spektrum.
Strohschneider, S. und Weth, R. von der (2002): *Ja, mach nur einen Plan*; Bern: Hans Huber.
Strohschneider, S. (2007): *Entscheiden in kritischen Situationen*; Frankfurt am Main: Verlag für Polizeiwissenschaft.
Sunzi (1988): *Die Kunst der Krieges*; München: Droemer-Knaur.
Taleb, N. N. (2008): *Der schwarze Schwan*; München: Hanser.
Taschner, R. (2007): *Zahl Zeit Zufall*; Salzburg: ecowin.
Thich Nath Than (1999): *Unsere Verabredung mit dem Leben*; München: dtv.
Traufetter, G. (2009): *Intuition. Die Weisheit der Gefühle*; Reinbek: rororo.
Ulsamer, B. (1994): *NLP in Seminaren*; Offenbach: Gabal.
Vester, F. (2008): *Die Kunst vernetzt zu denken*; München: dtv.
Watzlawick, P. (2006): *Wie wirklich ist die Wirklichkeit?*; München: Piper.
Weizsäcker, R. K. von (1990): «Population Aging and Social Security: A Politico-Economic Model of State Pension Financing»; *Public Finance*, 45(3), 491–509.
Weizsäcker, R. K. von (1992): «Staatsverschuldung und Demokratie»; *Kyklos*, 45(1), 51–67.
Weizsäcker, R. K. von (1993): *A Theory of Earnings Distribution*; Cambridge: Cambridge University Press.

Weizsäcker, R. K. von (1996): «Distributive Implications of an Aging Society»; *European Economic Review*, 40(4), 729–746.
Weizsäcker, R. K. von, Hg. (1998): *Bildung und Wirtschaftswachstum*; Berlin: Duncker & Humblot.
Weizsäcker, R. K. von (1999): «Staatsverschuldung, Rentenversicherung und Bildung: Zukunftsschwächen der Wettbewerbsdemokratie»; in: H. H. von Arnim, Hrsg.: *Adäquate Institutionen: Voraussetzungen für gute und bürgernahe Politik?*; Berlin: Duncker & Humblot, 103–131.
Weizsäcker, R. K. von, Hg. (2001 a): *Bildung und Beschäftigung*; Berlin: Duncker & Humblot.
Weizsäcker, R. K. von (2001 b): «Cash, Time, and Risk»; *Values*, 1 (1), 14–17.
Weizsäcker, R. K. von (2003): «Zur kapitalmarkt-orientierten Bewertung nichtbörsennotierter Unternehmen»; in: P. Wollmert et al., Hg.: *Wirtschaftsprüfung und Unternehmensüberwachung*; Düsseldorf: IDW-Verlag, 573–582.
Weizsäcker, R. K. von (2005 a): «Die deutsche Messeindustrie: Eine Subventionsfalle»; *ifo-Schnelldienst*, 58(3), 7–10.
Weizsäcker, R. K. von (2005 b): «Schönheit im Schach»; in: U. Dossi: *Schach*; Bönen: DruckVerlag Kettler, 40–47.
Weizsäcker, R. K. von (2006): «Naturkatastrophen: Pflichtversicherung oder staatliches Handeln?» (mit C. Feilcke und B. Süßmuth); *WISU*, 35 (8), 1111–1116.
Weizsäcker, R. K. von (2007 a): «Exzessive Budgetdefizite und die institutionelle Ausgestaltung der EU-Haushaltspolitik» (mit C. Feilcke und B. Süßmuth); in: V. Ulrich und W. Ried, Hg.: *Effizienz, Qualität und Nachhaltigkeit im Gesundheitswesen*; Baden-Baden: Nomos Verlagsgesellschaft, 3–22.
Weizsäcker, R. K. von (2007 b): «Government Debt and the Portfolios of the Rich» (mit B. Süßmuth); in: S. P. Jenkins und J. Micklewright, eds.: *Inequality and Poverty Re-examined*; Oxford: Oxford University Press, 268–283.
Weizsäcker, R. K. von (2007 c): «Mensch versus Maschine»; *ChessBase*, 2. Februar 2007.
Weizsäcker, R. K. von (2008): «Repräsentative Demokratie und öffentliche Verschuldung: Ein strategisches Verhängnis»; in: R. Th. Baus et al., Hg.: *Zur Reform der föderalen Finanzverfassung in Deutschland*; Baden-Baden: Nomos Verlagsgesellschaft, 87–97.
Weizsäcker, R. K. von (2010): «Ratio, Intuition und Zeit»; München: mimeo.

DANKSAGUNG

In den Entstehungsjahren des *Königsplans* haben die Autoren zahlreiche inhaltliche Anregungen und in der Schlussphase darüber hinaus wichtige persönliche, technische und administrative Unterstützung erfahren. Unser Dank gilt insbesondere Dijana Dengler, Michaela Kindermann, Katja Krempel, Roman Krulich, Monika Lobkowicz, Martin Meuter, Uwe Naumann, Martine Pütz, Marco Sahm und Gabriele von Weizsäcker.

München, im Juli 2010

Stefan Kindermann
Robert K. von Weizsäcker

MIX
Papier aus verantwortungsvollen Quellen
FSC® C083411

Das für dieses Buch verwendete FSC®-zertifizierte Papier
Schleipen Werkdruck liefert Cordier, Deutschland.